U0281708

中国民航大学中央高校基本科研业务费人文社科一般项目"西方认知叙事学理论研究"（3122022QD04）阶段性成果

文学如何与大脑互动
How Literature Plays with the Brain
——The Neuroscience of Reading and Art
——阅读和艺术的神经科学

[美] 保罗·B. 阿姆斯特朗（Paul B. Armstrong） 著

王延慧 译

重庆大学出版社

How Literature Plays with the Brain: The Neuroscience of Reading and Art, by Paul B. Armstrong

©2013 Johns Hopkins University Press

All rights reserved. Published by arrangement with Johns Hopkins University Press, Baltimore, Maryland through Gending Rights Agency (http://gending.online/)

版贸核渝字（2023）第 022 号

图书在版编目（CIP）数据

文学如何与大脑互动：阅读和艺术的神经科学 /
（美）保罗·B. 阿姆斯特朗 (Paul B. Armstrong) 著；
王延慧译 . -- 重庆：重庆大学出版社，2024.8
（认知文化与文学研究译丛）
书名原文：How Literature Plays with the Brain:
The Neuroscience of Reading and Art
ISBN 978-7-5689-4176-1

Ⅰ . ①文… Ⅱ . ①保… ②王… Ⅲ . ①神经科学 – 研究 Ⅳ . ① Q189

中国国家版本馆 CIP 数据核字（2023）第 185985 号

文学如何与大脑互动
——阅读和艺术的神经科学
Wenxue Ruhe Yu Danao Hudong
—Yuedu He Yishu De Shenjing Kexue

[美] 保罗·B. 阿姆斯特朗（Paul B. Armstrong） 著
王延慧 译

策划编辑：孙英姿 张慧梓 陈筱萌
责任编辑：陈筱萌 版式设计：陈筱萌
责任校对：邹 忌 责任印制：张 策

*

重庆大学出版社出版发行
出版人：陈晓阳

社址：重庆市沙坪坝区大学城西路 21 号
邮编：401331
电话：（023）88617190 88617185（中小学）
传真：（023）88617186 88617166
网址：http://www.cqup.com.cn
邮箱：fxk@cqup.com.cn（营销中心）

全国新华书店经销
重庆长虹印务有限公司印刷

*

开本：720mm×1020mm 1/16 印张：15 字数：219 千字
2024 年 8 月第 1 版 2024 年 8 月第 1 次印刷
ISBN 978-7-5689-4176-1 定价：78.00 元

认知文化与文学研究译丛
编 委 会

总　序

20 世纪末，美国社会学家维多利亚·E. 邦内尔（Victoria E. Bonnell）和林恩·亨特（Lynn Hunt）在《超越文化转向：社会与文化研究的新方向》中道，"自第二次世界大战以来，社会科学领域的新思潮层出不穷"，他们关注的是"语言转向"和"文化转向"。其实，何止是社会科学领域，人文科学乃至自然科学领域也出现了诸多标志为"转向"的新思潮，如叙事转向（Narrative Turn）、情感转向（Affective Turn）、视觉转向（Visual Turn）、空间转向（Spatial Turn）、认知转向（Cognitive Turn）、非人类转向（Nonhuman Turn）、社会学转向（Sociological Turn）、伦理转向（Ethical Turn）、文化转向（Cultural Turn）、跨文化转向（Transcultural Turn）、后世俗转向（Postsecular Turn）、星际转向（Planetary Turn）、后现代转向（Postmodern Turn）、人类转向（Human Turn）、后人类转向（Posthuman Turn）、神经转向（Neurological Turn）、身体转向（Corporeal Turn），等等。其中，一些"转向"仅发生在某一特定学科，如近年的经验转向（Empirical Turn）出现于文体学领域，预防性转向（Preventive Turn）仅发生在犯罪学领域，论证转向（Argumentative Turn）发生在政治学领域等。也有一些"转向"发生在多个学科领域，如修辞转向（Rhetorical Turn）发生于新闻、国际关系等领域；语用学转向（Pragmatic Turn）发生于哲学、认知科学以及各种批评理论之中；审美转向（Aesthetic Turn）主要发生于哲学、管理学、政治学等领域。但是，有几种"转向"却是普遍发生的，如"叙事转向"和"情感转向"，最具代表性的是"认知转向"。

"认知转向"源于 20 世纪 50 年代以来的两次"认知革命"。所谓"认知转向",就是相关学科将自身的研究与认知科学结合起来,从认知科学中汲取灵感、方法和研究范式。这种影响遍及心理学、语言学、人类学、社会学、哲学、文化学、政治学、历史学等领域。马克·特纳(Mark Turner,2002:9)对人文学科中的认知转向作了一个概括,他说:

> 人文学科中的认知转向是当代人类研究中更为普遍的认知转向的一个方面。由于它与认知神经科学相互作用,所以人文学科的学生对它并不熟悉,但实际上它的许多内容、许多核心问题以及许多方法,都来自诸如修辞学之类古老的人文学科传统之中。它的目的是整合新与旧,整合人文学科和科学,整合诗学和神经生物学,不是为了创造一个学术的混合体,而是为了发现一种实用的、可持续的、可理解并且在知性上是连贯的研究范式,用以解答关于艺术、语言和文学的认知工具的那些一再出现的基础性问题。

自20世纪70年代起,"认知转向"开始影响文学研究领域。艾伦·理查森(Alan Richardson)和弗朗西斯·F.斯迪恩(Francis F. Steen)的论文《文学与认知革命简介》(*Literature and the Cognitive Revolution: An Introduction*)从学理上论述了文学中认知转向的动因:文学研究和认知科学对语言、心理行为和语言艺术同样有兴趣,对类似的阅读现象、想象力的投入和文本模式都发展出了不同的研究方法。文学研究中的"认知转向"发展至今,已经初步形成了"认知诗学"和"认知文学研究"这种新的边缘学科或新的研究范式。

大约与之同时,社会学科也开始出现了"文化转向"。20世纪六七十年代,西方相继出现了各种运动,如争取公民权利的运动、反战运动、争取福利权的运动、女权运动等。社会学家维多利亚·E.邦内尔和史学家林恩·亨特指出:20世纪六七十年代各种运动的相继出现,使人们对社会科学的信心遭受了严峻考验。对社会生活的解释是否客观或者至少是否不带偏见,这个问题在几乎每一个领域都受到质疑:社会科学被批评为不科学、不客观,甚至根本不是解释。这就导致社会科学的认识论基础、学科基础、政治学基础甚至伦理学基础，都存在很多争议。许多不同的力量汇集起来改变了社会科学家从事研究的阵地。于是，到了 20 世纪 80 年代初期，新的分析模式已经开始取代社会历史学，宣告语言转向或文化转向的到来。（Bonnell & Hunt，1999：1-2）

　　文化转向最初是发生在社会科学领域，特别是社会学、历史学和政治学领域，随后蔓延到文学、经济学、宗教学等领域，所以，乔治·斯坦迈茨（Steinmetz，1999：3）说：当代文化研究在人文学科和社会科学中发挥了同样的作用。从学科分布的情况看，文化转向和认知转向一样，是一种跨学科、超学科的现象。因此，社会学家萨沙·萝丝尼尔（Sasha Roseneil）和史蒂芬·弗罗施（Stephen Frosh）认为："文化转向"实际上应该是"复数"的，不仅是因为转向的不同形式，而且是因为"转向"在不同学科意味着不同的东西。在一些学科（比如历史学）中，它可能意指研究中的自反实践；在另外一些学科（比如地理学）中，它可能是一种谈论物体或人类产品的方式；还有一些学科（比如批评社会学理论，尤其是在心理分析影响下）中的"文化转向"则反映了在相对性背景下对身份建构的关注。（Roseneil & Frosh，2012：4）

　　20 世纪八九十年代以后，文化的认知研究逐渐盛行。宝拉·J. 开普兰（Paula J. Caplan）等人（1997：10）编著的《人类认知中的性别差异》（*Gender Differences in Human Cognition*）言简意赅地指出："人类的认知处于生物与文化的界面"，这就明确指出了"认知"既是生物性的，同时又是文化的。它意味着对认知的研究不能排除社会、语境等文化因素。事实上，不少学者也都注意到认知与文化的密切关系。唐·利潘（Don LePan, 1989）的一本专著就名为《西方文化中的认知革命》（*The Cognitive Revolution in Western Culture*）。该书的基本观点是：人类的认知从其生物性角度看，并没有显著的不同，最终造成差异的是文化，特别是环境和教育。作者断言：如果让一个出生于非洲丛林中的婴儿自幼便在加拿大多伦多接受抚养和教育，他长大成人后必然具有西方人的思维习惯，反过来也是如此。（LePan, 1989：21）这一观点从生物-文化界面的角度间接地批驳了"西方优越论"，有着深远的意义。无怪乎作者把认知科学的崛起称为"西方文化中的认知革命"。

国外迅猛发展的认知文化和认知文学研究，引起了国内学界的高度重视和热切关注。这些年，国内学者发表了不少高水平研究成果，也获批了不少省部级和国家级认知研究项目。但是，认知文化与文学研究在国外的兴起不过三十来年，21世纪初才逐步形成热潮，因此国内虽然多有介绍，却缺乏系统性的引进，迄今仅见外语教学与研究出版社出版了一套"认知诗学译丛"。由于相关外文原著都是跨学科研究成果，超出了国内传统的语言文学学科范畴，这对许多感兴趣的读者构成了阅读障碍。所幸重庆大学出版社独具慧眼，决定翻译出版一套以"认知文化和认知文学研究"为主题的代表性著作。我受托主持了这套译丛的遴选和翻译工作。

本译丛以"认知文化与文学研究"为主题，着眼于语言文学学科范围内的认知研究前沿著作，依据前沿性和代表性两个标准遴选翻译对象，首批选出了13部相关著作。其中，有广义认知诗学的两部代表性著作，即彼得·斯托克维尔（Peter Stockwell）的《认知诗学导论》[*Cognitive Poetics：An Introduction* (Second Edition)，2020]和丽萨·詹塞恩（Lisa Zunshine）的《牛津认知文学研究指南》（*The Oxford Handbook of Cognitive Literary Studies*，2015）。这两部著作分别代表了文学认知研究的两种主要路径，一是以认知语言学和认知心理学为主要理论和方法论基础，斯托克维尔是其代表；二是以神经科学和脑科学以及认知文化和进化理论为基础，同时囊括众多，不拘一格，詹塞恩主编的《牛津认知文学研究指南》是标志性著作。文学研究的这两种认知范式有学理、目标和方法等方面的差异，也有不少共同点。因此，本译丛将二者纳入其中。斯托克维尔的《认知诗学导论》堪称"经典认知诗学"的代表作，是国际上一部影响力很大的认知诗学专著。而詹塞恩主编的《牛津认知文学研究指南》则是认知文学研究成果的集大成者，以30章的宏大篇幅集中展示了西方认知文学研究这一新兴领域具有代表性的研究成果，是迄今反映认知文学研究领域最为全面的一部文集。

斯托克维尔的《认知诗学导论》初版于 2002 年出版，全书共 12 章，入选本译丛的第二版则有 14 章。第一章为总论，介绍本书基本观点和认知诗学的研究目的与对象，其后每章围绕一个来自语言学尤其是认知语言学和认知文体学的重要概念进行讨论，其中有些概念最初来自心理学，比如"图形 – 背景"；也有从逻辑和哲学中输入文学和心理学的，如"可能世界"。作者认为："认知诗学就是关于文学作品的阅读"，其研究的着眼点是文学阅读和普遍认知之间的基本关系。但是它的研究对象不单是文学的写作技巧，或仅仅是读者，而是两者结合的"更自然的阅读过程"（Stockwell，2002：1）。它也关注文学的技巧，也要"概括出结构和原则"（Stockwell，2002：2），而且它并不否认传统文学研究的任务与目的（它不满意的主要是其手段），也赞成探讨"文学价值、地位和意义问题"，更关注"文本和环境、环境和功用、知识和信仰"等问题。其在方法论上坚决"摒弃那种印象式的阅读和不准确的直觉"，要努力做到"精确而系统地分析读者阅读文学文本时到底发生了什么"（Stockwell，2002：4）。目的是"提供一种方式，讨论作者和读者对世界的理解和阐释如何在语篇组织中体现这些阐释。从这个意义上讲，认知诗学不仅仅是其重点的一个转向，而是对整个文学活动过程进行彻底的重新评价"（Stockwell，2002：5）。所以，从根本上说，"认知诗学是对文学的一种思考方式，而不仅仅是一种框架"（Stockwell，2002：6）。该书结构清晰，语言朴实，最初是作为教材编写的，晓畅易懂，所以该书问世后影响很大，也更易于中国读者接受。虽然该书声称要发展自己专门针对文学的理论体系和有用的术语以及方法论体系，但是其理论体系尚不甚周密，尽管对文学起源、本质、功用等文学的基本理论问题都有涉及，但缺乏系统、深入的论述，它与经典诗学在上述问题上有哪些差异、哪些重合，也尚未得到彰显；作为诗学应有的创作论、人物论、体裁论等也涉及较少。

《牛津认知文学研究指南》是一部大型文集，原著正文共 632 页，除"导言"外，其余 30 篇文章按主题分为五编。主编丽萨·詹塞恩是国际知名的认知文学研究权威。整体而言，该书具有新颖性、广博性和专业性三大特点。"认知文学研究"的提法已有十来年，相关研究更早，著述很多，但分布零散，既没有一个统一的名称，也没有就其理论、目的、研究对象、研究方法等达成共识，所以其面目长期模糊不清，国内学者自然对此如同雾里看花。直到这部《牛津认知文学研究指南》出现，"认知文学研究"才为国内学者所关注。《牛津认知文学研究指南》作为第一部冠名"认知文学研究"的大型文集，整合了众多相关研究成果和理论、方法论探索，使"认知文学研究"从个人提法上升为一种新的范式和研究视域，其意义不同寻常，认知文学研究遂逐渐成为热点。2015 年，我在《当代外国文学》发表的《文学认知研究的新拓展:〈牛津认知文学研究指南〉评述》首次提出"认知诗学"和"认知文学研究"有广义与狭义之分，并主张以广义的"认知诗学"一词泛指所有的认知文学研究。

除了以上两部经典著作以外，本译丛也充分考虑了选材方面的广泛性和代表性，尽可能较为集中、准确地反映认知文化和认知文学研究在多个方面的最新成果。如《劳特里奇翻译与认知手册》(*The Routledge Handbook of Translation and Cognition*, 2020)，也是一部大型文集，分为四个部分共 30 章，收集了来自 18 个国家的主要研究人员的原创性成果，囊括了该领域最新和最重要的理论框架与方法，探索与译者和工作场所相关的主题，包括机器翻译、创造力、人机工程学、认知努力、能力、培训和口译，另如多模态处理、神经认知优化、面向过程的教学法和观念转变等，也提出了认知和翻译研究的未来方向。

《文体与读者反应：心智、媒体、方法》(*Style and Reader Response : Minds, media, methods*, 2021)是认知文体学领域的一部比较新的文集，共12章。该文集反映了文体学近年来的一些新的发展，以读者接受理论为基础，就文体学的基本范式和方法做了梳理和探讨。编者指出：最近文体学的经验转向(Empirical Turn)已经改变了这门学科，整合了读者反应研究，导致了理论化、分析和编纂"读者"及其"反应"的新方法。编者同时提出，实证研究在未来应该成为文体学研究的中心焦点。编者认为，文体学中"读者"的性质在过去十年中发生了变化。与以往基于分析者的内省回应或对"理想"读者的态度和经验的假设不同，实证研究已经开始出现，更多关注真实读者以及玩家、听众和观众的回应。而且，文本类型及其受众的多样性意味着"读者"一词已不仅仅指那些阅读印刷文本的个人。"读者"由以往专注于"理想的"（实则是"精英"）开始指向了"真实的"（往往是"普通人"），这是对传统读者接受理论的一种超越。

《基于身体：叙事理论与具身认知》（*With Bodies: Narrative Theory and Embodied Cognition*, 2021）是著名叙事学家詹姆斯·费伦（James Phelan）等人主编的"叙事的理论与解释"丛书之一。全书由"导论"和 9 章正文组成，分别以时间和空间为轴，讨论故事世界的具身动力学和时间与情节的具身动力学。该书立足于第二代认知叙事理论，特别是以"4E 认知"为标志的具身认知最新研究成果，讨论了具身叙事学的主要概念、方法和文学研究中的实际应用。其核心主张是，在与具体环境（嵌入认知）的交互作用中，人类身体的组成独特地塑造了心灵，这些环境来自知觉、情感和主体间模式（激活的认知）。两位作者之一的卡琳·库科宁（Karin Kukkonen）是挪威奥斯陆大学的博士生导师，她是近年来十分活跃的认知文学研究学者，著述颇丰。该书反映了认知叙事学的一种最新发展动态，是正在兴起的具身叙事学的第一部代表性著作，对文学研究、认知研究和人文学科研究均有重要的参考借鉴意义和前沿的资料价值。

《认知生态诗学：抒情诗新理论》（*Cognitive Ecopoetics：A New Theory of Lyric*, 2021）融合了当今三种文学理论：生态诗学、认知诗学和抒情诗理论。除"导论"外，全书正文有 4 章。作者自陈"高举生态大旗"，重新审视抒情诗的认知属性和生态蕴涵。她把抒情诗建立在感知的基础上，和生态诗学的基本主张一样，她认为诗歌必须反映生态过程。由此她得出结论：所有抒情诗都是"生态"诗，至少在某种程度上是这样。这种关于抒情诗与生态和自然关系的见解，不无启发。不过，她所主张的"消解主体"，则未必恰当。

《诗歌作为符号：审美认知研究》(*The Poem as Icon: A Study in Aesthetic Cognition*, 2020) 一书的作者玛格丽特·H. 弗里曼 (Margaret H. Freeman) 是著名的美国认知诗学学者、牛津大学出版社"认知与诗学"丛书的合编人。她认为诗歌的成功在于它能够成为现实中感觉"存在"的象征，进而解释了表征、暗喻、图式和影响等特征如何使一首诗成为一个象似符，并列举了不同诗人的详细例子。作者通过分析诗歌提供了洞察人类认知运作的方式；艺术的品位、美和乐趣只是审美能力的产物，而不是审美能力本身；审美能力应该被理解为人类感知的科学，因此构成了注意力、想象、记忆、辨别、专业知识和判断等认知过程。她利用认知语言学的基本理论，如概念隐喻、概念整合等对文学语篇［尤其是艾米莉·迪克森 (Emily Dickson) 的诗歌］进行了认知阐释，为传统诗学研究提供了新的视角。

《心有灵诗：当代诗学文体的认知》(*Poetry in the Mind：The Cognition of Contemporary Poetic Style*, 2020) 的作者乔安娜·盖文思 (Joanna Gavins) 是著名的认知诗学学者，她认为自己是一个"认知文学语言学家"(cognitive-literary-linguist)，因此她着意于与前人对话，围绕着诗歌风格的一些关键维度，如对时间和空间、互文性、缺席、性能和隐喻等展开讨论。与之前对这个主题的大量研究有所不同，她的核心关注点是试图解释某些文学解读是如何以及为什么会出现的。她把诗歌视为一种共享的文化和艺术语言事件，诗歌话语是我们与世界的物理关系的一种特殊表达。因此，她在这本书中所关注的不仅仅是诗歌文本，而是在特定的语境中阅读诗歌文本，以及这种阅读对心灵产生的影响。

《情感心智：文化与认知的情感根源》(*The Emotional Mind：The Affective Roots of Culture and Cognition*, 2019) 是一部专著，共 9 章，讨论了人类的情感系统在人类认知进化和文明发展过程中的作用。两位作者通过追踪情感在心灵进化中的主导作用，揭示了思想和文化对人类理性能力的贡献。从史前的洞穴艺术到汉克·威廉姆斯（Hank Williams）的歌曲，两位作者探索了情感思维的进化是如何刺激人类丰富多样的文化表达的。结合哲学、生物学、人类学、神经科学和心理学的新发现和数据，情感思维为理解是什么使人类如此独特提供了一个新的范式。

《美与崇高：文学与艺术的认知美学研究》（*Beauty and Sublimity: A Cognitive Aesthetics of Literature and the Arts*, 2016）一书的作者帕特里克·科尔姆·霍根（Patrick Colm Hogan）是美国康涅狄格大学教授，在英美文学尤其是认知诗学、比较文学和文化研究方面享有盛誉，著述甚丰。这本著作延续了作者对认知、情感和文化的关注，以及艺术作品分析和实证研究相融合的方式，讨论了文学审美、审美普遍性、审美反应、美学论证与评价、崇高等一系列文艺美学问题，重点是描述和解释经验的美或"个人"美，也谈及有关美的政治问题。作者认为，成功的文学作品往往将丰富的细节整合到对复杂的、社会嵌入的情感和互动的高效描述中。在这方面，文学作品是研究情感，包括美感的特别合适的资源。

《文学如何与大脑互动：阅读和艺术的神经科学》（*How Literature Plays with the Brain*：*The Neuroscience of Reading and Art*, 2013）也是一部专著，共5章，论及大脑和审美体验、文学阅读、审美和谐与不和谐、诠释学领域的神经科学、阅读的时间性和退化的大脑、社会的大脑和另一个自我的悖论。作者主要基于认知神经科学研究文学阅读时大脑的审美反应。这是第一本利用神经科学和现象学的资源分析审美体验的专著。作者指出，在神经科学的实验发现与其作为文学评论家和理论家所知道的阅读、解释和审美体验之间，有着大量意想不到的趋同，这些相似性是广泛而深刻的，其原因与审美体验中发挥作用的基本的大脑过程有关。作者的主要目的就是要详细地找出这些相似之处和趋同之处。

《故事与大脑：叙事的神经科学》（*Stories and the Brain: The Neuroscience of Narrative*，2020）解释了大脑如何与社会世界互动、为什么故事很重要，回答了大脑如何让我们讲故事和理解故事、故事如何影响我们思维的问题。作者分析了构建和交流故事的认知过程，探索了它们在心理功能和神经生物学中的作用。作者认为，故事按照时间顺序排列事件、模仿行为以及将我们的体验与他人的生活联系起来的方式，都与大脑的时间绑定加工过程、行动与感知之间的回路以及潜在于此的具身主体间性的镜像操作相关。本书揭示了关于大脑如何运作的神经科学发现，如何在没有中央控制的情况下集结神经元合成，从而阐明了对于叙事至关重要的认知过程。

《小说的诱惑：文学阐释的情感维度》（*The Seduction of Fiction: A Plea for Putting Emotions Back into Literary interpretation*, 2016）的原著文种为法语，出版于 2013 年，2016 年被译成英文出版。这部篇幅不大的专著共 9 章，内容却比较丰富，讨论了阅读的多种可能性、作为艺术的文学阐释、文学阐释中语境的重要性等，也讨论了作者的诱惑技巧和讲故事的艺术。后半部分重心在文艺心理学方面，讨论了心理分析与小说的共生关系、小说是一种不诚信的作品、不可能的真理探求等话题，最后以"开辟新天地"为题，探讨了小说的心理文学进路。

以上我们大致介绍了这套译丛首批书目的基本内容，而更多信息则需要读者根据自己的兴趣和需要去阅读原书或译作。

中国的认知诗学研究是 2008 年开始步入体制化轨道的，同年我们在广西南宁主办了首届全国认知诗学学术研讨会。2013 年，我们在重庆成立了全国性认知诗学学会并主办了首届认知诗学国际学术研讨会。会议邀请了彼得·斯托克维尔教授和夫人乔安娜·盖文思教授以及马克·特纳、杰拉德·斯蒂恩（Gerard Steen）、埃琳娜·塞米诺（Elena Semino）等教授。此后他们和丽莎·赞希恩（Lisa Zunshine）教授等多次应邀出席我们的认知诗学国际学术研讨会。2020 年，我主持的"认知诗学研究与理论版图重构"入选国家社科重大项目；2021 年，我们在中国比较文学学会支持下成立认知诗学分会。从这时起，我们决定组织出版"认知文化与文学研究译丛"。从开始酝酿、组织这套译丛时，我们就得到了彼得·斯托克维尔教授和丽莎·赞希恩教授等人的热情支持，为本译丛的书目遴选提供了推荐意见和宝贵资料。此外，本译丛组织之初便得到了中国比较文学学会认知诗学分会副理事长封宗信、杨金才、尚必武、支宇、赵秀凤、马菊玲以及常务理事何辉斌、雷茜、梁晓晖、柳晓、刘胡敏、戚涛、唐伟胜、徐畔、陈湘柳和认知诗学分会秘书长肖谊等教授的支持，他们的支持对本译丛乃至对中国认知诗学的发展，都是至关重要的。际此，我们对上述国内外专家致以诚挚的感谢。

本译丛得以顺利出版，要深深感谢重庆大学出版社对学术研究尤其是对认知科学研究的长期支持，以及对本译丛翻译出版的扶助；感谢编辑们的具体指导和严谨编校。他们高远的学术眼光、勤勉的敬业精神和踏实的工作作风保证了本译丛的顺利出版。同时，我们也感谢本译丛诸多主译的辛勤工作与通力合作。而本译丛在翻译方面的诸多不如意乃至舛误之处，概由译者负责，敬请读者批评指正。

总主编　熊木清

目 录
Contents

前　言

　　为什么像我这样的文学教授会对神经科学如此着迷？这是一个我经常问的问题，因为我发现在阅读有关动作电位、神经元组合、锁相振荡、镜像神经元等技术性的、通常尤为困难的神经生物学文献时，自己被越来越多的兴奋感和紧迫感所淹没。我为什么在本可以读小说的时候，要沉浸在这些棘手的事情中呢？还冒着听起来幼稚和陈腐的风险。我想，这种着迷部分是出于我作为一个人文主义者对人类特质的兴趣。这是神经科学和文学研究共同的兴趣所在。文学对我来说很重要，除其他原因之外，主要是因为它揭示了人类的体验，与神经科学关于"大脑如何工作"的内容采取不同的角度恰好也是其中一部分。然而，让我感到惊讶和兴奋的是，我在无意中发现，神经科学的实验结果和我作为一个文学评论家和理论家关于阅读、诠释和审美体验的知识之间，有太多意想不到的融合。每次我读到关于大脑结构和功能的神经科学解释时，都震惊于这些与我从一生的思考、教学和写作中形成的关于阅读和解读文学文本的观点相吻合。我认为，这些相似之处既广泛又深刻，因为都与审美体验中起作用的基本大脑加工过程有关。详细地呈现这些共同点和融合之处是本书的主要目的。

　　我的中心论点是文学通过和谐（harmony）与不和谐（dissonance）的体验来与大脑相互作用，调动这些和谐与不和谐的体验，有助于协调心理功能的神经生物学的基本对立关系——大脑运作的基本紧张关系，即追求模式、综合以及恒定性与灵活性、适应性和开放性之间的矛盾。大脑能够在相互竞争的必要性和相互排斥的可能性之间来回往返地发挥作用，这是因为它是一个无中心的、平行加工的网络结构，由相互作用的部分自上而下、自下而上的交互连接组成。这种通常与艺术相关的和谐与不和谐的体验促进了大脑形成和消解神经元集合的能力，它们建立了一种模式，通过反复地活跃成为我们参与世界的习惯方式，同时也要防止它们有僵化的倾向，并且促进新的大脑皮层连接的可能性。

当然，艺术与游戏、和谐和不和谐联系在一起的说法并不令人惊讶。这个传统由来已久，至少可以追溯到康德，并一直延续到今天，将"游戏（play）"看作审美体验中不可或缺的组成部分。我还指出，美学史上将和谐视为艺术的显著特征与将不和谐同样视为艺术的显著特征之间的对立，是使人信服的。考虑到游戏、和谐与不和谐的中心性对大脑功能的作用，我认为这并非偶然。如果我们发现，大脑的工作方式与读者、评论家和理论家多年来提供的、关于他们体验文学和艺术时会发生什么的描述不符合，会令人不安。这些解释一直回归到将游戏作为审美体验的一个中心特征——同时在他们发现的艺术所促进的各种来回的相互作用类型上产生巨大分歧（达到统一、综合和平衡，或通过中断和越界引发陌生化）——美学史证明了关于人类体验的这个事实，而且神经科学对大脑的描述也有助于解释这一事实。我们的大脑通过游戏这种和谐与不和谐的相互作用而蓬勃发展，而那些被广泛和有代表性地描述的艺术和文学体验，以有趣的方式与基本的神经元和大脑皮层加工过程相关联。

这些过程是如何与阅读和诠释的特定方面联系在一起的，（在我看来）这是令人惊讶且迷人的。例如，原来是阐释学由来已久的主张：理解本质上是循环的诠释理论。这在阅读和视觉的神经科学中得到了证实。当代的阐释学理论将阅读描述为一个填补空缺和建立一致性的过程，这一理论得到了神经科学的证实：关于视觉如何构建形状和颜色，以及大脑如何"循环利用"［斯坦尼斯拉斯·迪昂（Stanislas Dehaene）所发明的术语］生物遗传的功能，以便将不变性物体的识别转化为大脑中阅读图形标志的能力。读者和其他诠释者在同一种事物状态下找到相互冲突的意义的能力，源于泽米尔·泽基

（Semir Zeki）所说的"歧义的神经生物学"。惊奇的体验和失望的预期是独特的审美体验，它基于耦合和解耦的细胞组合时间性，弗朗西斯科·J. 瓦莱拉（Francisco J.Varela）将其描述为持续时刻的体验的神经关联。如果我们的审美情绪既是真实的东西，又不是真实的东西，那么它与安东尼奥·达马西奥（Antonio Damasio）所谓的"似身体循环"（as-if body loop）有关，在这个循环中，大脑欺骗身体，使其产生替代体验。这由贾科莫·里佐拉蒂（Giacomo Rizzolatti）发现，神经元结构（包括一些脑细胞反映观察到的行为的能力）让我们对其他人的矛盾体验成为可能，即在主体间通过共有的世界与我们相连，又通过为我论的方式将自己孤立于我们尽力模仿和推论的思维中——这是一个悖论，当文学允许我们暂时从内心过另一种生活时，它既发挥作用又克服困难。我觉得这些是神经科学和美学之间一些吸引人的汇合，也是我在后面的章节中尝试解答的。

但是，从一开始就要清楚，解释这些汇合并不是试图将艺术简化为神经科学，也不是要解决所谓的"难题"，即脑细胞的电化学和神经元集合的相互作用如何产生意识和审美体验。发现神经生物学过程和关于体验的报告之间的相关性并不是要宣称因果关系。神经科学（或美学）的观点也不能优先作为关于讨论中现象的最终答案。每一种观点都有其最典型的独特优势（和局限性），人们应该不再倾向于将另一种观点排除在外，就像只想使用一种工具来解决所遇到的每一个问题一样。有些美学和文学理论可以告诉我们关于阅读体验的东西，从神经科学的角度却无从而知，反之亦然。这种差异构成了哲学家所谓划分这些领域的"解释性空缺"，但我认为（也是本书的一个基本前提）这种空缺也提供了一个跨越交流的机会，借此双方都能从对方独特的优势观点中获益。

我能在这个空缺上来回移动，这不仅与我愿意学习足够的神经科学，以成为与科学界称职的对话者有关，还与我对现象学的认知有关，这是一种思考关于意识结构、经验和诠释的哲学传统，近年来，越来越多的哲学家和科学家认为这与神经科学有着重要的联系。神经科学面临的一个问题是，它需要对体验进行严格、可靠的描述，以此来检验其在神经元层面上的实验结果，并从中得出关于意识的神经关联因素的假设。一些神经科学家发现，与其依赖于个人直觉或所谓的大众心理学，不如说参考像埃德蒙·胡塞尔（Edmund Husserl）和莫里斯·梅洛·庞蒂这样的现象学家对我们世界生活的、具身体验的、微妙而详细的描述才是有用的。19世纪美国心理学家和哲学家威廉·詹姆斯（William James）在神经科学和现象学领域都是一个重要人物，他开创性的杰出著作《心理学原理》（*The Principles of Psychology*）经常被神经科学文献引用，他的实用主义系列思想被广泛视为现象学的先驱。[回想起来，很久以前，我的博士论文和出版的第一本关于威廉·詹姆斯的小说家兄弟亨利·詹姆斯（Henry James）和体验的现象学理论之间联系的书，才是我写这本书的第一步。]

神经现象学家在认知和意识的意向性、时间性的水平结构、自我和他者的具身体验等方面对神经科学有很多看法。然而，到目前为止，他们几乎没有从现象学对解释理论、阅读和审美的大量贡献中得到什么结论，这给了我机会。这些是神经美学（neuroaesthetics）最重要的领域，关于这些领域，我可以在现象学、阐释学和文学理论的研究中声称有些权威。

我所考虑的许多主题都与所谓的新认知文学研究有关，这一研究在全国报刊上受到了很大的关注。从我提供的这个领域的一些批评中可以明显看出，我对此有着复杂的感觉。我很兴奋，因为最近文学研究又对阅读过程和审美问题感兴趣起来（尽管不幸的是，一些认知批评家似乎否认了这种兴趣，试图将他们的作品重新命名为"认知文化"研究）。然而，我对没有认真参与神经生物学感到失望（有一些明显的例外）。大多数认知批评家关注的是心理学及其对心智的研究，而不是神经科学及其对大脑的分析。也许这是可以理解的，因为从心理学到文学的翻译比从神经生物学到艺术的翻译更容易，但也令人遗憾，因为认知心理学和神经科学之间存在着争议（正如我在第一章中解释的）。在这两个领域的实验中，发现它们之间有着重要的双重化和联系。在一个理想的世界里，每一个发现都是另一个领域的资源（有时是这样），但是"思维和大脑"的分歧是认知文学研究需要解决的问题（我认为神经现象学可以提供一条可行的道路）。

　　认知文学研究的另一个严重缺陷，至少在目前的状态下，是忽视了现象学和阐释学，尽管它们悠久而丰富的传统为分析审美现象、解释、认知以及意义的创造过程之间的关系提供了大量的概念工具（不管这些缺陷归因于心智还是大脑）。这种忽视的原因可能与这一新领域希望与 20 世纪 70 年代读者的反应和批评保持距离有关，当时某些类型的文学现象学享有短暂的突出地位，后来却又特别不受欢迎。不管是什么解释，这种缺陷都是令人遗憾的，因为（我试图展示的）现象学和阐释学提供了各种有用的桥梁，将美学和神经生物学联系起来，跨越了分隔这些领域的解释鸿沟。

　　我希望神经学家能阅读这本书，文学评论家也能阅读。对于神经科学界来说，它提供了关于许多不同领域研究结果的建议——从视觉和阅读的神经生物学到脑电波的时间性，情绪背后的大脑 - 身体相互作用，镜像神经元在模仿、学习中的作用，自我与他人的关系——可能与各种被广泛证实的美学和文学现象有关。在艺术和审美没有单一、统一定义的情况下，神经美学一定要从文学理论的指导中受益，关于什么重要什么不重要（例如，不要试图为审美体验找到一个大脑中心——因为神经科学和美学的原因，大脑没有一个中心——但是，一定要告诉我们更多地了解大脑自身的、自上而下和自下而上的相互作用如何与和谐与不和谐的审美效果相关）。

　　对于文学评论家和学生们来说，我希望这本书能帮助他们看到发生在不同领域的人文学科基本问题的回归：什么是审美体验？当我们阅读文学作品时会发生什么？对文学的诠释与其他认识方式有何关联？这本书没有提供阅读和思考文学的新方法，而是试图阐明审美体验和解释过程的神经生物学基础，这些基础在历史、方法论和文学偏好上明显有着大量的证据和广泛的证明。解释这些差异——例如，和谐与不和谐的审美之间，或者相互冲突的解释方法之间——如何与大脑的基本过程相关，也是本书的目的之一。另一个重要的发现是，审美体验的某些方面在许多顽固的批评家看来似乎是模糊的，甚至是神秘的——例如，阅读如何填补文本留下的空缺，或者文学作品似乎被一种意识所占据，这种意识在我们阅读时就活跃起来了——结果证明，这些体验在大脑加工生物学过程中有物质基础。当文学与大脑相互作用时，我们通常会联想到审美体验，从而发生许多奇妙的事情。这种体验的一个奇迹是，它基于神经科学的生物过程，可以帮助我们理解。

没有人独自写作，如果没有朋友、同事和学生的帮助，我也不可能写出这本书，我很高兴和感谢他们的帮助（不过，这本书的不足之处在于我一个人的责任）。我从我的学生身上学到了很多东西，尤其是这本书要归功于我与珍·霍尔（Jen Hall）关于神经现象学的对话，我有幸通过视觉艺术博士研究所（Institute for Doctoral Studies in the Visual Arts）了解她在神经美学方面的工作。视觉艺术博士研究所富有远见的创始人乔治·史密斯（George Smith）也给了我一些关于早期草稿的建议。当我的想法刚开始产生时，我征求吉姆·费伦（Jim Phelan）对最初章节的反馈，他的鼓励、坦率和建设性的批评是无价的。我也从杰里米·霍桑（Jeremy Hawthorn）、史蒂夫·马尤（Steve Mailloux）和杰夫·麦卡锡（Jeff McCarthy）对这本书早期版本的反响中受益匪浅。乌拉·哈塞尔斯坦（Ulla Haselstein）、唐·韦斯（Don Wehrs）、安杰伊·帕韦莱茨（Andrzej Pawelec）、安·卡普兰（Ann Kaplan）、马丁·L. 霍夫曼（Marty L.Hoffman）和凡妮莎·瑞安（Vanessa Ryan）也在各个阶段提出了重要的批评和建议。约翰斯·霍普金斯大学出版社（Johns Hopkins）的匿名文学评论员提出了一些非常有见地的建议，指导了最后一轮的重塑和改写，极大地改进了这本书。

对我来说，正确地运用科学是头等大事，当约翰斯·霍普金斯大学出版社把手稿寄给他的匿名神经生物学家并得到他的赞同时，我感到很欣慰。如果没有科学界朋友们的慷慨帮助，我不可能做到这一点，他们仔细阅读了早先的草稿，耐心地纠正了我的错误。我非常感谢神经生物学家加里·马修斯

（Gary Matthews）和认知科学家理查德·格里格（Richard Gerrig），他们都曾是我在纽约州立大学石溪分校（Stony Brook）的同事，还有布朗大学的神经科学家（也是中世纪文学学者）吉姆·麦基尔韦恩（Jim McIlwain），非常感谢他们给我的详细批评和建议。如有遗留任何错误都证明我没有充分利用他们的指导，他们也不应该为我在科学基础上产生出的美学论据和推测负责。

　　这是我的第一本书，我的孩子们发现了有趣的东西，并以实质性的方式做出了贡献。我的女儿玛吉，一个受训于罗德岛设计学院（RISD）的版画家，负责为这本书的出版做技术准备。她还让我受益于一位实践艺术家对我的论点的回应。作为一个同行，与她合作的机会是这个项目意想不到的乐趣。她的哥哥蒂姆是斯坦福大学的计量经济学家，对他作为人文学者的父亲进军神经科学领域感到困惑和怀疑，但他为社会科学如何试图应用认知科学的发现提供了很好的建议。我十几岁的儿子杰克还住在家里，他比他的哥哥姐姐们更痛苦，因为我渴望分享我的发现（"拜托，爸爸，别再提关于大脑的事实了！"），但是向他解释我的想法并证明它们的重要性也许是它们必须通过的最严格的考验。

　　贝弗利是我的伴侣，一个更愿意倾听和具有同理心，但同样挑剔的听众。我把这本书献给她——我最喜欢的对话者。

第一章　大脑和审美体验

进行交叉学科研究的益处颇多，但主要理由还是人们提出的问题用单一学科的知识无法完全解答。神经科学和艺术很明显就是这样的情况。如果神经科学家想要了解大脑对于艺术、音乐或者文学的反应，他们就要咨询这个领域的艺术家，不仅要欣赏这些现象的微妙和复杂之处，还要避免普遍在理论研究中会暴露出来的陷阱、过度简化和死胡同。科学家也许会倾向于避免这种绕路而行的做法，而直奔审美体验的主题，认为每个人对艺术和美都有本能的感知。毫无疑问，神经科学家 V.S. 拉马钱德兰（V.S.Ramachandran）在印度历史遗迹中漫步几天之后，就产生了这种感觉："一天下午，我突发奇想，坐在庙宇门口，草草写出了我认为是'审美的八大通则'的东西，就像佛祖通往智慧和启迪的八重路径一样。（后来我又想到并加上一条第九原则，多亏了佛祖！）"[1]公平地讲，风趣、爱发呆的拉马钱德兰可能意识到了自己这种（确实）粗略的哲学角度解释是多么不合理的放肆，而且他的某些"通则"也的确有些价值，尤其是他对于艺术表现的变形作用的看法[2]。但没有神经科学家会认真看待人文学者有一天会审视自己的心理，并且提出大脑功能的八条（或者九条）通则，因为我们都有大脑，就像我们都体验艺术一样。为了理解像审美体验一样的复杂现象，神经科学很显然需要人文学科指导他们精

---

[1] V.S.Ramachandran, *The Tell-Tale Brain: A Neuroscientist's Quest for What Makes Us Human*, New York: Norton, 2011, p.198.

[2] John Hyman, "critique of Ramachandran's notion of the 'peak shift' effect in 'Art and Neuroscience'," in Roman Frigg and Matthew C. Hunter eds. *Beyond Mimesis: Representation in Art and Science*, Heidelberg: Springer, 2010, pp.245-254.

确找到需要解释的东西。

而人文学科对于神经科学的需要就不那么明显了。有人认为人文学者提出的文化和历史的相对性，或者艺术、语言和知觉一样的现象普遍性需要面对神经科学发现的考验，以及与固有的结构限制和固定特征截然相反的大脑可塑性。我在第二章解释，通过阅读所产生的神经再循环为这个问题提供了有趣却复杂的解释，而且表明大脑并不完全是一片空白，它可以用多种方式被写入（或者自我重写）。① 但是，了解大脑如何阅读以及文学如何与神经加工互动不一定会让人改变诠释文本的方式，或者改变其从审美体验中得到的快感和教育的类型。 本书并不是要说服任何人以不同的方式阅读，而是要探索大脑的结构和功能如何与各时期的读者多角度广泛认同的文学和审美体验相关联，尽管有很多相互矛盾，有时有相互排斥的预设条件以及对于语言、文学和生活的兴趣。例如，要了解阅读是构建一致性和填补空缺基础上的神经加工过程，并不是要优先或排除任何个别的阅读的行为，或者任何文学价值体系。如果神经美学研究仅仅是要主张一些关于阅读文学的体验受重视的、广泛接受的观点是错误的，而且不符合大脑运作的方式，那么就要质疑科学为何拒绝考虑和解释那些与之相悖的证据。

下文中我提供的从文学和文学理论中找到的例子，是为了证明和记录文学的各种反应和异质性。文学批评和文学艺术的各种特征之一就是变化性（虽然这不是它们独有的）——也就是各种解释之间的矛盾是人文科学探索研究、艺术价值的历史和文化偶然性，以及各种时而与审美体验相关的对立现象的

---

① 关于大脑的固定能力和可变能力之间的复杂关系，请参阅斯蒂芬·平克（Stephen Pinker）备受争议的著作《白板：科学常识所揭示的人性奥秘》，Stephen Pinker, the Blank Slate: the Modern Denial of Human Nature, New York: Penguin, 2003。他在"艺术"这一章公然地固执己见（400–420），但这也许也是他书中最宝贵的部分，它展示了一个科学家敢于单方面对人文学科发表意见的危险［他承认"他们没有问我，但是根据他们自己的说法，他们需要所有能够得到的帮助"（401）］。我恰好同意他许多关于大脑灵活性限制的神经科学观点，但他对现代艺术和当代文学批评的全面概括，所提供的精确性、细微差别和严谨的论证远不如他在讨论科学问题时觉得必须提供的论证，这虽然可以理解，但不幸的是，他疏远了许多他需要说服的人文主义者的听众。

特征。我认为，神经美学的挑战就是解释这种多样性——解释这些读者找到同一文本中无法比较的意义的能力，或者是在艺术中获得愉悦感的能力，无论它是和谐还是不和谐，对称还是扭曲，统一的或者不连贯和分裂的。神经科学无法说明如何解决这些分歧（而且也从未尝试过解决），但是神经科学的模式将大脑描述为交错相连的、循环的、平行加工运行的无中心组合，确实能从很大程度上说明，文学为何以及如何与大脑以多种方式互动。大脑是一个特别的、有时矛盾的、但作用显著的组合，恒定又灵活，稳定又接受改变，有固定的限制和可变性，而且这些冲突和矛盾的性质也反映在文学创作和文学诠释中，（我认为）可以相互阐明大脑的神经生物学和艺术体验。

首先，有理由反思，神经科学可能不会给我们提供对文学文本的新解释，或者告诉我们更喜欢阅读某一段文字的原因。例如，神经科学不能告诉我们《螺丝在拧紧》（*The Turn of the Screw*）中是真的有鬼魂，还是女家庭教师产生了幻觉，但是对于多重人物的知觉实验研究可以有助于解释大脑对这种歧义如何做出反应。神经科学对文学研究的主要用处并不是一种新的阅读资源，而且下文并不包含某一具体文本的大量诠释。我运用一些现象学理论来描述文本如何生成，而且作用于读者的期望值，能够经得起这种做法的检验，因为我和其他现象学批评家已经在别处详细说明，但这并不是本书的主要宗旨。①我的意图是提供一些文学和文学理论的示例来说明神经科学必须解释的审美现象的多样性，而且深入聚焦于一些并不能达到这种目的的个别作品。

如果文学评论家从神经生物学模型或者认知科学中得到启发，来诠释某一文本，那么他的假说就会生成我在第三章描述的阐释学循环的递归过程。但也

① 除了我自己的实践批评书籍和我在下面引用的康斯坦茨学派理论家沃尔夫冈·伊瑟尔和汉斯·罗伯特·姚斯的作品外，我还看到了他们在德国和美国的纳奇沃克［*Nachwuchs*（下一代）］所产生的大量学术成果，包括乌拉·哈塞尔斯坦、温弗里德·弗洛克（Winfried Fluck）、加布里埃尔·施瓦布（Gabriele Schwab）、安瑟姆·哈弗坎普（Anselm Haverkamp）、卡尔海因茨·施蒂尔勒（Karlheinz Stierle）、赖纳·瓦宁（Rainer Warning）、伊芙琳·凯特尔（Evelyne Keitel）、约翰·保罗·里赫尔梅（John Paul Riquelme）、布鲁克·托马斯（Brook Thomas）和戴尔·保尔（Dale Bauer）。

因为这样，人不能指望神经科学变成生成阅读的机器。虽然有些批评家在对神经生物学的发现中提供了对文学文本的诠释，诺曼·霍兰德（Norman Holland）也有理由提出怀疑："我认为神经学在可预知的将来都不能提出有用于某一文本或者某些文本阅读的东西。我们现在对大脑的了解都太过宽泛，甚至只有某些通用的系统。"[①] 然而，这不只是现行的神经生物学的模式概论或者粗略测量的结果。诠释者每遇到一个新的文本，都必须重新提出新的假说（即使他们关于意义的猜想可能是遵循了他们一生养成的阅读习惯中的某种模式），而且科学不能代替阐释学直观。批评家希望运用神经科学或者认知心理学的假说来引导他们的文学诠释必须设计到诠释假说检验的来回过程中。

了解阅读的神经科学不一定会让我们更好地阅读。神经生物学观点并不会直接产生任何领域的实践方法。例如，人们不会想到棒球运动员在全垒打时，运行的视觉和运动神经生物过程分析会让他表现得更好（如果运动员自己意识到要表现好需要注意的过程的话，这可能会有相反的作用）。然而，神经科学可以在阅读和解释时深化我们对于好像是神奇但却是有物质基础的过程的欣赏——或者在全垒打的时候，考虑到形成两种知觉模式共同作用的神经元集合所需的毫秒数以及飞向球垒的球速，虽然这种行为好像违反了视觉的时间性和运动系统控制神经生物学极限。我对于阅读、文学和解释（还有棒球）的神经生物过程的兴趣从研究神经科学开始，即使我自己在这方面的能力并没有提高。

大脑成像的技术革命开启了一个理解心理加工的神奇新视野，但也要

① Norman N. Holland, "What is a Text? A Neurological View," *New Literary History* Vol.33, No.1,Winter 2002, p.30. 有趣的是，这篇文章认为，我们对文本自主性的感觉，以及它存在于"在那里"的"非我"空间，是由大脑中的神经过程解释的，借此，由于这种错觉有实用进化优势，内在的感觉和过程被投射到外部。从不那么赞同霍兰德的角度来说，霍兰德对神经科学对文学批评有用性的怀疑与雷蒙德·塔利斯的恶意抨击遥相呼应，Raymond Tallis, "The Neuroscience Delusion: Neuroaesthetics is Wrong About Our Experience of Literature and It is Wrong about Humanity," *Times Literary Supplement*, Vol. 9, April 2008，关于从神经生物学那里的得到启发的实用批评的例子，见 G. Gabrielle Starr, "Poetic Subjects and Grecian Urns: Close Reading and the Tools of Cognitive Science," *Modern Philology* Vol.105, No.1,2007, p.48−61; and Donald R. Wehrs, "Placing Human Constants within Literary History: Generic Revision and Affective Sociality in *The Winter's Tale and The Tempest*," *Poetics Today*, Vol.32, No.3, 2011, pp.521−591.

记得技术做不到的事。我在第二章解释，功能性核磁共振（fMRI）技术确定了大脑中的枕叶左侧下方有一个视觉词形区（Visual Word Form Area, VWFA），这在物体的恒定性视觉认知和图形符号的辨认中起到核心作用，并且这个发现让我们更了解让阅读实现的视觉过程是如何改变用途的。但这个技术仍然不够成熟，不能精确指出我们阅读特定文本时大脑中发生了什么，更不必说当我们阅读不同文本时，以及不同的读者对同一文本的意义理解不同时。太多的神经元被每个图像的立体元素所掩盖，而且扫描过程耗费了太多时间（因为检查到血液流动的变化），为了功能性核磁共振成像时间和空间技术的革命能够提供更加精确的数据。①

神经科学家用这种技术来比较不同大脑的活动，比如在观看某些电影时的活动，而且这些实验揭示了观看同一个电影的不同观众被激活的大脑皮层区域有惊人的共同之处。普林斯顿大学的神经科学家尤里·哈森（Uri Hasson）表明，相较于泽格·利昂（Serge Leon）的意大利式美国西部片、拉里·大卫（Larry David）的喜剧片或者城市广场上随机选取的行人的活动视频，响应希区柯克的电影的大脑皮层活动有更大的关联。②虽然希区柯克因为想要控制观众的反应而声名远播（想想《惊魂记》里的淋浴镜头），但是哈森承认并不清楚其他电影中表现出来的更浅层关联是何原因。这不一定意味着希区柯克是更伟大的艺术家，因为某些激进的导演好像不那么控制观众，但也创作出了重要的电影，有些是遵循不同审美的、有些甚至是政策宣

① 实验性大脑成像技术的解释，见 Bernard J. Baars and Nicole M. Gage, "The Tools: Imaging the Living Brain," in, *Cognition, Brain, and Consciousness*, 2nd ed., Amsterdam: Elsevier, 2010, pp.95–125。简而言之，在正电子发射断层摄影术（PET）中，回旋加速器通过追踪注入受试者血液中的放射性示踪剂的位置来测量大脑代谢活动。一种更便宜而且较新的技术——功能性磁共振成像（fMRI），利用血红蛋白分子的磁特性来识别大脑中哪些区域的血流因被激活而增加。关于这些技术的局限性，参见 Alva Noë, *Out of Our Heads: Why You are Not Your Brain, and Other Lessons from the Biology of Consciousness*, New York: Hill & Wang, 2009, pp.19–24.在一篇名为《新颅相学？》（"*The New Phrenology?*"）的文章中，挪亚指出，脑部扫描并不是在活动的大脑中认知过程的图像，充其量只是活动的间接指示，其"空间和时间分辨率非常低"（23–24）。

② Uri Hasson et al., "Neurocinematics: The Neuroscience of Film," *Projections*, Vol.2, No.1, 2008, pp.1–26.

传的控制性电影［例如，莱尼·里芬施塔尔（Leni Riefenstahl）强有力的，但也是恐怖的、令人良心不安的纳粹纪录片《意志的胜利》（*Triumph of the Will*）］。这与观众的脑皮层活动可能有关联，因为重要的艺术品想要控制或者意图灌输某些东西。相反，更浅层的关联可能通过激发各种想象和批评反应来标记电影的艺术价值，或者可能证明了观众在厌烦、分神或者空想。进一步讲，当有更高的关联时，功能性核磁共振图像也不能说明观众对于诠释某一个电影意见有分歧（这是在热忱的希区柯克电影的评论家中经常会出现的情况）时他们的神经元集合体的状况。仅有的成像技术无法进行这些鉴别。

神经成像技术还远远不能让我们追踪到即时发生的、由审美体验引起的神经生物学过程的精确时间和位置。此外，由此仪器定位出的关于现象的意义的重要审美问题也永远不会仅仅通过技术来解决。即使我们培养将这些过程追踪到细胞层次并且精确到毫秒的能力，了解意识和生活体验如何在化学和电子层面出现，这个难题（恰如其名）仍然无法解决。神经科学如何转化成艺术和文学的有意识体验的奇迹将会继续存在。哲学家科林·麦金（Colin McGinn）指出："身体和大脑中的水被转化为意识中的酒，但是我们对这个转化的本质一无所知……我们的迷惑总能有终点。"[1] 正如人类（也有可能是其他物种）体验的其他方面一样，指出大脑的哪个部分在扫描的时候出现亮点，或者绘制出皮层区域之间的复杂相互作用，不一定能充分解释艺术的存在现状。无独有偶，哲学家们提出的意识"主观感受性"也不能完全由神经科学绘制出来。[2] 神经科学家亚当·泽曼（Adam Zeman）将其解释为"某种类型主观的、第一人称的知识似乎超出了科学研究的范围"[3]。

神经科学家泽米尔·泽基对美学发展有开创性的贡献，他的观点基本是

---

① Colin McGinn, "Can We Solve the Mind-Body Problem?", *Mind*, Vol. 98, No. 391, July 1989, pp.349, 354.

② Thomas Nagel, "What Is It Like to be a Bat?", *Philosophical Review*, Vol.83, 1974, pp.435−450.

③ Adam Zeman, *A Portrait of the Brain*, New Haven, CT: Yale University Press, 2008, p.191.

正确的，"能够区分"各种体验，"因为涉及大脑的不同区域或细胞"①。如果人有了审美体验，那么一定会涉及某种神经元和大脑皮层的加工过程。但这并不意味着描绘这个活动或者分析它的生理学是解释它的最好或者最充分的方式。无论是木匠钉钉子，还是律师在法庭上据理力争，还是棒球运动员偷垒，都会有大脑皮层的加工过程，但是这些事件的神经科学研究并不令人满意，或者甚至无法恰当地解释房子、公正或者美国的消遣这样的事。虽然像木工手艺、法律和棒球也会联系到神经活动上，但是他们都不仅仅是用神经活动就能够解释的。②每个抵制认识论简化的领域都与众不同，而且都要求解释的方式尊重它的目的、意图和价值的完整性。

然而，任何解释都没有其本身充分，如果不与其他领域比较，简化论的危险就无法避免。作比较有可能并不是要让某一个领域从属于另一个领域，而且要记住在转译时有所得必有所失。关于审美情境下大脑功能的实验总是与艺术的现场体验相关联，而文学也涉及这些体验，但神经科学家忽略了一个好的大学批评史课程会揭示出的基本谬论的风险。神经科学家马丁·斯科夫（Martin Skov）明智地提出，"实验美学只有运用传统美学的观点才能开始研究"③。约翰·海曼（John Hyman）也提出相似的警示："我们要是忽略了过去的哲学，还不如重新发明轮子"，而且"我们的理念也要基于自己平凡和非专业的哲学才行"④。

这个困难的问题可能有些棘手，但是仍然会留下很多余地，即使简单地、笼统地解决了这个问题。另一种考虑困难问题的方法是要知道它负责多数哲

---

① Semir Zeki, *Splendors and Miseries of the Brain: Love, Creativity, and the Quest for Human Happiness*, Malden, MA: Wiley-Blackwell, 2009, p.137.

② 相似的观点，见 John R. Searle, "Consciousness," *Annual Review of Neuroscience*, Vol.23, 2000, pp.557-578.

③ Martin Skov, "Neuroaesthetic Problems: A Framework for Neuroaesthetic Research," Martin Skov and Oshin Vartanian, ed. *Neuroaesthetics*, Amityville, NY: Baywood, 2009, p.11.

④ John Hyman, "critique of Ramachandran's notion of the 'peak shift' effect in 'Art and Neuroscience'," in Roman Frigg and Matthew C. Hunter eds. *Beyond Mimesis: Representation in Art and Science*, Heidelberg: Springer, 2010, p.261.

学家提出的"解释空缺（explanatory gap）"，存在于分析中独特和不可简化的层面，"虽然神经科学家已经提供了艺术各个层面的神经模式，而且已经解释了意识的神经关联证据，但是在如何关联我们意识神经科学和现象学特征问题的理解上仍然存在'解释空缺'"。[①]研究阅读的神经科学家和文学理论家也许也不能填补这个空缺，但是他们可以进行有效的交流。毕竟在日常交流中，并不只有我们公认的事物，还有让我们产生分歧的事物，这也是交流的基础，否则也没有什么理由交流理念、看法和立场。现象学理论家沃尔夫冈·伊瑟尔（Wolfgang Iser）指出，"社会交流"不仅要求有共性——有共同的兴趣，以及将自己的语言翻译成别人语言的能力，也需要"不对称性"——也就是空缺、分裂和差异使"双方相互作用"成为可能，而且为其提供了动力、能量和目标。[②]同理，将神经生物学和审美体验分离的解释的空缺形成一个结构，让不同立场的学科在差异之间进行交流，而不必担心这些交流是否会解决这个问题。

这就是反复研究不同论述的用处和必要性（我在全书中就是这样做的），要多次跨学科进行研究，以便能够启发神经学加工过程和审美体验的平行和关联。这个过程和体验是相关的，但是有所不同，而且最终一种理论不会简化成另一种理论。神经科学和美学的不同词汇可能清楚说明并且挖掘这些差异，但是我们不能期待它们解决这些差异。神经科学和美学从不同的术语屏（terministic screens）［借用肯尼斯·伯克（Kenneth Burke）提出的概念］、词语和符号看待它们研究的问题，用某种方式引导注意力，同时将注意力转移到别处。[③]受自己观点的限制，不同的术语屏通常本身无法感知到自己的

① Evan Thompson, Antoine Lutz, and Diego Cosmelli, "Neurophenomenology: An Introduction for Neurophilosophers," Andrew Brook and Kathleen Akins, eds. *Cognition and the Brain: The Philosophy and Neuroscience Movement*, Cambridge: Cambridge University Press, 2005, p.40.

② Wolfgang Iser, *The Act of Reading: A Theory of Aesthetic Response*, Baltimore: Johns Hopkins University Press, 1978, pp.166−167.

③ Kenneth Burke, "Terministic Screens," in *Language as Symbolic Action*, Berkeley: University of California Press, 1966, pp.44-62.

洞察力和盲区的关系。然而，当某个术语屏与另一个术语屏以不同的注意力和偏向结构并置时，这个关系就会出现，但有时不可比较的立场之间令人沮丧的意见分歧可以带来启发性，尽管这些分歧并没有解决。神经科学和美学之间的学科分歧（或者解释空缺）可以交流——这是术语屏之间矛盾的情况，但这种交流不一定南辕北辙，只要我们意识到局限，而且希望能够获得一些成果。

科学被认为更与"现实"贴近，而且比起人文学科来说更确信自己的知识。但是任何研究神经科学文献的人都知道，某些探究的领域比其他的领域更加稳固。视觉的神经解剖学已经颇具规模，不太可能被颠覆，但还有些关于大脑节奏和神经集合的同步性问题仍然不是很清楚。镜像神经元功能的细节和角度也仍然备受争议，我在第五章会解释，即使有证据强力地表明多种模仿的加工在大脑皮层间进行，不过这些发现都是间接实验的结果，证明科学家在测量仪器的开发和实验设计上的想象力和独创性。因此，研究神经生物学欣赏科学是多么有创造性的活动。然而，所谓社会构造论的一些粗略的版本就不是这种情况，它们认为科学仅仅是一系列由某些研究者创作和证明的偶然作品。

以广泛被引用的玻意耳空气泵（Boyle air pump）为例，其中创造了一个实验室条件——真空，那就问问他，实验中死的鸟，会不会因为实验是由人工设备完成的，实验结果就不真实。科学人类学家布鲁诺·拉图尔（Bruno Latour）解释说："是的，事实确实是在实验室的新装置中通过空气泵人工制造的媒介进行的"，但他认为"事实"由"演员"（科学家）在一个关系"网络"（测量仪器和科学团体）里制造，并不是为了杜撰或者幻想。① 进化和气候改变的

---

① Bruno Latour, *We Have Never Been Modern*, trans. Catherine Porter, Cambridge, MA: Harvard University Press, 1993, p.18. 他认为，当我们处理科学和技术时，很难长时间想象我们处理的是本身正在写作的文本,完全靠自己说话的话语,没有所指的能指游戏（64）。根据拉图尔的说法，社会建构主义无法认识到事实的"既此又彼"，而真实并非虚幻的，即使它们是实验室调查的历史偶然产物，这是"净化"社会思潮的例子，表明了"现代宪法"的特征（10-15）。

错误信息宣传提醒我们，理论不都是同样暂定的。

神经科学的领域中，事实已经很好地得到承认，人文学者注意到这些事实，而且据此修正了自己的观点（例如，我就会说明某些加工过程的历史性和普遍性，诸如阅读），而且当人文学者寻求科学的帮助时，应该尽量精确，并避免关于"热力学资本主义""生物学的形而上学""事物的情感作用"这类异想天开——这些不可靠的语言，经常出现在推测出的，却信息不足的文学和科学著作中，其中毫不掩饰对于人文学科方法论上迟缓的偏见。[①]

但是并没有人指责人文学科认识论的严密性，即使诠释者可能（通常就是）在如何分析一部小说或者一首诗的时候产生分歧。首先，阐释学的矛盾之间是有区别的，用关于文学目的和价值的对立假说对注释者进行划分，与老师通常在学生作业中找出"好一些"和"差一些"的文本是有差别的（虽然评分膨胀，但也不是每篇文章都应得到 A 的成绩）。[②] 确实，教室里最有趣的事情不是学生关于某个文本细节的明显误解（这事确实会发生），而是学生发现他们的意见分歧无法通过诉诸"文本本身"解决。

诠释者可能会针对文本意义产生有趣的、富有成效的争议，这并不妨碍实践者达成一致，因为有些权威观点已经在多方面得到认同，以至于有些解释好像没有其他解释那样可信。被视为"正确"和"错误"阅读之间

---

① 不幸的是，在我们所熟知的"情感理论（affect theory）"中，大量滥用科学术语的不良行为的例子比比皆是。人们可能认为，这个领域可能与神经生物学有潜在的联系。Patricia Clough ed. *The Affective Turn: Theorizing the Social*, Durham, NC: Duke University Press, 2007；和 Melissa Gregg and Gregory J. Seigworth, ed. *The Affect Theory Reader*, Durham, NC: Duke University Press, 2010 中还有很多这样的短语。也有一个例外，Anna Gibbs, "After Affect: Sympathy, Synchrony, and Mimetic Communication," in Gregg and Seigworth, *Affect Theory Reader*, pp.186−205，尽管她对"有感染力的行为"的一些猜测可能更准确。相比之下，N.凯瑟琳·海尔斯的作品是值得效仿的，毫无疑问，部分原因是她在毕业后接受的化学训练和在她转向文学研究之前作为一名化学家的实践工作。例如，Hayles, *How We Became Posthuman: Virtual Bodies in Cybernetics, Literature, and Informatics*, Chicago: University of Chicago Press, 1999.

② 关于这个问题的更充分分析，见 "Interpretive Conflict and Validity," *Conflicting Readings: Variety and Validity in Interpretation*, Chapel Hill: University of North Carolina Press, 1990, pp.1−19，或者早期的版本，"The Conflict of Interpretations and the Limits of Pluralism," *PMLA*, Vol.98, 1983, pp.341−352.

的界限并不是一成不变的，可能会随着新的解释出现（旧的方法退出）而改变，解释的分歧并不意味着所有的解释都是同等"正确的"。神经美学探究的目标应该是解释和挖掘这种矛盾的神经生物学意义（大脑为何和如何接受对立的解释，因为它让恒定性和变化性自相矛盾地要求相互协调），而不是终止这种冲突。神经科学和人文科学之间的交流能够而且应该尊重学科差异。

我认为，人文学科借鉴神经科学可能得到的最重要成果是重新将注意力放在几个普遍兴趣的核心问题上：我们阅读文学（或者非文学）文本时发生了什么？文学的解释如何与认识论的过程相关？我们为什么会做出相互矛盾的解释？这些问题是神经科学所涉及的人文学科的基本问题。

然而，总体上来说，过去的几十年中这些问题已经被各种批评（政治的、社会的、历史的和文化的）的语境论研究搁置了。不幸的是，这种基本问题的搁置与博学的人文学科在学术界被边缘化是并存的，因为其他学科的实践者已经对我们所做的研究越来越不感兴趣，讽刺的是，即使文学评论家自己也觉得自己需要拓展探究的范围了。这些发展的原因很复杂，而且也许与过高估计社会科学的量化研究方法有很大关系，因为人文科学放弃了研究文学和审美问题。人文学科开始发生变化，学术前沿又回归到对阅读、审美和形式的兴趣上。① 开始与神经科学团体交流互相感兴趣的问题有助于人文学科能够权威地重新发现阅读、解释和审美的核心学科关注点。人文学科从这种跨学科研究中获得最多的是重新得到学科认同。

所谓两种文化的鸿沟不会通过创造第三种文化甚至第四种文化来弥合（有

---

① For a more extensive analysis of these issues, 对于这些问题的更广泛分析，见我的文章 Paul B. Armstrong, "In Defense of Reading: Or, Why Reading Still Matters in a Contextualist Age," *New Literary History*, Vol.42, No.1, Winter 2011, pp.87−113；和 Paul B. Armstrong, "Form and History: Reading as an Aesthetic Experience and Historical Act," *Modern Language Quarterly*, Vol.69, June 2008, pp. 195−219。

些研究已经提出这一点）。[①] 相反，这种鸿沟可以通过有共同兴趣的双方之间的交流来弥合，在讨论的过程中，双方都将受益于此。开始这场交流的好地方正是指导本书的问题：我们如何阅读？文学如何与大脑互动？在阅读体验中，人文科学和神经科学能够在不背离自身核心价值和认同的情况下，从多学科的优势和融合角度进行交流，使双方都能收获颇丰。对于人文学科来说，这意味着回归基本问题，而不是回归传统准则，是着手于那些有着悠久历史、对我们的专业至关重要的核心问题。当各学科用不同方法和知识找到合作、分享和交流的理由时，跨学科研究最有效，因为对方的观点和专业知识提供了他们需要的东西。重新关注与神经科学共同感兴趣的问题可能有助于人文学科摆脱孤立，不再被人们普遍认为它们毫无关联。

不幸的是，因为神经科学和人文科学对所谓的神经美学的兴趣都突然增加，神经科学家和文学理论家之间就共同感兴趣的问题进行的交流可能没有预期的那么多。[②] 原因是多方面的，毫无疑问，首先两种文化都怀疑"对方"（神

---

① 见 Jonah Lehrer, "Coda," in *Proust Was a Neuroscientist*, Boston: Houghton Mifflin, 2008, pp.190–197. 莱勒提出，"第三种文化"包括为大众、非技术观众写作的科学家，"第四种文化"由试图发现人文科学和自然科学之间关系的艺术家和科学家（196，原稿中强调）构建。对于深入分析神经生物学和人文科学在具身认知等问题上的共同兴趣如何可能引起"两种文化"之间的有益对话，见 Edward Slingerland, *What Science Offers the Humanities: Integrating Body and Culture*, Cambridge: Cambridge University Press, 2008. 另见 "Understanding and Truth in the Two Cultures", Paul B. Armstrong, *Conflicting Readings: Variety and Validity in Interpretation*, Chapel Hill: U of North Carolina Press, 1990, pp.44–66。

② 简单解释就是，对认知文学研究的兴趣的激增主要集中在实验心理学，而不是中坚的神经科学。G. 加布丽埃勒·斯塔尔（G. Gabrielle Starr）是个例外，她与一组神经科学家合作，利用功能磁共振成像技术研究艺术和大脑。见她有趣的文章，G. Gabrielle Starr, "Multisensory Imagery," in ed. Lisa Zunshine, *Introduction to Cognitive Cultural Studies*, Baltimore: Johns Hopkins University Press, 2010, pp. 275–291。好像是为了证明我的观点，她的文章是那本书中唯一一篇与神经科学有关的文章。在学术圈之外，记者乔纳·莱勒（Jonah Lehrer）在他的著作《普鲁斯特是一位神经科学家》（*Proust Was a Neuroscientist*）中，利用自己在神经科学实验室工作的本科经历，推测神经科学与文学之间的相似之处。另外两个重要的例外是诺曼·霍兰德的"神经精神分析"（他称之为自己的理论）和大卫·S. 迈阿尔（David S. Miall）的阅读"实证"方法，该方法主要是心理学的，但深受神经科学的影响。见 Holland, *Literature and the Brain*, Gainesville, FL: Psy Art Foundation, 2009；和 Miall, *Literary Reading: Empirical and Theoretical Studies*, New York: Peter Lang, 2006. 另见重要论文集（*Neuroaesthetics*），斯科夫是一位丹麦神经科学家，以前作为文学理论家受训过。

经科学家认为人文学科似乎缺乏方法论的约束，人文主义者认为神经科学是不愿解释的还原论）。组织上的屏障也阻碍了合作。尽管跨学科研究很受欢迎，但大学的内部结构阻碍了神经科学家和人文学者之间的互动。在开展和维持有意义的对话方面，也存在着真正的、重要的学科障碍。毕竟，要掌握足够的神经科学或文学理论的语言来进行有意义的翻译活动是很困难的。

这些障碍更加有理由明确这种交流可能发生的共同基础。虽然不是唯一的备选项，但阅读文学作品的体验显然是大家共同关注的领域。读者如何阅读，文学作品是如何以不同的方式接受和操纵这些过程的，这是神经科学家和文学评论家可以交流的有用问题，即使他们的交流不能解决这个难题，也不能解释神经功能是如何产生意识的体验。

得到美学理论负责的阐述时，神经科学的实验可能有助于澄清自亚里士多德以来一直令人困惑的文学体验，例如"怜悯"和"恐惧"是如何在观看悲剧的观众身上结合起来，以便引起"宣泄"的。这种体验的神经关联也许不能完全解释它的秘密，但是（正如我在第四章和第五章中试图展示的那样），关于大脑如何模拟身体状态的神经生物学研究可以澄清这些和其他审美情绪是如何发生的。宣泄是否是净化也是一个问题，神经科学研究对暴力表现的影响可以提供线索。类似的（下一章也将展示），关于我们如何学习阅读的神经科学研究有助于解释为什么互动经常与审美体验联系在一起，以及为什么游戏让人既获得愉悦又受到教育。关于视觉神经生物学的大量科学工作也有助于澄清和解释(我将在第三章中证明）长期讨论的解释矛盾，而这点反倒取决于我们的期望。在这些领域和这本书所分析的其他领域中，神经科学和文学理论之间的平行之处可以阐明引起两个学科方向的加工过程和体验。这些对比并没有把一个学科简化成另一个，文学理论并没有成为神经科学的一个分支，反之亦然。相反，每个人感兴趣的问题都应该可以用与对方的跨学科视角不同的见解和方法来澄清。跨越解释空缺的讨论可能对这两个领域都有好处。

威胁审美的神经生物学研究的最大谬误之一就是一元论的假设，即"审美体验"以单一、独特的形式存在，这种形式（考虑到视觉、听觉和语言艺术之间的差异）可以明确地与大脑特定区域和可识别的神经加工过程相关联。从神经生物学的角度来看，这里的问题是大脑功能定位的范畴。在解释的空缺中，从美学的角度来说，问题是能否识别出独特的、单一的标记来区分文学与非文学现象，或者审美与非审美体验。

探索艺术和文学的神经科学家普遍认为，并没有"艺术神经元"，审美体验比在大脑皮层中有特定位置的颜色感知或面部识别更复杂，在大脑中的分布更广泛。艺术神经元的理念是荒谬的，这似乎是一个诱人的假设，因为某种神经元可以承担特定的功能。[1] 例如，在一个在神经科学文献中臭名昭著的病例中，R.Q. 基拉戈加（R.Q.Quirago）发现了一个癫痫病人前颞区的神经元仅仅对好莱坞电影电视明星詹妮弗·安妮斯顿（Jennifer Aniston）反应活跃，不管病人看到的是一张照片还是一幅线条图甚至她的笔名[2]。这个神经元非常特别，以至于它对安妮斯顿和布拉德·皮特（Brad Pitt）的合影没有反应。然而，"詹妮弗·安妮斯顿神经元"显示，大脑功能在解剖学上是可定位的，并且可以接受体验的变化，这种定位和变化的结合更复杂，随着各种现象（如艺术和文学的体验）与大脑的分散的区域相结合，（伴随同情和恐惧等情绪反应和内脏反应）甚至跨越了大脑和身体的界限。这种复杂性反映在目前的共识中，神经科学家大卫·凯勒（David Keller）简洁地总结为："使人类能够欣赏艺术品的神经活动不是发生在一个受限制的大脑区域，而是在时间和空间上分布的。"[3] 考虑到大脑是如何通过相互连接的网络处理信息的，这并不奇怪，也不是艺术所独有的。

奇怪的是，在承认严格的定位不是目的之后，人们发现，在批评史上反

---

[1] 关于颜色感知与人脸识别的皮层定位研究，见 Semir Zeki, *Splendors and Miseries of the Brain: Love, Creativity, and the Quest for Human Happiness*, Malden, MA: Wiley-Blackwell, 2009, pp.65-72.

[2] R. Q. Quiroga et al., "Invariant Visual Representation by Single Neurons in the Human Brain," *Nature*, Vol.435, No.23, June 2005, pp.1102-1107.

[3] David Keller, "Review of Neuroaesthetics," *British Journal of Aesthetics*, Vol. 53, No. 1, January 2013, pp. 125-129.

复出现的相同分歧也将神经美学的研究者因为他们应该寻找什么而区分开来。
一方面，著名的法国神经学家让－皮埃尔·尚热（Jean-pierre Changeux）认
为"和谐，或者说共识部分"是美学的标志，表现为"形式上的适当性，即
整体的统一战胜了组成部分的多样性"。他的同事斯坦尼斯拉斯·迪昂解释说，
"一件艺术作品以新颖、同步、和谐的方式刺激多个不同的大脑加工过程，就
会成为杰作"①。根据这一观点，统一、对称及和谐是艺术的标志，也是审美
体验的印记。另一方面，神经学家拉马钱德兰在他粗略的想法里提出的关于
基本神经美学原理的有价值的见解是艺术的扭曲，往往比其令人愉悦的合成
更重要："艺术的目的……不仅仅是描绘或表现现实……但是，要增强、超越
甚至扭曲它"，通过可能是分裂的、分离的、不和谐的技术，并以这种方式"强
烈地激活原创的对象所激活的同样的神经机制"。②

　　这种关于审美体验是否具有和谐、统一、综合或扭曲、分裂、不和谐等
特征的争执，在美学史上屡见不鲜。平衡的、规则支配的、对称的古典艺术
概念和打破规则、原创的天赋和独特个性的浪漫主义理念之间的争论也许是
最明显的。③这种对立反复出现，它使人质疑是否存在一种独特的审美情绪或
审美经验是否是单一的、统一的、可识别的现象。一个对和谐美学与不和谐
美学之间冲突的简要总结将包括布拉格结构主义者罗曼·雅各布森（Roman
Jakobson）用节奏和韵律的可预测规律认同诗歌功能，而不是俄国形式主义者

---

① Jean-Pierre Changeux, *The Good, the True, and the Beautiful: A Neuronal Approach*, trans. Laurence
　Garey, New Haven, CT: Yale University Press, 2012, pp.40, 11; Stanislas Dehaene, *Reading in the
　Brain: The Science and Evolution of a Human Invention*, New York: Viking, 2009, p. 310. 这是迪昂
　对尚热的观点总结（Jean-Pierre Changeux, *Raison et Plaisir*, Paris: Odile Jacob, 1994, p. 28）。
② V.S.Ramachandran and W. Hirstein, "The Science of Art: A Neurological Theory of Aesthetic
　Experience," *Journal of Consciousness Studies*, Vol.6, No. 6-7,1999, pp.16-17, 原文强调。拉马
　钱德兰在他最新的书中重复和扩展 V. S. Ramachandran, *The Tell-Tale Brain: A Neuroscientist's
　Quest for What Makes Us Human*, New York: W. W. Norton & Company, 2011, pp.192-244。
③ The *locus classicus* of this dispute is William Blake's angry refutation of Sir Joshua Reynolds's
　classical theory of beauty. 这场争论的经典焦点是威廉·布莱克（William Blake）愤怒反驳雷
　诺兹经典的美的理论 Reynolds, "Discourses on Art" (1768) and Blake, "Annotations to Reynolds'
　'Discourses'"(ca. 1808) in ed. Hazard Adams, *Critical Theory Since Plato*, New York: Harcourt Brace
　Jovanovich, 1971, pp.354-376, 402-412。

维克托·什克洛夫斯基（Viktor Shklovsky）把艺术定义为把习惯性的知觉"变得陌生"的"陌生化"；新批评家强调通过"悖论"综合各种矛盾观点实现的"有机统一"，而解构主义者则认为文学性是以拒绝解决不可还原的差异为特征的；或者，马克思主义美学中存在的卢卡奇（Lukacs）所偏向的连贯理解现实特殊性的整体化表现形式，与布莱希特（Brecht）颠覆性的、疏远的"异化"技巧（陌生化手法）之间的冲突。[①]这样的例子还有很多。美学中和谐与不和谐的冲突是根本的，不可逾越的。

和谐与不和谐之间的两极对立似乎是审美的普遍特征。如果这样，这是一个反映并有助于解释艺术基本异质性的一般概念。艺术的矛盾在于它既具有普遍性又具有相对性，是人类文化的独特特征，是多重的、可变的现象，它不可还原为一组统一的、可统一的属性。产生这种悖论的一个原因是，大脑似乎天生就会对和谐与不和谐的形式做出反应，但所谓和谐与不和谐，是偶然的并且在历史上是可变的。毫不奇怪，这一矛盾已经被音乐神经学家广泛研究过，我在第二章讨论了他们的实验所显示的音乐和音反应的普遍性和文化相关性。尽管我用术语的隐喻来指代所有艺术形式中的合成和破坏的效果，但越来越多关于音乐的和谐与不和谐的皮层神经科学研究表明，它们在生物学上是普遍的，在文化上是相对的，因为听觉系统有限制性和可塑性。

在文学和其他艺术中，和谐的审美表现形式多种多样，都强调平衡、对称和统一，但以不同的方式反映了群体讨论中的假说、信仰和价值观，因此，被视为和谐形式的东西可以在历史和文化上有所不同。相反，各种不和谐美学的力量和目的通常与它们的艺术方案如何攻击、质疑和颠覆艺术和谐的普遍观念有关，因此，不和谐艺术同样是多样的，具有历史的偶然性（即使它有普遍的破坏和违反意图）。从神经生物学的角度来看，和谐美学吸引并强

---

① Cleanth Brooks, "The Language of Paradox," *The Well Wrought Urn*, New York: Harcourt, Brace & World, 1947, pp.3−21; Paul de Man, "Semiology and Rhetoric," *Allegories of Reading*, New Haven, CT: Yale University Press, 1979, pp.3−19.

化了大脑对综合和模式的需求，而不和谐则是为了保持大脑的灵活性和乐于接受改变，以应对习惯的僵化。这些都是文学和艺术在千变万化的形式中实现的普遍功能和需要。

和谐与不和谐是相互依存的审美价值观。这可以从一个经常被观察到的事实中看出，一代人的不和谐抗议经常成为下一代人的目标，因为最初被认为具有破坏性和越轨性的抗议变得被同化和传统化。例如，福楼拜（Flaubert）的小说《包法利夫人》（*Madame Bovary*）在 1857 年第一次出版时，就被认为是对资产阶级道德的一种侮辱，但在现代，它被视为一种审美理想，由此日常生活中平凡的琐事通过转化成为优美的语言形式，得到了升华。然而，在新批评者们称赞福楼拜的对于合成美的讽刺时，又有一个新的转折，后来的一代解构主义读者认为，这种策略颠覆了对某一特定价值观的所有认可，"反讽"一度被视为是在混乱中寻求秩序，后来被视为是质疑一切规范的手段。克林斯·布鲁克斯（Cleanth Brooks）主张"诗歌的语言是悖论的语言"，这是因为反讽能够从多重性中形成统一。但是，保罗·德·曼（Paul De Man）重视反讽（我们一定要说是什么就是什么吗？），却是因为它扰乱和动摇了几乎能够决定意义的界限。还有很多的例子可以说明和谐与不和谐审美是如何相互定义的，可以呈现不同的价值，甚至在艺术和批评的历史上互换位置。

艺术中的和谐与不和谐不仅是由彼此定义的，而且也是由它们对立的第三个概念——噪声——所定义的，而且这种关系在历史上和文化上都是变化的。如同和谐与不和谐一样，噪声具有普遍性和相对性的特征。人类大脑的综合能力并不是无限的，正如有光的光谱和声音的频率，也有光谱和音频范围以外的光和声音（尽管还有其他动物可以处理它们）。有些刺激物只是没有被注意到。如果它们被感知却不能被处理，它们就是噪声。

噪声不能被大脑同化，要么是因为它太离合而无法综合（刺耳的随机声音引起混乱感），要么是因为它太均匀而无法用意义区分（所谓的白噪声，可以作为舒缓的背景音）。噪声是一个神经生物学常数，因为它反映了有机体感觉器官的极限，但也正是因为这个原因，它又是一个变量，不仅可以从一个物种变为另一个物种，而且可以在一个物种内，甚至在个体内部，随着有机体的能力和情况变化而各不相同（例如，我喜欢的古典音乐被用来防止青少年在便利店闲逛，尽管他们后来可能会爱上贝多芬，即使我自己孩子的音乐品味已经改变了我大脑中的噪声边界）。"和谐 – 不和谐 – 噪声"的三和弦是一个普遍的结构，其目的可以包含不同的价值观和形式。确实，它是一个相互构成的类别，三位一体的事实解释了它为什么可以以及如何接受历史、文化的变化。

　　同样重要的是，要记住和谐与不和谐之间的对立并不是艺术所独有的，这反过来也指出了在审美体验与非审美体验之间假设绝对不连续是错误的。神经美学家马丁·斯科夫和奥欣·瓦塔尼安（Ohin Vartanian）观察到，与审美现象相关的神经生物学过程"是普遍的而不是独特的，当我们创作绘画和观看电影时，当我们拥抱所爱的人时，会明显地被唤起"[1]。和谐与不和谐的体验不仅出现在我们读到伟大的诗歌时，而且出现在我们的日常生活中。识别艺术特征的尝试通常会半途而废，这不仅因为美学是多种多样的，还因为所提出的标记在其他普遍现象中变得显而易见。例如，最近一次对"文学通用语言（literary universals）"有影响力的尝试，是帕特里克·科尔姆·霍根提出：文学不同于其他"普通语言"是因为它"最大化"了语言模式，从而突出了某种表达的特征。[2] 这让人想起了罗曼·雅各布森（霍根运用的）的诗歌功能（poetic function）定义，通过这种功能，一条信息通过平行和重复的模式引起人们对其自身的注意。但雅各布森指出，这类前景化（foregrounding）在普通

---

[1] Martin Skov and Oshin Vartanian, "Introduction: What is Neuroaesthetics?"in Skov and Vartanian, ed. *Neuroaesthetics*, p.4.

[2] 霍根承认这里的一些困难，承认"一般概念……不一定是所有文学作品的特征"，也"不一定适用于所有的传统"，却说它们是"跨语言（无关基因和区域）"发现的特征，其出现频率比仅凭偶然情况预测的要高（42）。因此，它们在统计学上是有意义的普总类，而不是"一般特征"。霍根也没有考虑到审美标准（如和谐或不和谐）的可能性也许是完全对立和相互排斥的。关于定义什么是审美的问题，见 Paul B. Armstrong, *Conflicting Readings: Variety and Validity in Interpretation*, Chapel Hill: Univesity of North Carolina Press, 1990, pp.109−133。

语言中普遍存在，比如在政治口号"我喜欢艾克"或广告歌曲中；比如在《尤利西斯》(*Ulysses*)中那个根深蒂固的广告经纪人利奥波德·布卢姆(Leopold Bloom)所推崇的押韵句中："没有普卢姆特里(Plumtree)的肉罐头，能是家吗？"前景化并不是文学必要或充分的标志。①

文学和非文学之间的界限本质上是模糊、可渗透的，这就否定了另一个有洞察力和知识渊博的神经批评家大卫·S.迈阿尔的见解，即"浏览文本发生的解决方法可以使我们能够辨别出区分文学与非文学的反应的结构。"② 这一主张除了对大脑成像技术的精确度提出质疑，还假定了审美体验与非审美体验之间有比理论上更明确的区别。伟大艺术的体验似乎是如此特别和独特，以至于人们认为它必须是一种与众不同的、特殊的现象（许多哲学家和批评家在审美的漫长历史中都曾作出过这样的假设），但是艺术可以产生一系列极为不同的体验，而且如果它可以将一个像艺术一样复杂、历史上多种多样的现象简化为一组统一的、单一的条件，那就真是令人惊讶了。

有时人们认为艺术通过激发感知者的审美情绪来揭示它的存在。弗吉尼亚·伍尔夫(Virginia Woolf)的姐夫克莱夫·贝尔(Clive Bell)对这一观点最具影响力的现代解释是：他主张"艺术作品激起了一种特殊的情绪"，反映了他著名的"重要形式"，这种审美情绪"带我们从人类活动的世界到审美提升的世界。我们一度与人类的利益隔绝；我们的预期和记忆被囚禁；我们被提升到生命的洪流之上。"③ 贝尔对审美体验的描述当然是康德审美理论的遗产，它将审美体验与普通的知觉和评判，或者是对于"功利的非功利性

---

① Roman Jakobson, "Linguistics and Poetics," in Thomas A. Sebeok ed. *Style in Language*, New York: Wiley, 1960, pp.350-377.

② David S. Miall, "Neuroaesthetics of Literary Reading," in Skov and Vartanian, ed. *Neuroaesthetics*, p. 237. 与当代神经生物学研究缺乏联系的一个值得注意的例外是，麦阿尔与阿尔伯塔大学认知心理学的一位同事有长期的合作，并在他的成果中借鉴了神经科学。除了我对他关于区分文学性的建议持怀疑态度外，这篇文章和他的著作《文学阅读：实证和理论研究(*Literary Reading*: *Empirical and Theoretical Studies*, 2006)》（注释 23）对文学和神经科学的交叉进行了考虑周到的、有见地的探索。

③ Clive Bell, "The Aesthetic Hypothesis", 1914, *Art*, London: Chatto & Windus, 1949, pp.6, 8, 25.

（insterested disinterestedness）"理想范围的实用追求区分开来。[①]然而，审美体验所产生的情绪比这一枯燥的表述更为广泛和多样。审美情绪并不是单一的，正如没有单一的审美体验或艺术定义。但审美情绪确实不同于日常情绪，因为它们有一个"虚构"的维度。我们在悲剧英雄的命运中感到的同情和恐惧，和我们在类似现实生活中可能经历的同情和恐惧既是相同的，也是不同的。"仿佛（as if）"的伪装确实将再现的情绪从真实的事物中区分出来，但审美情绪的"仿佛"也借鉴了鲜活的、具体的体验，并对其进行了再创造。艺术的异质性和难以在艺术与非艺术之间划清界限的一个原因是，审美再生成的情绪的"仿佛"可以采取多种形式（每当我们感同身受，或者认同他人的快乐或痛苦时，"仿佛"的体验也在日常生活中大量存在）。

艺术和审美体验同人类的情绪和认知生活一样，具有多样性和广泛性。一个更好的方法不是去寻找那些被认为是独特的，也可能是难以捉摸的审美体验的神经联系，而是承认审美的多样性、然后探索它的多样性是如何与大脑的全部功能和位置联系在一起的。这种对审美体验与神经加工和区域之间特殊关系的映射，在学术上也许不如统一的"万物论（theory of everything）"那么令人兴奋（至少对喜欢广泛综合性的一元论者来说是这样），但它更准确地反映了艺术的复杂性和多样性，也反映了大脑的复杂性和多样性（而且探索这些多样性对于像我这样的多元化思维者来说有很多乐趣）。这个映射（mapping）可能会发现——我的论点是，它确实会——关于构成审美体验的特定理论以可识别的方式与不同的、特定的神经过程和这些相互作用所连接的皮层区域相联系。这是本书反复出现的主题之一，即关于审美体验的各种观点是如何影响大脑功能的。

神经美学的目标不应该是发现艺术的单一神经关联，而是对各种审美经验（每一种都以特定方式定义为审美）的神经生物学基础的不同理解。这些

---

① Immanuel Kant, *Critique of Judgement* (1790), trans. James Creed Meredith, Nicholas Walker, ed. Oxford: Oxford University Press, 2007, pp.35-74.

神经过程将展现出很多有趣的相似之处，将这些审美体验与普通的情绪、认知和知觉体验联系起来，这些体验正被当代成像技术以越来越微妙和复杂的方式绘制出来。这样做的目的是更好地理解艺术，不是理解艺术绝对的独特性，而是为了更好地理解审美体验与我们人类日常生活之间复杂的连续性和不连续性。了解艺术和审美体验是如何与大脑的工作联系在一起的，就会了解它们在人类的生活中有多么根深蒂固。

文学理论迄今还没有对艺术和大脑之间的这些联系进行相关的探索。文学研究中所谓的认知革命主要有两种形式，都与当代神经生物学没有直接联系。[①] 首先，重要的比较研究已经描绘出过去各种文学运动或体裁与当时流行的认知科学之间的关系，反映了历史、社会和文化方法在文学学术中的主导地位。[②] 其次，越来越多的基于心理导向的认知科学的文学研究应用了基于实验的理论，如文本理解、同理心以及对其他思想的解读。[③] 这种对认知科学的依赖无疑是可以理解的，它探索的是"思维（mind）"如何了解世界，而不是关注大脑结构和功能的神经生物学，因为从文学现象转移到关于思维过程的心理学理论比弥合神经机制和生活经验之间的差异更容易。

然而，"思维"与"大脑"如何（甚至有没有）联系起来是一个极具争议的问题，而且神经科学界的一些唯物主义核心分子严重怀疑"思维"绝不是一种附带现象。把这些看作是解决可能终将集中到一起的普遍问题的两种研究方法，似乎是合理的。正如神经科学家斯坦尼斯拉斯·迪昂所说，"我们的

① Alan Richardson and Francis F. Stein, "Literature and the Cognitive Revolution: An Introduction", *Poetics Today*, Vol.23, No.1, Spring 2002: pp.1–8.

② 尽管理查森主要仍是一位神经历史学家，但他在其最新著作（Alan Richardson, *The Neural Sublime: Cognitive Theories and Romantic Texts*, Baltimore: Johns Hopkins University Press, 2010）中探索了浪漫主义和当代认知科学之间的联系。

③ 例如，见 Lisa Zunshine, *Why We Read Fiction: Theory of Mind and the Novel*, Columbus: Ohio State University Press, 2006; Zunshine, *Strange Concepts and the Stories They Make Possible*, Baltimore: Johns Hopkins University Press, 2009; Alan Palmer, *Fictional Minds*, Lincoln: University of Nebraska Press, 2004; Patrick Colm Hogan, *Cognitive Science, Literature, and the Arts: A Guide for Humanists*, New York: Routledge, 2003.

每一种思想与我们大脑中特定神经元群的放电模式之间存在着直接的一对一关系——心理状态就是大脑物质的状态。"[①] 但是，神经哲学家安德鲁·布鲁克（Anderew Brook）和皮特·曼迪克（Pete Mandik）解释，我们可以用两种截然不同的方式来解释这一论断：要么把思维和大脑的自主性看作是平行的、独特的方法论概念，要么把思维看作是一种关于暂时的、暂定的、最终可以随意使用的概念，直到将思维状态还原到生理基础上。他们指出，还有第三种立场，他们称之为激进的消除主义（eliminativism）。根据这一观点，"心理学理论充满了错误，如果要用心理学概念建立一门科学，就显得非常薄弱（例如，如果不能精确地量化，就很难使用心理学概念识别的现象），以至于我们认为，心理状态最好不要谈论任何真正存在的东西。"[②]

不幸的是，如果有这种争议，当代文学批评对认知科学的依赖可能会成为与神经科学合作的障碍，即使如我书中表明，这两个领域之间有一些重要的融合。例如，下一章会表明，阅读的神经科学从认知心理学对文字处理和语言理解的研究中获得了重要的证据。同样，我在第五章解释，对大脑社交能力的探索，当代镜像神经元的研究在很大程度上依靠对婴儿模仿的心理观察来解释主体间性的机制。但是，尽管存在这些和其他的趋同，如果可以绕过关于思维和大脑的争论，并且可以发现一种不依赖于心理假设将审美体验和神经机制相关联的方法，可能会促进文学研究和神经科学之间的富有成效的对话。

神经现象学（neurophenomenology）可能会提供向前发展的路径，智利神经科学家弗朗西斯科·J.瓦莱拉的一个研究项目旨在审视"相互制约"，通过

---

① Stanislas Dehaene, *Reading in the Brain : The Science and Evolution of a Human Invention*, New York: Penguin Viking, 2009, p.257, 原文强调。

② Andrew Brook and Peter Mandik, Introduction to Brook and Akins, *Cognition and the Brain*（注释15）, pp.6~7.

这些相互制约，"生活体验与其自然生物学基础联系起来"。① 他的追随者们
总结说，"神经现象学的目的不是消除解释的空缺（explanatory gap）（在概念
或本体论的还原意义上），而是通过在主观体验和神经生物学之间建立动态
的相互制约条件来弥合这种差距。"② 现代现象学的创始人埃德蒙·胡塞尔和
其他哲学家在他的传统理论中，试图通过规律日或排除关于主体性和客体世
界的自然态度（natural attitude）的假设，来提供对生活体验结构的严格描述。
神经现象学家利用这些方法，并应用他们的发现，试图将有关大脑功能的神
经科学实验结果与复杂、精确和可靠的第一人称意识描述关联起来。③

例如，瓦莱拉认为，胡塞尔对我们对过去存在的生活体验滞留（retential）
和前摄（protential）视域的复杂、微妙的描述得到了支持，并反过来有助
于解释实验神经科学中正在形成的共识，即大脑区域是以一种相互作用的方
式关联，却不能用计算机比拟的旧顺序排列来解释。④ 我在第四章中详细解释，
这些多向关系在神经元水平上，具有激活、放松和摆动的模式的特征，需要
一个时间性的概念，更像胡塞尔对不断出现和消退的"水平的现在（horizonal
present）"的描述，而不是一系列的时间点的线性序列。大脑中有时分布广泛
的区域内神经元集合的相互决定和相互作用通过具有持续振幅的振荡的时间
模式来协调。生命时间的现象学悖论——即过去和未来在某个过去时刻的视
野中既是存在的也是不存在的——有一个神经生物学基础，而非时序的、相

---

① Francisco J. Varela, "The Specious Present: A Neurophenomenology of Time Consciousness," in Jean Petitot et al, ed. *Naturalizing Phenomenology: Issues in Contemporary Phenomenology and Cognitive Science*, Stanford, CA: Stanford University Press, 1999, p.267.

② Evan Thompson, Antoine Lutz, and Diego Cosmelli, "Neurophenomenology: An Introduction for Neurophilosophers," Andrew Brook and Kathleen Akins, eds. *Cognition and the Brain: The Philosophy and Neuroscience Movement*, Cambridge: Cambridge University Press, 2005, p.89, 原文强调。

③ Francisco J. Varela and Jonathan Shear, eds., *The View from Within: First-Person Approaches to the Study of Consciousness*, Bowling Green, OH: Imprint Academic, 1999.

④ Varela, "Specious Present," pp.280−295; Edmund Husserl, Martin Heidegger, ed. *The Phenomenology of Internal Time Consciousness*, trans. James S. Churchill, Bloomington: Indiana University Press, 1964, p. 1928. These connections also have important implications for the temporality of reading, as I explain in chapter 4. 我在第 4 章解释，这些联系对阅读的时间性也有重要的影响。

互决定的大脑交互模式的特殊性并不在体验上违反直觉。一方面是交互的神经元相互作用的时间结构，另一方面是滞留和前摄的（过去和未来）视界的生活体验，两者不可化简对方。在区分大脑过程的时间性和我们对时间的意识的解释空缺中，一个如何引起另一个仍然是一个棘手的问题，但是对时间如何在这些不同层次上起作用的解释有助于澄清两者明显的悖论和复杂性。

至少到目前为止，神经现象学对神经美学的贡献甚微。这尤其令人遗憾，因为胡塞尔作品引发了审美、解释和阅读方面丰富的现象学研究传统，从他的学生罗曼·英伽登（Roman Ingarden）早期通过海德格尔、伽达默尔（Gadamer）和利科对理解和诠释结构（遵循胡塞尔意向性理论）的阐释学研究，对艺术的文学作品作为一种有意图的、主体间的结构和阅读中的"具体化"的分析，到康斯坦茨诗学，以及沃尔夫冈·伊瑟尔和汉斯·罗伯特·尧斯（Hans Robert Jauss）领导的阐释学团队的接受理论。[①] 例如，我在第四章试图详细阐明，认知时间性的神经和现象学解释之间是非线性的、水平性的和交互性解释的，不仅在海德格尔将阐释学循环描述为一种预期结构的过程中，同时也在伊瑟尔将阅读概念描述为一种建立前后一致性的过程中，两种观点有重要的相似之处。这些相似之处表明，阅读的生活体验及其审美表现的方式与大脑研究所确定的基本神经过程相关联。

例如，我在第三章中展示，阐释学的循环——这个悖论，即理解某个文本的各个部分取决于它们所属的整体的预期感觉——结果证明在大脑的认知功能中有着深厚的基础。同样的，我在这里和第二章解释，有大量的神经证据表明大脑是如何解释形状和语句的，这与阅读现象学的观点一致，也就是它是一个填充文本不确定性和建立一致模式的过程，一个指向相反的结果的

---

① 更准确的概述，见 Paul B. Armstrong, "Phenomenology" in Michael Groden and Martin Kreiswirth ed. *The Johns Hopkins Guide to Literary Theory and Criticism*, Baltimore: Johns Hopkins University Press, 1994, pp. 562-566, 另见 Paul B. Armstrong, "Hermeneutics" in Michael Ryan ed. *Blackwell Encyclopedia of Literary and Cultural Theory*, gen., vol. 1; Gregory Castle Malden, ed. *Literary Theory from 1900 to 1966*, MA: Wiley-Blackwell, 2011, pp.236-246。

过程（这样一来，读者可能不赞同文本的含义）。关于大脑对模糊图形的反应和多重解释可能性的神经学研究，也符合多重意义和相互冲突的阅读的现象学理论。①

这些相似之处能引起文学批评的兴趣的原因是多种多样的，尤其是因为它们表明，阅读体验并不是某些语境方向的社会和政治批评家所认为的那种附带现象。相当一部分持怀疑态度的文化批评家自称为唯物主义者，他们倾向于以怀疑的眼光看待意识和主体性，对他们来说，解释和审美体验的现象学理论在最好的情况下是误导，在最坏的情况下是错觉。②然而，大量临床和实验的证据充分地、决定性地表明，现象学的美学理论有着物质的神经生物学基础。阅读和审美体验至少再次引起了一些人文学科的兴趣，认真对待这些现象的生物学原因提供了唯物主义的论证来反驳唯物主义者的怀疑。在解释空缺的另一方面，这些联系也应该引起神经生物学的兴趣，因为它们提出了一些方法，有时相当基本的神经证据可能与一些现象（如阅读和审美体验）有关，而这些现象对于现有能了解的实验技术来说太复杂和微妙了。对这些过程的现象学描述可以提出一些值得实验神经科学研究的问题，以填补这些领域的难懂之处。

有趣的是，对阅读的现象学描述产生了符合和谐与不和谐审美的理论。这是一个有用的矛盾，不是混乱的迹象，而且一点也不奇怪。毕竟，鉴于一代又一代的读者都报告过这两种审美体验，对艺术生活接受的现象学描述需要解释这种根本的、反复出现的分歧是如何发生的，而不是简单地将这种分歧的一方或另一方的整个经验历史误认为毫无根据或错误的。这种解释使人联想到开创性的现象学美学家罗曼·英伽登和后来康斯坦茨学派接受理论家

① 见 Semir Zeki, "Brain Concepts and Ambiguity," in *Splendours and Miseries of the Brain*, pp.59-98 和 Paul B. Armstrong, *Conflicting Readings: Variety and Validity in Interpretation*, Chapel Hill: U of North Carolina Press, 1990. 后面的第三章详细讨论了这些相似之处。

② 关于为什么当代以文化和历史为导向的文学批评对阅读体验持怀疑态度，以及为什么这种蔑视在犯错误，请参阅我的文章 Paul B. Armstrong, "In Defense of Reading: Or, Why Reading Still Matters in a Contextualist Age," *New Literary History*, Vol.42, No.1, Winter 2011, pp.87-113。

（他们借鉴了他的作品）之间关于审美经验是由感觉价值的协调构成还是由读者的期待构成的争议。英伽登确定了四个相互关联的"层次"，它们为文学作品的读者做好了准备，并在它的认知中"具体化"："语言声音形式"（语音模式）、"意义单位"（在单词和句子层面）、"表现的对象"（人、地点和语义层次组成的事物），以及作品的"图式化方面"（这些事件的状态是通过视角来显示的，必然会留下很多"不确定的"或隐藏的东西，供读者填补）。英伽登认为，读者通过塑造每个层次都具备的"价值品质"的"复调和声"，来获得某种审美体验。①

　　沃尔夫冈·伊瑟尔根据英伽登的研究，他发现文学作品充满了不确定性（Unbestimmtheitstellen），读者可以根据他们的预设、兴趣和过去的经验来填补（或不填补）这种不确定性。他对"古典艺术观念的理解"提出了异议，却在读者的中断、分离和不连续体验中找到了价值："文学文本充满了意想不到的曲折和期望的挫败……其实，只有通过必然的省略，一个故事才能获得动力，并允许我们'发挥自己建立联系的能力'，从而使读者有可能以不同的，甚至完全相反的方式构建一个文本的世界。"②伊瑟尔的同事，诗学和阐释学小组的创始人之一汉斯·罗伯特·尧斯进一步强调了无效预期的价值，并建议用文学作品的失意、失望等程度来衡量"文学作品的艺术特征"，否则就会挑战读者熟悉的艺术、道德和其他方面的理念。按照尧斯的说法，他称之为"烹饪"或"娱乐艺术"（Unterhaltungskunst）的东西……可以被描述为不要求任何水平上的改变，而是准确地满足由一种主导的鉴赏标准或道德标准

---

① Roman Ingarden, *The Literary Work of Art*(1931), trans. George G. Grabowicz, Evanston, IL: Northwestern University Press, 1973; and Roman Ingarden, *The Cognition of the Literary Work of Art*(1973), trans. Ruth Ann Crowley and Kenneth R. Olson, Evanston, IL: Northwestern University Press, 1973.

② Wolfgang Iser, "The Reading Process: A Phenomenological Approach," in *The Implied Reader: Patterns of Communication in Prose Fiction from Bunyan to Beckett*, Baltimore: Johns Hopkins University Press, 1974, pp. 279−280. 另见 Iser, *Act of Reading*.

所规定的期望。① 相反，伟大的艺术作品（从这个观点来看）质疑熟悉的概念，因此往往会遭到愤怒、误解或批判的谴责，但矛盾的是，如果可以理解，他们有可能冒着失去效果的风险去达到他们变得熟悉和规范的程度。尧斯认为，通常情况下，经典宗教著作必须被陌生化，或者违反常规解读，才能重新获得优势。

神经美学不应该在和谐美学与不和谐美学之间的矛盾中偏向某一方，而是应该质询，这些对于被满足或受到挫败的预期所造成的快感和挑战的解释，与大脑的理解过程有何关系。理解和谐与不和谐具有特别重要意义的神经功能，就是那些与模式识别和跨脑皮层区域的多向信号的时间性相关的功能，神经元网络通过这些功能连接起来。其他重要的主题有与惊讶相关的神经，大脑相对于熟悉体验对陌生体验的加工，以及整合和不连续的神经等价物。这些是艺术的潜能存在于大脑中的位置。探索它们的第一步，至少在它们的文学表现形式上，是质询大脑如何学会阅读。

在我们开始之前，应该谨慎注意语言和术语。"大脑学习（the brain learns）"这个惯用语是一个隐喻，因此，它既有启发性又有曲解性，因为它错误地叙述了事物的字面事实。我在接下来反复指出，大脑并不是一个小矮人——我们脑中没有"机器里的小人儿"——因此，将目的、意志和导向归于这个生物器官是有误导性的。然而，一旦人们对这个问题有所警觉，就会在神经科学的文献中到处看到这些惯用语。例如，"大脑讨厌内部异常现象……而且常常会不遗余力地去解释它们"，或者大脑是"一种无法抑制的多样性的模仿"，它"构建地图"并"把它们联系起来"，或者"大脑必须做的唯一的工作就是尽一切努力来缓解认知上的饥饿感——用其所有形式来满足'好

---

① Hans Robert Jauss, "Literary History as a Challenge to Literary Theory," in *Toward an Aesthetic of Reception*, trans. Timothy Bahti, Minneapolis: University of Minnesota Press, 1982, pp.25-26.

奇心'"。① 即使神经科学哲学家阿尔瓦·诺埃（Alva Noë）公正地警告过"你不是你的大脑"，也不得不用人格化的术语谈论这个无名的器官，就好像它是一个追求各种目的和意图的施动者："大脑的工作就是促进大脑、身体和世界之间的相互作用的动态模式。"②

这里的部分问题是语言性的。隐喻启发但也掩饰和误导。没有它写作是不可能的——在风格上也不高明——这就是为什么一些具有解构主义思想的评论家在表达中加上斜线，以表明它们是在"置于删除之下（under erasure）"的情况下使用的，充分认识到他们必要的曲解（distortions）。③ 把主语和动词放在一起倾向于使这个名词看起来像是一个代理人参与了有目的的行为，即使涉及心脏或肾脏这样的器官（例如，给予这些器官道德和社会的作用，维基百科说"心脏负责泵血"和"肾脏起着重要的管理作用"）。

但保罗·利科（Paul Ricoeur）在他与让-皮埃尔·尚热关于人性、伦理和大脑的富有启发性的长时间对话中指出，这里也有一个重要的哲学问题。在利科看来，道德和神经科学的"话语""代表了不能相互简化或相互衍生"的"不同性质的观点"。一种情况下是神经元及其在系统中的联系问题；另一种情况是谈及知识、行为、感觉——也就是以意图、动机和价值观为特征的行为或状态。因此，我将反对人们在矛盾修辞公式"大脑思考"中总结出来的那种语义融合，尚热迅速而辩护地回复其为："我避免使用这种规则。"④

---

① Ramachandran, *Tell-Tale Brain*, p. 257; Antonio Damasio, *Self Comes to Mind: Constructing the Conscious Brain*, New York: Pantheon, 2010, pp.64, 87; and Daniel C. Dennett, *Consciousness Explained*, New York: Little Brown, 1991, p.16。

② Alva Noë, *Out of Our Heads: Why You are Not Your Brain, and Other Lessons from the Biology of Consciousness*, New York: Hill & Wang, 2009, p.47.

③ 这个论点常被引用的是雅克·德里达（Jacques Derrida）对索绪尔（Saussure）符号的研究 "Structure, Sign, and Play in the Discourse of the Human Sciences," in Richard Macksey and Eugenio Donato ed. *The Structuralist Controversy: The Languages of Criticism and the Sciences of Man*, Baltimore: Johns Hopkins Press, 1970, pp.247−265，德里达指出，"语言本身具有自身批判的必要性"。

④ Jean−Pierre Changeux and Paul Ricoeur, *What Makes Us Think? A Neuroscientist and a Philosopher Argue about Ethics, Human Nature, and the Brain*, trans. M. B. DeBevoise, Princeton, NJ: Princeton University Press, 2000, p.14.

然而，这种语言纯洁性并不总是可能或可取的。隐喻确实起到了有用的修辞作用。[①] 但是，大脑中的代理人是如何从电化学、神经生理学过程出现的，还是一个至关重要的谜团，它使这个难题变得困难，并且也许无法解决。大脑是一个复杂的、迷人的生物器官，虽然它不是一个有目标和目的的代理人，但它的一些能力是如此惊人，以至于有人认为它一定是有动机的。然而并非如此，你脑子里并不真的存在一个小人儿，你也不等于你的大脑，但是大脑有惊人的变化能力。这些过程中最重要的是（如果你能接受这个比喻的话）学习如何阅读的过程。

[①] 保罗·利科在他重要的书中（Paul Ricoeur, *The Rule of Metaphor*, trans. Robert Czerny, Toronto: University of Toronto Press, 1977）阐释细节时认识和解释了这一点。

第二章　大脑如何学习阅读及和谐与不和谐的游戏

　　尽管某些体验只属于某一艺术，不同艺术中的审美体验有一些共同的特点和性质，它们的神经和生理联系也是如此，例如，和谐与不和谐可以描述音乐、视觉艺术和文学的特征，但与这些体验相关的神经过程和皮层区域必然存在差异，因为与听觉、视觉和阅读相关的系统之间存在差异。这些相对明显的观点值得我们在开始探索阅读的神经科学之前提出，因为这种混合现象有独特的复杂性和特殊性。与视觉和听觉不同，阅读并不是一种"功能"，没有那种在人出生时就被激活的、本身固有的、专门的神经生物系统。自然阅读的审美与视觉艺术和音乐有很大的共同点，部分原因是文字识别的图形和语音过程依赖于视觉和听觉。对视觉艺术和音乐的欣赏无疑也需要学习——习得"阅读"一幅画或诠释一首交响乐的技巧和习惯——视觉和听觉本身既是历史性的，又是自然的，因为它们都是长期进化过程的产物。但是，对书面语言文本的理解不仅仅是视觉或听觉，而是一种神经混合物，它利用了一系列大脑过程，这些大脑过程最初是为了其他目的而进化的，而且主要用于其他功能。

　　大脑如何学习阅读是一个复杂的，甚至有些矛盾的过程，揭示了许多神经科学中重要的问题。例如：大脑固定的、遗传的特征与其可塑性、改变、适应和发展的能力之间有什么关系？某些认知功能在何种程度上位于特定的皮质区域？大脑功能以何种程度被分布于相互作用和被塑造成形的不同区域？大脑是如何组织的？它像一台带有中央控制器的计算机，是一个并行处理的网络，还是一个混乱的、不稳定的、不断变化的互动阵列？解释阅读的神经科学可能会开始回答其中的一些问题，从而为那些不熟悉这一领域的读者介绍大脑的运作方式。这反过来将为探索一些重要的审美现象（如和谐与不和谐的博弈）的神经基础做好准备，这些现象不仅可以在文学中找到，也可以在其他艺术中找到，而且在许多情况下还是当代神经科学尚在争论的问题。

关于阅读的核心神经科学的事实是，阅读在人类历史上发展得相对较晚，只有开发出早已存在的神经系统才能出现。大脑在结构上倾向于预先习得语言，每个人在幼儿时期都学会了如何说话，除非生理损伤阻止了这种自然成长。[①] 然而，阅读不是自然产生的，也不是每个人都学会了如何去做。对于阅读和写作的诞生时间，人们的估计各不相同，但这很可能发生在不超过 6000 年前。历史学家史蒂文·罗杰·费希尔（Steven Roger Fischer）理所当然地认为，"当人们开始在一个标准化的有限符号系统中仅仅解释某个符号的声音值时，阅读的真正形式就出现了"，他主张，"符号变成了声音——摆脱了它系统外在的所指事物（如象形文字的表述）——在 6000 年到 5700 年前的美索不达米亚[②]"，这种对连接声音和感觉的编码的、传统的标记的解释与现代神经科学理解阅读的方式是一致的。为了解释书面符号的意义，在阅读的大脑必须将语音和图形连接的单位（音素和字形）翻译成具有语义学意义的形式结构（语素）。当大脑学会进行这种翻译活动时，阅读就诞生了。

---

① 这个现象的经典解释（Stephen Pinker, *The Language Instinct: How the Mind Creates Language*, 1994, New York: Harper, p.2007）。他的乔姆斯基式的主张基于天生的、普遍的认知结构的观点，最近受到了质疑，这不再是神经科学家对语言的共识。见 Nicholas Evans and Stephen C. Levinson, "The Myth of Language Universals: Language Diversity and its Importance for Cognitive Science," *Behavioral and Brain Sciences*, Vol.32, 2009, pp.429-448，而且通常会伴随 "Open Peer Commentary," pp. 448-492, esp. Michael Tomasello, "Universal Grammar is Dead," pp.470-471，而且也受到反驳 Stephen Pinker and Ray Jackendoff, "The Reality of a Universal Language Faculty,"pp.465-466。埃文斯（Evans）和莱文森（Levinson）认为，"语言是一种生物文化的混合体"，而且 "语言的共同属性不一定起源于'语言能力'或天生的语言专门性"（446，439）。我在平克语言模型的后续章节中的批评，使我与普遍语法的批评者保持一致。语言的神经起源无疑比"语言本能"假说所能解释的更为复杂；然而，不管出于什么原因，语言是一种比阅读更"自然"的习得，而且很可能是基于人类大脑的长期进化，而阅读不是这样的。语言不像视觉那样是自发的（尽管视觉皮层只有使用才能发展），但它比阅读更加频繁发生。

② Steven Roger Fischer, *A History of Reading*, London: Reaktion Books, 2003, p.16.

　　几千年在进化史上是微不足道的，这段时间大脑几乎无法进行遗传转化（genetic transformation），这种变化的能力需要通过达尔文自然选择培养出来。阅读神经学家斯坦尼斯拉斯·迪昂的记忆中所称的"神经元循环"（neuronal recycling）一定会出现，也就是"最初专门用于某个不同功能的皮层区域"的重新作用。[①]每个新生人类必须通过适应基因环路来学习阅读。它最初并没有进化，初学的读者遇到的一些困难，以及对于不同语言的读者来说，这种学习的容易程度的一些差异，都可以追溯到对文字符号解码的要求与必须转换成这种非自然行为的神经系统之间的不匹配。

　　临床和实验证据表明，这种转换发生在大脑中专门识别视觉形式的区域。视觉构词区（visual word form area，VWFA）在 19 世纪后期第一次被指出负责阅读。一个患有轻微中风的病人失去了阅读能力，却仍保留说话以及识别文字以外物体的能力。现代脑成像技术已经定位了大脑左半球下方的一个区域，该区域为了响应书面的符号（不响应触发不同区域的口头符号）而激活（见图 2.1）。迪昂的实验室在 VWFA 研究中做了最杰出的工作，他把这个区域称为"大脑的信箱"（53），它可以在后视皮层，在大脑下侧，夹在专门识别物体的区域和与识别面孔区域相连的神经元中间。这一发现有些争议，因为视觉构词区不是同质的，仍然带有其他活动的痕迹（正如人们所期望的那样，因为它是从其他功能中改换作用而来的），但它的存在及其在单词识别中的作用的证据是令人信服的。[②]

---

① Stanislas Dehaene, *Reading in the Brain: The Science and Evolution of a Human Invention*, New York: Penguin Viking, 2009, pp.144-147. 我对阅读的神经科学的解释得益于这本迷人的书。有关最近研究的简明调查及其对阅读教学的影响的分析，George G. Hruby and Usha Goswami, "Neuroscience and Reading: A Review for Reading Education Researchers," *Reading Research Quarterly*, Vol.46, No.2 April&June 2011, pp.156-172。

② 关于视觉词形区，Cathy J. Price and Joseph T. Devlin, "The Myth of the Visual Word Form Area," *NeuroImage*, Vol.19, 2003, pp.473-481; Laurent Cohen and Stanislas Dehaene, "Specialization Within the Ventral Stream: The Case for the Visual Word Form Area," *NeuroImage*, Vol.22, 2004, pp.466-476; Price and Devlin, "The Pro and Cons of Labelling a Left Occipitotemporal Region: 'The Visual Word Form Area,'" *NeuroImage*, Vol. 22, 2004, pp.477-479。

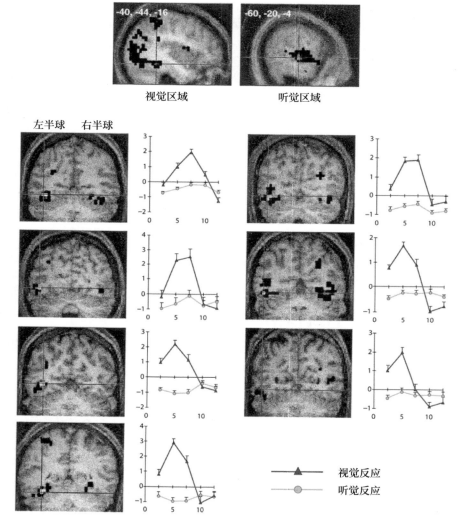

图 2.1　7 名成年阅读者大脑"视觉词形区（VWFA）"活跃时的

核磁共振扫描图像，口头语言没有激活这个区域。

经允许后改编，Stainslas Dehaene et al., "The Visual Word Form Area: A Prelexical Represen-tation of Visual Words in the Fusiform Gyrus," *NeuroReport*, Vol.13, No.3, 2002, pp321-325.

　　脑成像实验表明，视觉构词区被所有字母系统激活，被汉字和罗马字符激活，也被日本人使用的汉字和假名激活。[①]这些实验揭示了大脑结构中的研究切入点，已被重新定向到特定的文化目的中，会引起生物太快进化而无法适应基因变化，这是神经元循环假说推测的自然与文化相互适应的有力证据。即使当视觉识别神经元的某个特定区域转换为非自然的、习得的、文化上可变的活动，也显示出大脑的可塑性和适应性时，用不同字母体系的文化之间研究点的普遍性证明了预先给定的皮层结构的限制。

　　选择大脑这一区域进行循环并不是偶然的，而似乎是其在不变的视觉对象识别中所起作用的结果。在不同条件下识别同一物体、地点或人的能力——在光照、距离、方向等变化时——对人类的生存是绝对必要的。在不断变化的条件下不变地识别视觉形式的能力不仅对于感知外部世界中的对象至关重要，而且对于识别以不同形状呈现的字词也至关重要：写成大写字母或小写字母、不同字体，甚至草写体（当然，在有限的范围内，这一点我自己的笔记总能证明）。阅读的一个决定性特征是，我们能够识别 radio（收音机）这个词，即使它被写成 RADIO，甚至 RaDiO，这种能力是对物体不变的视觉感知的例证。[②]信箱区域神经元能够忽略这些变化，并且自我识别用不同形状书写的同一字词，证明最初为不变视觉对象识别而进化的大脑皮层功能，已经适应于阅读传统图形符号的人造的、文化特定的目的。

　　某种程度上来说，不同字母系统中反复出现的首选形状的推测性但高度

---

① 例如 L. H. Tan et al., "Brain Activation in the Processing of Chinese Characters and Words: A Functional MRI Study," *Human Brain Mapping*, Vol. 10, No.1, 2000, pp.16-27; K. Nakamura et al., "Participation of the Left Posterior Inferior Temporal Cortex in Writing and Mental Recall of Kanji Orthography: A Functional MRI Study," *Brain*, Vol.123, No.5, 2000, pp.954-967. 另见于迪昂 *Reading in the Brain*, pp. 97-100 中的其他实验。

② 见 T. A. Polk and M. J. Farah, "Functional MRI Evidence for an Abstract, Not Perceptual, Word-Form Area," *Journal of Experimental Psychology*, Vol.131, No.1, 2002, pp.65-72，而且波尔克（Polk）和法拉（Farah）的脑成像实验显示实际上无法区分视觉词形区的神经元活动数量，在阅读用所有大写或小写字母或两者的混合书写的文字时，他们还发现，像 HoTeL 或 ElEpHaNt 一样奇怪文字与普通书写的文字引发相同的活动。

暗示性的证据，进一步证明了阅读和不变物体识别之间的深层神经联系。其中，一些限制归咎于视觉生理学和视网膜对形状的识别能力。然而，另一些人似乎认为，书写系统是通过利用物体不变性的视觉标记发展起来的，在阅读出现之前，大脑已经习惯了这种标记。

无论如何，这是进化神经生物学家马克·长吉（Mark Changizi）在字母形式的综合比较分析基础上提出的假设。根据他的研究，书写系统中的视觉符号"在文化上被选择来匹配在自然场景中发现的各种轮廓的集合，因为这正是我们进化而来善于视觉加工的能力。"① 长吉通过对自然出现的图像进行统计分析，发现一起观看几个物体时，无论是放在彼此旁边还是放在对方前面，通常会形成"T"形或"L"形的图案，且都会部分挡住看向后面的视线。但更难得的是，当一棵树的一根树枝与另一根交叉时，有时会出现"X"形。在自然场景中很少出现形成三角形的三条线。长吉认为，这些形状在自然界中出现的频率，惊人和明显地与世界文字符号系统中类似形状的分布相差无几。也就是说，在世界各地使用的截然不同的字母符号系统中，"T"和"L"形状比"X"更常见，三角形很少出现（图2.2）。他推测，这不是偶然的，而是书面符号的发展证明，视觉大脑更容易识别，因为它们类似于它被惯用的自然形式。

如果长吉的主张正确，那么全世界字母体系中共同的视觉特征都是基于大脑中编码模式的神经学的，这是大脑对不变物体识别能力长期进化的结果，这一发现将对语言学和文学理论有重要启示。例如，索绪尔著名的"图形符号是任意的"的主张不会引起人们的质疑，因为它们是按照惯例确定的，通过与字母系统中其他符号的差异而获得意义。但是，建立这些偶然的、文化上可变的惯例所受到的限制，反映出神经元再循环需要利用预先存在的、准

---

① Mark Changizi et al., "The Structures of Letters and Symbols Throughout Human History are Selected to Match Those Found in Objects in Natural Scenes," *American Naturalist*, Vol.167, No.5, May 2006, p.117. 关于长吉成果的进一步讨论，见 Stanislas Dehaene, *Reading in the Brain: The Science and Evolution of a Human Invention*, New York: Penguin Viking, 2009, pp.176-179.

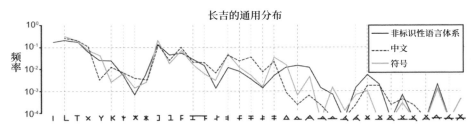

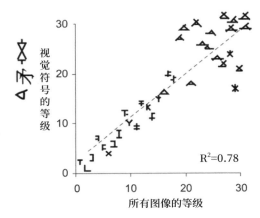

图 2.2　书面符号和自然图像中形状的频率

进化神经生物学家马克·长吉发现，在一系列字母中，特定的书写形状出现的频率，与这些相同形状在自然界中重现的频率之间存在着惊人的相关性。

顶部图形中的横轴列出了形状，并且绘制了它们在 96 种非标识性语言体系（单个字母的字符不代表单词）、中文和非语言符号系统（交通标志、音乐符号等）中的频率。这三条线惊人地相似。下面的图表比较了这三种来源的人类视觉符号的频率（纵轴）和它们在自然界中发现的频率（横轴）。又一次，这种相关性似乎太过紧密，不可能是偶然的。

经过马克·长吉等人的许可后复制，"The Structures of Letters and Symbols Throughout Human History are Selected to Match Those Found in Objects in Natural Scenes", *American Naturalist* ,Vol.167, No.5 May 2006, pp.E117-139.

备重新利用的脑皮层结构。字母符号的任意性显然受限于熟悉自然形状的视觉几何结构，这些形状是大脑预先编程识别的。世界上各种各样的字母表证明了符号的文化偶然性（任何特定的书写代码都不比其他代码更为必要），但它们的几何相似性证明了大脑对不变视觉对象识别的预刻能力。这个符号是任意的，而且可以变化，因为大脑既有可塑性又有适应性，但它的变化是有限的，因为这种可塑性会受到限制。

有证据表明，语言符号不仅受我们的视觉器官的制约，而且还受听觉系统的制约。一项著名的实验表明，使用差别很大的语言的人绝大多数会把一个弯曲的圆形斑点与声音"bouba"联系在一起，而把一个锐角形状与"kiki"联系在一起。[①] 这不是完备的克拉蒂主义（Cratylism），根据这种学说，符号不是任意的，而是被根据它们所指的内容塑造的，不同语言之间的图形和音位模式可能有神经生物学基础。[②] 同样，与图形符号一样，语言的音位系统在文化上是偶然的，因为不同字母系统之间的重要声音可能有很大的差异。但是，不同语言的使用者倾向于认为"bouba"有圆这个形状的性质，而"kiki"有尖锐形状的性质，这表明，可能存在通用的、跨文化的基于听觉皮层的模式，将感觉与声音关联起来。

尽管视觉在图形符号的识别中占主导地位，阅读过程由信箱区域的活动引起，但与说话和听力相关的系统也很快发挥作用，与意义语义相关的区域也会发挥作用（包括最重要的记忆）。图形字型的视觉识别取决于标记文字与音素，即语言中的重要声音单位相关联，也与语言的意义单位相关联，索绪尔所描述的符号二元性中，语音被联结到这种意义单元上。[③] 迪昂解释，"阅读有两条截然不同的路径"——"从字母到词句及其意义的直接（或语义、视觉）路径"和"从字母到声音、从声音到意义的间接（或语音、听觉）路径"，然而，这条路径"对不规则的单词无效"，"还有同音异义词，比如'too'"也无效（40）。脑成像实验表明，这两种阅读途径——视觉符号的语义导向识别以及声音和

① 对于这个实验的讨论，见 V. S. Ramachandran, *The Tell-Tale Brain: A Neuroscientist's Quest for What Makes Us Human*, New York: Norton, 2011, pp.108-109.

② 见著名的苏格拉底关于克拉特拉斯的学说的对话，名字和事物必须通过一种自然的纽带联系起来：Plato, *Cratylus*, trans. C. D. C. Reeve, Indianapolis: Hackett, 1998。关于最近的分析，请参阅 Francesco Ademollo, *The Cratylus of Plato: A Commentary*, Cambridge: Cambridge University Press, 2011.

③ 见费迪南·德·索绪尔的经典分析，Ferdinand de Saussure, Charles Bally, Albert Sechehaye, and Albert Riedlinger, ed. *Course in General Linguistics*, trans. Wade Baskin, New York: McGraw Hill, 1966, pp.1906-1911。

感觉的语音导向关联——激活了大脑皮层中两种不同但相互连接的网络。[①]

　　神经科学家凯西·普赖斯（Cathy Price）和约瑟夫·德夫林（Joseph Devilin）对视觉构词区假说提出了合理的担忧："用认知术语标记解剖区域加强了认知模式组件和功能性神经解剖组件之间一对一映射的概念。"[②]他们恰当地指出，认知通常比这更复杂，涉及大脑不同区域之间的多方向交互作用。尽管视觉构词区是单词识别的关键皮层节点，但阅读并不局限于大脑中的某个位置；相反，它建立了视觉和听觉过程的复杂组合，将字母转换为声音，将声音转换为字母，并将符号与意义联系起来。阅读研究者乔治·赫鲁比（George Hraby）和乌莎·戈斯瓦米（Usha Goswanu）指出，甚至"视觉单词识别也不是一项纯粹的视觉任务"，而是涉及"视觉和听觉大脑区域之间的系统关联"。同样，他们观察到，"大脑的几个相当不同的区域……在发声时是活跃的"，没有"单一的文本到声音的解码机制（是）位于某一个大脑区域"。[③]阅读的复杂性正是因此成为大脑功能动力学系统的一个有用指标——它的重叠、交叉、来回往返的并行加工过程组成交错相连的结构。

　　无论是声音还是意义，作为阅读的途径都有优先权，这是各个写作系统之间最大的区别之一。毫不奇怪，在一种字素–音位关系相对稳定和明显的语言中，学习阅读更容易。孩子们在有浅拼字法（shallow orthographies）的语言中（如意大利语、芬兰语或希腊语），学习阅读更加快速而高效，在这些语言中，语音和图形结构相互间紧密连接得有迹可循；相比其他类别的语言（如英语或丹麦语）中，孩子们学习阅读就不那么快速和高效，一个单词

① 例如，N. van Atteveldt et al., "Integration of Letters and Speech Sounds in the Human Brain," *Neuron*, Vol.43, 2004, pp.271–282. 另见迪昂对于相关研究的总结，Stanislas Dehaene, *Reading in the Brain: The Science and Evolution of a Human Invention*, New York: Penguin Viking, 2009, pp. 104–109.

② Cathy J. Price and Joseph T. Devlin, "The Myth of the Visual Word Form Area," *NeuroImage*, Vol.19, 2003, p.478.

③ George G. Hruby and Usha Goswami, "Neuroscience and Reading: A Review for Reading Education Researchers," *Reading Research Quarterly*, Vol.46, No.2 April&June 2011, pp.161, 157.

的读法和写法之间的关系是高度可变的，而且常常是不可预测的，语言学家称之为深拼字法（deep orthographies）。例如，语言学家菲利普·西摩（Philip Seymour）进行的一项国际比较研究表明，丹麦和英国的学龄儿童在一年级结束时的成绩，将使他们在意大利或芬兰的同龄人中处于"残疾"或"无阅读能力的人"范围（表2.1）。[①]

表2.1　相对容易学习的阅读：在一年级结尾时文字阅读存在的错误率

语言	错误率 /%	语言	错误率 /%
英语	66	西班牙语	5
丹麦语	29	荷兰语	5
葡萄牙语	26	意大利语	5
法语	21	希腊语	2
挪威语	8	德语	2
瑞典语	6		

数据来源：P. H. Seymour et al., "Foundation Literacy Acquisition in European Orthographies," *British Journal of Psychology*, Vol.94, No.2, 2003, pp.143-174.

因为阅读需要视觉和声音网络的交互作用，在任何一种语言中，字素和音素之间的确切关系并不是预先由大脑皮层的结构决定的。大脑中不同的部位如何相互作用的问题，就是语言系统中视觉标记、声音模式和意义单位之间的关系，可以采取各种形式，并且仍然让大脑在它们之间进行必要的转换和连接。然而，大脑皮层的作用是有限的，并不是所有这些等价物和交互作用都能同样有效。因此，字素（graphemes）和音素（phonemes）之间有规律、可预测关系的语言，相比那些语音模式没有帮助视觉标记解密码的书写系统，

[①] P.H.K.Seymour, M.Aro, and J. M. Erskine, "Foundation Literacy Acquisition in European Orthographies," *British Journal of Psychology*, Vol. 94, No.2, 2003, pp.143-174. 这项研究的讨论，见迪昂 Stanislas Dehaene, *Reading in the Brain: The Science and Evolution of a Human Invention*, New York: Penguin Viking, 2009, pp.230-232。

更容易阅读。

　　书写系统之间的差异也让人怀疑达尔文主义对阅读和写作等文化现象演变的一些解释。在自然或文化中，并非总是适者生存。足够胜任这项工作的适应性通常可以采取多种形式，世界上各种各样的语言也是如此，它们以不同的方式解决了字素－音素翻译的问题，并非总是以效率最高的方式，而是以"足够好"的方式。进化论批评家布赖恩·博伊德（Brian Boyd）提出"在生物设计中混合了'惊人的适应复杂性和拙劣的即兴创作'"，他明智地警告说，"适应性不一定要完美才能立足。"① 即使进化是某种基因差异的问题，这种差异会导致有性生殖中特定变体的某种优势。因此在复制所讨论的特征时，通常能够容忍一定程度的低效率，一系列的解决方案足够解决同样的问题。进化生物学家经常指出，大自然是修补匠，而不是工程师。对一位文学理论家来说，在克劳德·莱维－施特劳斯（Claude Lévi-Strauss）所说的"修补术（bricolage）"中，进化似乎常常是一个庞大的工程，其中的结构是一系列历史事故的结果，而不是理性设计的结果。② 正如斯蒂芬·杰伊·古尔德（Stephen Jay Gould）简洁地宣称，"进化的证明在于那些揭示历史的不完美之处。"③

　　当脱氧核糖核酸（DNA）不直接起作用时，变异的空间甚至更大，在国家语言的发展和传播中也是如此。英语和汉语是两种效率最低的字素－音素对等系统，它们在世界语言中占据主导地位，这与大脑皮层对符号加工的要求关系不大，更多的是出于超出神经科学范畴的政治和经济考虑。这些语言

---

① Brian Boyd, *On the Origin of Stories: Evolution, Cognition, and Fiction*, Cambridge, MA: Harvard University Press, 2009, p.36. 达尔文的思想被用于解释文学和文化事务状态，有时富有洞察力，但有时极具争议性，要对这种方法进行公正的分析，见 George Levine, "Reflections on Darwin and Darwinizing," *Victorian Studies*, Vol.52, No. 2, Winter 2009, pp.223–245. 乔纳森·克拉姆尼克提出了更持怀疑态度的批评，见 Jonathan Kramnick, "Against Literary Darwinism," *Critical Inquiry*, Vol.37, No.2, Winter 2011, pp. 315–347. 另见博伊德的回复 Boyd's reply, "For Evocriticism: Minds Shaped to Be Reshaped," *Critical Inquiry*, Vol.38, No.2, Winter 2012, pp.394–404。

② Claude Lévi-Strauss, *The Savage Mind*, trans. anon., Chicago: Univesity of Chicago Press, 1966, pp.16-33.

③ Stephen Jay Gould, *The Panda's Thumb*, New York: Norton, 1980, p.13.

的低效性是它们传播的障碍（任何试图学习它们的非母语者都会证明这一点），但它们并不是限制性的或决定性的（否则，好好想想，我们将都会说意大利语）。

　　进化的歧义也使人想起一些有趣而且重要的问题：大脑中什么是基因固定的？什么可能会因学习、经验和文化的差异而有所不同？视觉神经学家和神经美学家塞米尔·泽基有效地区分了遗传和后天的神经特性："一个遗传的大脑概念或程序，无法用整个生命中更深入经验的习得来修正"，而"后天的大脑概念是合成的［神经元如何相互作用的结果］，因此随着体验而变化。"①他解释，"我们不能随意放弃、忽视或违背"大脑的遗传功能和特征。例如，"一个视力正常、大脑正常的人……当他睁开眼睛时，不能随意选择不看颜色"（26）。神经损伤提供了大脑遗传特征的显著证据。泽基提出一个例子，"一个大脑中其他视觉中心受损的病人……除非色彩中心本身也受到损伤，否则那些专门负责视觉运动或视觉形式的区域不会受到损害"（32）。②尽管我们习惯的物体可能会随着体验而改变（关于詹妮弗·安妮斯顿神经元都要在接触好莱坞媒体的情况下才能培养出来），但是识别视觉形状的能力是大脑皮层的一个固定的、遗传的特征，它受限于大脑的特定区域（专门识别形状、运动、颜色、面部等）。这些大脑皮层的功能是自动运行的，不需要先学习，每天早上一醒来，甚至在你喝第一杯咖啡之前，大脑皮层就会重新启动。

　　阅读的特点是遗传和后天习得的大脑功能的混合体，有时很难理清。有趣的是，这个混合体由一些初级阅读者可能会出错的例子来证明。例如，大量的实验证据表明，鸽子、狗和婴儿的认知能力具有镜像对称性，这是一种具有可以理解的进化优势的神经学特征。③毕竟，能够从通过识别对称的特征

---

① Semir Zeki, *Splendors and Miseries of the Brain: Love, Creativity, and the Quest for Human Happiness*, Malden, MA: Wiley-Blackwell, 2009, pp.33, 133.

② 当然，临床神经学家奥利弗·萨克斯（Oliver Sacks）在他的畅销书（Oliver Sacks, *The Man Who Mistook His Wife for a Hat*, New York: Simon & Schuster, 1985）中，最喜欢讨论这种特殊的、有启发意义的题目。

③ 例如，M. H. Bornstein et al., "Perceptual Similarity of Mirror Images in Infancy," *Cognition*, Vol.6, No.2, 1978, pp.89-116.

推断出威胁生命的情况是非常有用的（并且不必煞费苦心地了解到，从左边来的捕食者和从右边来的捕食者是一样的）。即使宁可偶尔出错，大脑视觉系统将对称形状视为等效形状的能力很大程度上有助于识别不变物体的工作。

　　然而，这种硬连接的神经功能可能会导致问题，特别是对于初级读者来说，他们通常会混淆 b 和 d，并在习得这项有难度的技能早期阶段犯下其他对称性错误。这些通常是孩子们在学习各种语言阅读时所犯的错误。初级读者倒写的这种看似奇特的倾向也并不罕见，而且在字母系统中广泛存在。[①] 除非儿童患有阅读障碍症，否则这种混乱很快就会被克服。然而，每个读者必须忘却镜像对称性的遗传能力的事实明显证明，如果想要区分外观相似的图形字符，这些大脑中固定的、预先存在的环路就必须被禁用、重写或重组。但事实上，这种硬链接的能力并不是定论，这也显示了大脑的可塑性。初级读者对 b 和 d 对称性的困惑表明大脑遗传认知特征的存在，以及大脑皮层对变化和变异的开放性。

　　根据大脑信箱区受损患者的临床证据，在划定大脑遗传特征和后天习得特征之间的边界时，可能会出现进一步的并发症。在一个病例中，一个年轻女孩的癫痫发作非常严重，需要手术切除她大脑左半球的很大一部分，包括视觉构词区。然而，她最终学会了阅读，大脑成像显示，她是通过使用右半球一个完全对称位置的未受损的区域做到的。[②] 这种可塑性是不寻常的，但并非唯一的。与镜像对称一样，这个案例既显示了大脑遗传属性的局限性，也显示了大脑克服和应变这些局限性的卓越能力。大脑是一个矛盾的器官，有着严格的定义和遗传上的固有特征，而它又拥有惊人的扩展能力，即使不是无限的能力，它也可以获得新的功能，那些功能必须总是考虑到这些限制因

① James M. Cornell, "Spontaneous Mirror-Writing in Children," *Canadian Journal of Experimental Psychology*, Vol. 39, 1985, pp.174-179. 另见迪昂对于镜像对称的研究总结 Stanislas Dehaene, *Reading in the Brain: The Science and Evolution of a Human Invention*, New York: Penguin Viking, 2009, pp.263-299。

② Laurent Cohen et al., "Learning to Read Without a Left Occipital Lobe: Right-Hemispheric Shift of Visual Word Form Area," *Annals of Neurology*, Vol.56, No.6, 2004, pp.890-894.

素——但有时获得新的功能所运用的方式也表明，这些限制因素并不能起最终决定作用。

这种矛盾对于审美特别重要，尤其是对于大脑对艺术的反应是普遍性的，还是文化和历史上可变的问题；这是基本的、遗传的神经结构的表现形式，还是大脑皮层具有学习、发展和改变能力的证据。泽基引用了一些实验证据表明，从神经学的角度来看，美是遗传的，也是后天习得的。一些（但不是全部）扫描研究表明，对美作出反应的大脑皮层区域是固定的和公认的："成像实验表明，当受试者将一幅画评为美丽时，大脑奖励系统的一部分，即眶额皮层的活动会增强"（53）。但激活这一系统的东西因受试者所认为的美丽物体而不同："在神经生物学系统中，没有普遍的美的完美典型，也没有物体或风景形式的完美典型。每一个都是根据个人的体验量身定做的，而且每个人的体验都各不相同"（47）。与其说神经科学为艺术是普遍的，还是相对的这个古老的问题提供了明确答案，不如说实验证据表明，这种相反的观点有着深厚的神经基础。审美愉悦感可能总是基于大脑皮层某一特定部位的活动（泽基称之为额叶的"奖励系统"）上，但许多不同的美的观念可以触发其反应。

面部识别的矛盾也很好地说明了这一反对意见，面部识别是一种普遍遗传的皮层功能，可以接受相当多的个体甚至文化差异。泽基提出，"当受试者观看某一特定类别的绘画，例如肖像画时，视觉大脑中活动的增加是特定于一些视觉区域的，这些区域当人类观看面孔时显示出有明确的参与"，相反，比如说，特定于风景的区域，是引起"一个显然专门记录地点的区域"（16-17）有趣的是，大脑皮层对面孔的反应充满了价值。爱情和母爱激活不同的皮层区域，而且"大脑中有针对母爱面孔的部分"（143）。"……在受试者观看他们所爱的伴侣的照片时产生皮层活性减退"的大脑成像，证明这些模式"中止判断（suspension of judgment）或与我们评估他人的判断标准放宽一致，这是额叶皮层的一项功能"（140）。成像实验显示，当母亲看到孩子们的照片时（而不是他们朋友的孩子——即使判断能力保持不变），也会产生类似的效果。[①]
实验证据显示，面部识别和确定的皮层区域之间存在着明显的联系，即使是
特定类型的面孔（某人的孩子或爱人）之间的细微纹理差异，而这些面孔在
对其艺术表现的审美反应中被重新制定。

　　然而，其他临床证据表明，我们如何使用这种皮质功能取决于我们对面
部的了解。奥利弗·萨克斯（自己患有称为面孔失认症的神经损伤，让他无
法识别人脸）引用临床和实验证据，"有一种天生的，可能是由基因决定的面
孔识别能力，这种能力集中在一两岁，这样我们变得特别擅长认识我们可能
遇到的各种面孔。"[②] 例如，一项实验研究表明，六个月大的婴儿能够识别和
回应大范围的各种面孔，包括猴子等其他物种的面孔；但是这个范围会逐渐
缩小，随着时间的推移，婴儿对没有接触到的各种面孔的反应会逐渐减弱（除
非反复强化，否则猴子的脸不会引起反应）。萨克斯的结论是，"我们的'面
部细胞'在出生时就已经存在，需要经验才能充分发育。"他反思："这
项工作对人类的启示是深远的。对一个在自己的种族环境中长大的中国婴儿
来说，相对而言，高加索面孔可能都'看起来一样'，反之亦然"（41）。
詹妮弗·安妮斯顿神经元的行为可能是一个惊人但并不罕见的例子，说明了
体验是如何安排和限制视觉皮层的。

　　然而，其他实验证据表明，尽管存在这种差异，但对面孔的反应仍然具有
某种普遍性。神经科学家安让·查特吉（Anjan Chatterjee）阐述，"对面部美的
跨文化判断是相当一致的"，这表明"对面部美的反应很可能深深地编码在我
们的生物学特征中。"[③] 这一说法与心理学家朱迪思·兰格瓦（Judith Langois）
和洛里·罗格曼（Lori Roggman）的著名研究一致，他们发现"有吸引力的面孔"

[①] Andreas Bartels and Semir Zeki, "The Neural Correlates of Maternal and Romantic Love," *NeuroImage*, Vol.21, 2004, pp.1155-1166.

[②] Oliver Sacks, "Face-Blind: Why Are Some of Us Terrible at Recognizing Faces?" *New Yorker*, Vol. 30, August 2010, p.41.

[③] Anjan Chatterjee, "Neuroaesthetics: A Coming of Age Story," *Journal of Cognitive Neuroscience*, Vol.23, No.1, 2010, p.56.

有"平均"的特征，"这些特征似乎被认为是有吸引力的，不管感知者的种族和文化背景如何。"①大脑对恒常性和物体不变性的偏见可能反映在这个追求平均的过程中，即使个人体验的差异影响了面部识别区域以特别的方式对特定图像的反应。神经科学的证据再一次对普遍性和相对性提出了矛盾的观点。

面部识别的例子表明，某个功能可能与大脑皮层的某个特定的遗传结构有明显的联系，但是这个神经元区域如何反应可能会随着它的运用而改变，以便它习惯于对特定的品质、特征和环境中重复遇到的形式作出反应。我们可能天生就以特定的方式做出反应（例如识别面孔，并寻找它们之间的相似之处），但这种连接又可能反过来，在遗传上倾向于以一种反映我们个人和社会认知体验历史的方式来构建。无论在哪里，我们遗传下来的皮层结构似乎普遍能够接受个体和文化的变异。

面部识别是赫伯定律（Hebb's Law）的一个很有启发性的例子，赫伯定律是神经科学的一个基本原理："一起活跃的神经元会连接在一起。"②扫描研究发现，例如，"音乐家在多个脑区的解剖结构上有差异，而这些脑区涉及运动系统和听觉的加工。"钢琴家的乐器"需要精确协调双手动作"，显示出他们大脑半球之间比正常情况下更紧密的神经联系。③一项广泛宣传的对伦敦出租车司机进行的研究揭示了驾驶经验年份和后海马体的大小之间的关系，大脑中的这个区域是与鸟类和其他动物的导航，以及记忆和条件性恐惧有关

---

① Judith H. Langois and Lori A. Roggman, "Attractive Faces are Only Average," *Psychological Science*, Vol.1, No.2, 1990, p.115.

② 赫伯定律以神经学家唐纳德·O.赫伯（Donald O.Hebb）的名字命名，在其里程碑式著作中提出 Donald O. Hebb, *The Organization of Behavior: A Neuropsychological Theory*, Mawah, NJ: Erlbaum, 2002。见 Mark Bear, Barry W. Connors, and Michael A. Paradiso, *Neuroscience: Exploring the Brain*, 3rd ed., Baltimore: Lippincott Williams & Wilkins, 2007, p.733。

③ Thomas F. Münte et al., "The Musician's Brain as a Model of Neuroplasticity," *Nature Reviews/ Neuroscience*, Vol.3, June 2002, p.475.

的区域（可以理解，这些都与伦敦街头那些交易的质疑有关）。[①] 另一项实验研究表明，掌握两种语言的人比只懂一种语言的人在与语言使用相关的大脑区域中有更多的神经元连接。这些变化可以在一段有限的时间内发生，然后如果活动停止，第二语言不再经常使用，这些变化就会逆转（那些年轻时学过一门语言，但现在已经不再说那门语言的人对这一发现不会感到惊讶）。[②] 同样，通过三个月练习掌握一门杂耍动作的志愿者表现出，在训练前后，他们的运动皮层扫描结果有所不同，但在他们停止玩杂耍三个月后再次进行扫描时，这些差异就消失了。[③] 还有更多的例子可以引用。在所有这些情况下（不仅在审美判断上如此），遗传的东西和后天获得的东西之间的界限是模糊和变化的。某些大脑区域是硬连接的，但这种连接也可以改变。

　　这些实验提出了一个有趣的问题：大脑的学习能力是否仅仅取决于它在现有神经元之间建立新连接的能力，或者可能还需要长出新的细胞。迪昂通过改变固定数量的神经元之间的连接来证明可塑性："虽然我们的神经元数量是有限的，但（神经元轴突的）突触肯定可以改变。即使在成人的大脑中，学习仍然可以极大地改变神经元的连接"（211）。然而，大脑中神经元的数量是否固定实际上是一个悬而未决的问题。最近的实验证据表明，成年人也可以生长出新的神经元，尽管不是大脑中到处都可以。很明显，人类的神经再生（neurogenesis）能力与金丝雀相似，金丝雀的大脑可以在用于学习歌曲的区域增殖新的神经元，或者像老鼠，它的海马体（记忆的一个部位）可以

---

① E. A. Maguire et al., "Navigation-related Structural Change in the Hippocampi of Taxi Drivers," *Proceedings of the National Academy of Sciences*, Vol.97, 2000, pp.4398−4403. 关于海马体的功能，见 Mikko P. Laakso et al., "Psychopathy and the Posterior Hippocampus," *Behavioural Brain Research*, Vol.118, No.2, 29 January 2001, pp.187−193.

② D. W. Green et al., "Exploring Cross−Linguistic Vocabulary Effects on Brain Structures Using Voxel−Based Morphometry," *Bilingualism: Language and Cognition*, Vol.10, 2007, pp.189−199.

③ Elkhonon Goldberg, *The New Executive Brain: Frontal Lobes in a Complex World*, New York: Oxford University Press, 2009, pp. 238−239. 戈登堡还讨论了涉及出租车司机和双语能力的实验。

在丰富的学习环境中扩张。[①] 如果是这样，那么大脑可塑性有三种主要来源：
（1）新的神经元可能是学习和记忆产生的结果；（2）特定的神经元可能发展
出特殊的倾向性，这取决于它们的使用的历史（詹妮弗·安妮斯顿神经元）；
（3）连接在一起的神经元在多方向的相互作用中一起活跃时，这些相互作用
可以在不同区域之间发生，可能导致大脑在重复体验后自我重组。这种遗传
的机能重新利用是神经再循环要求的，通过大脑这种神经再循环学会阅读，
利用了所有这些类型的可塑性。

　　大脑功能的可变性使得一些神经科学家怀疑精确定位认知过程在脑皮层
的位置的计划，而越来越成熟的成像技术似乎有望以越来越高的精确度来识
别。神经学家瓦莱丽·格雷·哈德卡斯尔（Valerie Gray Hardcastle）和马修·斯
图尔特（C. Matthew Stewart）表达了很多批评家的担忧，恐怕对大脑定位的
迷恋只不过是 21 世纪的颅相学，他们警告说："大脑的可塑性和伴随而来的
多功能性证明将功能定位到特定通道、区域甚至模态的任何严肃的可能性是
虚假的。"其实，他们主张，"寻找任何区域的功能都是一件愚蠢的差事。同
一区域可能在做不同的事情，这取决于大脑其他部分还在发生什么其他的情
况。"[②]然而，这种激进的怀疑似乎太极端了，因为大量的临床和实验证据表明，
至少一些核心功能（例如，与视觉过程有关，如对颜色、形状和运动的识别）
定位于大脑的特定区域。如果这些区域受到损害，会形成无法替代的残疾。
然而，他们的劝诫和警告正确地强调了大脑皮层的变化和发展的开放性，因
为特定的神经元习惯于对某个信号的反应而活跃（如在人脸识别的实验中），
而且因为通过学习（比如阅读的音素 - 字素翻译中视觉和声音系统的协调），
大脑的不同区域连接起来。事实上，最近有趣的功能磁共振成像证据显示，

① Mark Bear, Barry W. Connors, and Michael A. Paradiso, *Neuroscience: Exploring the Brain*, 3rd ed. Baltimore: Lippincott Williams & Wilkins, 2007, p.693.

② Valerie Gray Hardcastle and C. Matthew Stewart, "Localization in the Brain and Other Illusions," in Andrew Brook and Kathleen Akins ed. *Cognition and the Brain: The Philosophy and Neuroscience Movement*, Cambridge: Cambridge University Press, 2005, pp.28, 36, 原文强调。

盲人受试者的视觉皮层被重新用于语言和句法，这表明其实大脑的核心区域也至少保持了一些可塑性。[①]

　　大脑皮层的特点是固定性和可塑性的矛盾结合，这就提出了大脑如何组织的重要问题，而这反过来又对审美体验的神经基础有着至关重要的启示。这些混乱的问题表明了当代神经学家不再认为大脑是由以线性"输入－输出"方式计算信息的中央控制器支配。[②] 弗朗西斯科·J. 瓦莱拉解释的，"大脑区域是……以交互的方式相互联系"，而且"因为任何思维行为的特征都是几个功能上不同的和位置分散的区域并行参与。"[③] 拉马钱德兰明确地指出记录丰富的视觉系统，发现"至少有很多的纤维（实际上更多！）从加工过程的每个阶段返回到更早期阶段，和有纤维从每个区域向前进入层次结构中更高的区域一样多。"[④] 如果大脑可以被理解为高速计算的模型上——并且这种模型不再像以前那样受欢迎——更像一种流动的、极其复杂的、双向交互作用的并行处理操作网络。迪昂认为，"现在，大脑的'交错相连'的观点，以及一些并行操作的功能，已经取代了早期的串行模式……所有的大脑区域同时连接在一起运行，它们的信息不断地相互交错。所有的连接也都是双向的：当某个 A 区域连接到某个 B 区域时，也存在从 B 到 A 的反向投射"（64）。大脑是同时活跃的神经元的集合，这些神经元在多个方向上相互作用（自下

[①] Rebecca Saxe, "The Unhappiness of the Fish: Understanding Other Minds That are Unlike Your Own," oral presentation, Harvard Cognitive Theory and the Arts Seminar, 22 March, 2012.

[②] 参见艾伦·斯波尔斯基（Ellen Spolsky）解释为什么认为大脑是复杂和混乱的，例如，杰瑞·A. 福多有影响力的"中央控制器"模型组织"模块化的思维"，在她的书中用各种可以区分的，但在本质上以相互依赖的方式了解世界，Jerry A. Fodor, *Gaps in Nature: Literature, Interpretation, and the Modular Mind*, Albany: SUNY Press, 1993, pp. 34, 38。这是计算机模型解释大脑如何工作的主导地位下降的一个原因。另见 Hubert L. Dreyfus, *What Computers Still Can't Do: A Critique of Artificial Reason*, Cambridge, MA: MIT Press, 1992。然而，鉴于大脑功能定位的证据，斯波尔斯基希望保留"模块"的概念，而放弃"控制器"的概念。

[③] Francisco J. Varela, "The Specious Present: A Neurophenomenology of Time Consciousness," in Jean Petitot et al. ed. *Naturalizing Phenomenology: Issues in Contemporary Phenomenology and Cognitive Science*, Stanford, CA: Stanford University Press, 1999, pp.274, 272.

[④] V. S. Ramachandran, *The Tell-Tale Brain: A Neuroscientist's Quest for What Makes Us Human*, New York: W. W. Norton & Company, 2011, p.55.

而上、自上而下、前前后后），并以特定的方式为具体任务组织起来，但可以根据需要和机会的出现重组（或多或少地容易，取决于它们的生理结构和历史）。没有什么管理者，这个系统没有中心，而且由于它是分散和交互处理的，所以工作完成得更加有效。

阅读的复杂性证明了这种多方向交互性。即使是阅读中所需的视觉形状识别，也需要双向互动过程，因为太过复杂而无法进行线性编程。随着信箱区域的不变，视觉形式识别操作与口语网络相互作用，以及字形和音素相互和双向翻译，进一步的复杂性随之而来。这些操作反过来又取决于额叶语义系统的输入，这些语义系统超出了单个词的识别范围。例如，我们应该如何理解 "to" "too" 和 "two" 这三个同音词，它们读音相同，但词形却表示意义上的差异？或者如何理解像 "Milk drinkers are turning to powder."（喝牛奶的人都改成喝奶粉了。/ 人们摒弃了喝牛奶的习惯。），或者 "Dealers will hear car talk at noon."（商人们在中午讨论汽车的话题。/ 商户们将在中午在汽车里进行会谈。），或者 "Deaf mute gets new hearing at killing."（聋哑人获得关于谋杀的新申辩机会。/ 聋哑人在杀戮中得以恢复听力。）的句子？[①] 这些歧义只有通过复杂的交互处理才能被破译，由此语义差异的知识和使用语境的信息必须以一种反反复复、非线性的方式与词形识别相结合。这些相互作用既不是完全自上而下的，也不是专门自下而上的（从更高层次的意义复合物到字素 – 音素识别，或者从字词单位破译过程到句子和更大的文本实体），而是在大脑神经系统中不同的区域上下来回地、相互地、多方向地，以毫秒计算的速度在意识知觉下相互作用。它们不是由一个中央控制器——机器中的一个小人儿——监管，而是复杂连接的并行进程，这些进程既有组织性又有流动性，既有结构性又有开放性，既是模式化的，又是可变的。

① 见迪昂（Dehaene）在《大脑中的阅读》（*Reading in the Brain*）中对这些和其他有趣的语义模糊的例子的讨论，Stanislas Dehaene, *Reading in the Brain: The Science and Evolution of a Human Invention*, New York: Penguin Viking, 2009, pp.109-113。在下一章中，我将进一步讨论语言学和视觉歧义对理解的神经科学的影响。

一个"交错相连"、无中心的大脑不太可能只在大脑皮层的一个区域有审美体验，这确实是最近的成像实验所发现的。很多神经科学家反驳了泽基的说法，即额叶皮层的一个通用的"奖励系统"一定会对美产生反应。即使事实证明他是对的，但这并不是审美体验中所发生的一切（泽基无疑会同意这一点），人们越来越一致地认为，大脑对艺术的反应是多样的，而且分布广泛。例如，神经科学家马科斯·纳达尔（Marcos Nadal）及其同事发现，"神经影像学研究证实，审美偏好没有单一的大脑中心，不同的组成部分加工过程与不同大脑区域的活动有关。"[①] 神经美学家达利亚·赛德尔（Dahlia Zaidel）赞同"艺术的多个组成部分违反了大脑的功能定位"，大脑扫描发现"有多个区域参与，没有特定区域与丑陋、美丽或中性的特定类别相关。"[②] 也确实如此。根据神经学家奥欣·瓦塔尼安的说法，与艺术有关的各种情绪：无论是在生活中体验到的，还是在审美上重现的，"都无法为诸如恐惧、愤怒、幸福或悲伤等离散的情绪描绘出一种不可分离的激活模式。"[③]

如果寻找审美体验的大脑皮层专有位置是错误的，那么尝试一种更符合大脑无中心的、多方向的和交互作用结构的研究可能是有意义的。这是一种神经组织，人们可能期望它能够支持和谐与不和谐的审美体验。尽管寻找大脑体验艺术的位置是错误的，但探索和谐与不和谐的体验如何激活大脑皮层各区域之间的多方向的、交互的相互作用，以及进一步探究这些过程可能是什么，也许能富有成效。

不同类型的审美和谐无疑会有不同的神经元关联。和谐之所以令人愉快，要么是因为它们与可识别的模式产生共鸣，要么是因为它们暗示了新的关系。一些和谐可能激活特定的整合交互作用模式，这些模式与过去的神经元处理

① Marcos Nadal et al., "Constraining Hypotheses on the Evolution of Art and Aesthetic Appreciation," in Martin Skov and Oshin Vartanian ed. *Neuroaesthetics*, Amityville, NY: Baywood, 2009, p.123.

② Dahlia W. Zaidel, "Brain and Art: Neuro-Clues from the Intersection of Disciplines," in Skov and Vartanian, *Neuroaesthetics*, pp.158, 164.

③ Oshin Vartanian, "Conscious Experience of Pleasure in Art," in Skov and Vartanian, eds. *Neuroaesthetics*, p.263.

模式相似，而另一些和谐可能以新的方式重新塑型大脑皮层区域之间的关系。大脑作为一个流动的并行处理系统来组织和重组自身的能力，可能对这两种和谐的塑型都有响应。

和谐不是一致性或同质性，而是一种由相互关联的差异构成的结构，随着时间的推移而发展和变化的和谐，这种和谐通过促进整合的调整和变化，在这些关系中进行转换来实现其效果。与噪声的干扰不同，即使是沿途令人惊讶的干扰也能达到综合目的，例如建立前景和背景的结构，或引起人们对某一特定形状或图案的注意。玛丽·瓦尼米（Mari Tervaniemi）注意到"在音乐中，新奇的、意外的声音事件的存在是保持听者清醒的关键"，并且"在创造积极情绪方面也很重要"。她还记录了有趣的大脑成像实验，绘制了人类受试者对意外或异常的音乐声音的反应："最强烈地违背受试者期望的和弦能引起最快和最大的反应。"[①] 运用惊奇来集中或转移注意力，不仅是不和谐的艺术特征，也是绝大多数和谐艺术的特征，因为和谐是一种可以转换和变化的差异结构。和谐艺术是一个由差异构建的相似性悖论系统，这种悖论与大脑的矛盾特征作为一个平行的加工处理网络互动，通过不同皮质区域之间的同时交互的相互作用来运行。

音乐中的和音是一种特殊的听觉和声，它的神经生物学被一些有趣的复杂现象所困扰，这些现象阐明了这一悖论，并阐明了审美和谐的一般工作原理。丹尼尔·列维京（Daniel Levitin）指出："大量的研究都集中在我们为什么会找到某些音程的和音而不是其他音程的问题上，目前对此还没有达成一致。"[②] 他解释，"脑干和耳蜗背核——结构如此简单以至于所有脊椎动物都有——可

① Mari Tervaniemi, "Musical Sounds in the Human Brain," in Skov and Vartanian, eds. *Neuroaesthetics*, pp. 221–222. 另见 Nikolus Steinbeis et al., "The Role of Harmonic Expectancy Violations in Musical Emotions: Evidence from Subjective, Physiological, and Neural Responses," *Journal of Cognitive Neuroscience*, Vol.18, No.8, 2006, pp.1380–1393.

② Daniel J. Levitin, *This is Your Brain on Music: The Science of a Human Obsession*, East Rutherford, NJ: Penguin, 2006, p.74. 对于神经科学对音乐的研究，见 Isabelle Peretz, "The Nature of Music from a Biological Perspective," *Cognition*, Vol.100, No.1, 2006, pp.1–32.

以区分和谐与不和谐；这种区别发生在更高层次，人类大脑区域——大脑皮层——参与之前。"但他也指出，和谐与不和谐之间区分的明显普遍性在文化上也是相对的："无论是同时演奏还是按顺序演奏，如果顺序不符合我们所学音乐术语的处理习惯，两个音符在一起听起来就可能不和谐。"（74，75）此外，音乐神经学家阿尼鲁德·D. 帕特尔（Aniruddh D.Patel）观察到，"这可能是在人们偏爱和谐音程与不和谐音程在程度上可能有个体差异"。他指出，"在有些文化中，听起来粗犷的音程……被认为是非常令人愉快的，比如在保加利亚的某些类型的复调声乐中。"[①] 然而，他也说明，婴儿早在出生两个月时就对和谐声音组合产生了偏好，而对猕猴的实验表明，他们能够分辨出和音和不和谐音，但并不偏好其中哪一个（在一个 V 形迷宫中，他们不会因为避免不和谐而变换位置到另一端，虽然他们离开声音响亮的位置，到声音柔和的位置去）（396–397）。和音可能是一种认知上的普遍现象，但它也与个体、文化和物种有关。

　　作为一种差异的结构，和谐可能基于识别某些类型差异的基本认知能力（在音乐中，这是听觉系统处理不同频率的能力，以及识别它们之间关系中规律的能力，音乐理论家认为这些规律是和音）。但差异的模式可能会受到广泛的个人和文化差异的影响。对于某个人或群体来说和谐或"和音"，似乎对于其他人却不和谐，一些个体或群体可能会倾向于一种粗拙或无调性（atonaliity），而其他人可能会觉得这种粗拙或无调性具有破坏性和令人不快（或者，就像某些猴子一样，它们可能并不特别在意其中的一种方式）。这些复杂情况之所以会发生，仅仅是因为和谐既包含相似性又包含差异性——确实仅仅是因为，和谐构成的相似性都是差异的模式。

　　这些矛盾反复出现在众所周知的争论中，关于无调性音乐是非自然的，本质上是与我们的感知能力对立的，还是与调性音乐一样是后天的品位。例如，

---

① Aniruddh D. Patel, *Music, Language, and the Brain*, Oxford: Oxford University Press, 2008, p.90.

西奥多·W.阿多尔诺（Theodor W.Adorno）就有一个著名的论点，即勋伯格（Schoenberg）的十二音音阶遇到抵制，主要是因为我们不习惯它，而且我们意识形态上对谐波闭合（harmonic closure）的保守偏好，蒙蔽了其他音乐的可能性："新的音乐……占据社会立场……在那里面它抛弃了和谐的蒙骗"，而且"那些不可理解的冲击……启迪了这个毫无意义的世界。"① 他认为，这是一个我们出于政治原因而拒绝的信息，但我们也不是总会反对。在写关于神经科学和音乐的文章时，乔纳·莱勒同意："我们对声音的感觉是一项正在进行的工作"，而且"没有什么是永远困难的。"②

然而，实验证据表明，至少在这个进化阶段，听觉系统可以吸收的东西可能是有限的。音乐心理学家桑德拉·特雷赫（Sandra Trehub）引用了"中枢神经系统与运动系统共同作用，使我们倾向于认为某些音高关系、时间比例、旋律结构形式优美而且稳定"的证据，她因此总结说"前卫作曲家，通过放弃声调系统……可能创造了对人类听众来说本就困难的音乐形式，这些形式需要经过深思熟虑的、努力的学习才能被理解和欣赏。"③ 有些不和谐的形式可能超出了听觉系统的综合能力所能处理的范围，有些艺术可能本来就抗拒同化。造成这种抗拒的原因可能既有生物学上的，也有政治上的。由于音乐声音理解的神经生物学原因，无论我们多么经常听到勋伯格的音乐，都会体验起来有些困难。

这里又提到，大脑是有可塑性的，但它的适应性是有限的。艺术是习得的传统，有些看似古怪、困难、不自然的作品就会变得不那样了，当我们习惯了它们，学会了如何理解它们的策略——如何认识使它们的中断有意义的模式，以及它们背后的原则和目的。但是，艺术传统所操作的材料（同各种

---

① Theodor W. Adorno, *Philosophy of New Music*, trans. Robert Hullot-Kentor, Minneapolis: University of Minnesota Press, 2006, pp.101, 102.

② Jonah Lehrer, *Proust Was a Neuroscientist*, Boston: Houghton Mifflin, 2008, p.125.

③ Sandra Trehub et al., "The Origins of Music Perception and Cognition: A Developmental Perspective," in Irène Deliège and John Sloboda ed. *Perception and Cognition of Music*, East Sussex, UK: Psychology Press, 1997, p.122.

字母系统中使用的图形形状一样）受到大脑基本结构和大脑加工过程的限制。不同的和谐或不和谐关系模式以不同的方式促进、检验、挑战或考验大脑的整合能力，而且有些模式在本质上对我们来说更容易或更难同化。

　　例如，从音乐转向文学，尽管 19 世纪的巴黎比 20 世纪后期的南加州离我学生时期的经历更远，他们仍然觉得巴尔扎克（Balzac）比托马斯·平钦（Thomas Pynchon）更容易理解，因为巴尔扎克笔下的权威叙述者保证"一切都是真的"，而且他告诉我们的一切以连贯的模式组合在一起，比《第 49 号拍品的哭泣》（*The Crying of Lot 49*）中让俄狄浦斯·马斯困惑的那些矛盾的、偏执的未解之谜更加促进整合（尽管这部小说古怪幽默的乐趣对许多学生来说是一种极大的补偿）。即使是(像我这样的）专家级读者，这种差异仍然存在。例如，无论我多么频繁地读《尤利西斯》，它仍然比现实主义传统中的一些小说［如简·奥斯丁（Jane Austin）、查尔斯·狄更斯（Charles Dickens）或乔治·艾略特（George Eliot）的小说］更难理解，也更不能理解。尽管如此，我还是高度重视它们——那些有着自己微妙和复杂性的小说，当然，这比顽皮、叛逆的詹姆斯·乔伊斯（James Joyce）的创作更能促进整合。塞缪尔·贝克特（Samuel Beckett）、阿兰·罗贝－格里耶（Alain Robbe-Grillet）和大卫·福斯特·华莱士（David Foster Wallace）将大脑的整合能力推向了极限——甚至超越了极限——即使对于精通前卫写作惯例的学生和评论家来说也是如此。这些差异是作家如何操纵偶然的、文化的惯例的结果，这样他们可以教我们以新的方式阅读（不自然的东西可以变得容易辨认和熟悉），但是某些形式的实验可能仅仅是对大脑来说要求太多，以至于无法顺利和常规地处理。

　　如果和谐是为了自身的目的而令人愉悦［与"为艺术而艺术（art-for-art's sake）"的美学观点相一致］，人们可能会期待发现大脑的化学作用加强了这一点。当艺术的对称性和交互共振激活大脑的并行处理网络时，可以释放神经调质激素（neuromodulator hormones），它可以诱导愉悦感并鼓励与其他物质的联系。艺术中的和谐常常与爱联系在一起，有相当多的实验证据表明，爱的体验释放出强大的大脑皮质鸦片剂（cortical opiates）。根据泽基的说法，"大多数大脑区域，包括已经确定含有脑下垂体后叶荷尔蒙（oxytocin）和加压素受体（vasopressin）（两种主要的神经调节激素）的大脑皮层下区域，都被爱情和母爱（即母亲对孩子的爱）激活"（145）。他承认，他对这些激素对大脑影响的评论是推测性的，基于对草原田鼠的实验证据（这是一个哺乳动物物种，由于脑下垂体后叶荷尔蒙和加压素在交配周期中的作用，不同寻常地拥有单一配偶），这可能跟人类等同，也可能不同。① 艺术不可简化为激素，和谐与爱情也不一样，但如果常常描述的和谐审美体验的情绪改变效应没有在大脑的化学反应中得到反映和加强，那才是令人惊讶的。

贺拉斯·马克西姆（Horatian Maxim）著名的格言说，如果艺术既是"快乐又是教育"，和谐的愉悦感可能也有神经学的基础，这与实现它的学习有关。这种学习可能通过调用熟悉的模式发生（经典模型提供的先例）来实现，这些模式扩展和加强了已经存在的跨脑皮层处理网络。或者，通过引入新的结构，再塑型大脑的连接，将不同的皮质区域带入新的关系，重新连接脑突触，以新的和谐形式重塑大脑的可塑性，它可能会受到促进。然而，如果仅仅是和谐还不足以使一种体验具有审美性，那是因为大脑皮层并行处理的对称性和共振可以在许多不同的现象中清楚地表明。马丁·斯科夫和奥欣·瓦塔尼安提醒我们，"审美过程代表了我们与更广泛的对象的互动，而不仅仅是艺术作品"，并且"参与创作或欣赏艺术的组成部分神经过程本身是普遍的，

---

① Mark Bear, Barry W.Connors, and Michael A. Paradiso, *Neuroscience: Exploring the Brain*, 3rd ed. Baltimore: Lippincott Williams & Wilkins, 2007, pp.544-546. 这些作者还报告说，对人类主体进行的功能磁共振成像实验表明，"当母亲看到自己孩子的照片时，大脑中脑下垂体后叶荷尔蒙和加压素受体密集的区域会被激活，而当她们看到朋友孩子的照片时则不会"（546）。帕特里夏·丘奇兰（Patricia Churchland）认为"道德起源于依恋和联系的神经生物学"，她解释说，基于"脑下垂体后叶荷尔蒙 - 加压素的网络可以被修改，从而使关爱超越自己的子女而延伸到其他人"的观点，Churchland, *Braintrust: What Neuroscience Tells Us about Morality*, Princeton, NJ: Princeton University Press, 2011, p.71. 当然，道德和其他社会现象的神经生物学需要的不仅仅是大脑化学，我将在下面的第五章探讨。

而不是独特的。"①这对于和谐来说当然是真的。然而，正是出于这个原因，艺术的和谐加强或重新连接神经元组合的方式可能会对日常生活中的知觉和认知模式产生影响，而审美体验的神经操作可能会为大脑中交互的相互作用的更大奥秘提供线索。

中断和分离的艺术价值也与大脑无中心的、并行处理模式相一致。审美上令人愉悦的、有目的的不和谐不是噪声。与噪声的随机性和无序性不同，审美上有意义的不和谐是一种内部连贯的差异结构，有策略地与它中断的和谐相对立。②不和谐的认知目的与大脑的可塑性如何组织本身有关。早在现代成像技术对大脑皮层的内部结构和功能有了深入的了解之前，心理学家威廉·詹姆斯就在他对习惯的著名观察中，凭直觉发现了大脑的变异性和固定性的矛盾组合："当我们称它为一种器官时，大脑的整个可塑性可以用两个词来概括，即电流从感觉器官涌入这个器官中，产生了极端的设备路径，而这一过程是不容易消失的。"③根据詹姆斯著名的分析，习惯是一把双刃剑。习惯太容易由反复的经历形成，它消除了有意识、有目的思考的需要，使我们的动作更有效率，但随后又将我们锁定在难以打破的模式中（1:112–114、121–127）。大脑是无中心的多向相互作用的集合，需要有效地建立运作的模式（或者说根本不需要），但这种收获是以失去适应性和接受新连接的可能性为代价的，而这些正是大脑显著的反应性和适应性的原因。

既有可塑性又有结构的大脑会一直从审美的不和谐中受益。习惯的负面结果是俄罗斯形式主义学家维克托·什克洛夫斯基著名的陌生化审美的目标：习惯化吞噬了工作、衣服、家具、某人的妻子和对战争的恐惧。"如果许多人的整个复杂的生活都在无意识地继续

---

① Martin Skov and Oshin Vartanian, "Introduction: What is Neuroaesthetics?" in ed. Martin Skov and Oshin Vartanian, *Neuroaesthetics*, Amityville, NY: Baywood, 2009, pp.3, 4.

② 关于显示大脑不同区域如何对不同的音乐失调作出反应的成像实验的报告，Mari Tervaniemi, "Musical Sounds in the Human Brain," in Skov and Vartanian, eds. *Neuroaesthetics*, p. 226。

③ William James, *The Principles of Psychology,* 2 vols, 1890; New York: Dover, vol.1, 1950, p.107.

下去，那么这种生活就好像他们从未有过。"艺术的存在是为了让人恢复生活的感觉；艺术的存在是为了让人感觉到事物，使石头变得像石头。艺术的目的是传达事物的感觉，因为它们是被感知的，而不是被了解的。艺术的技巧是让物体变得"陌生"，让形式变得困难，增加知觉的难度和时间长度，因为知觉的过程本身就是一个审美目标，必须延长。①

根据这一观点，陌生化的不和谐有恢复大脑的反应能力和灵活性的价值，防止特定的神经元和特定的脑皮层连接通过重复使用而变得固定的趋势。

根据约拿·莱勒的说法，这就是伊戈尔·斯特拉文斯基（Igor Stravinsky）《春天的仪式》（Rite of Spring）中"内容丰富的不和谐"的目的，最初被认为是"一种声音的可怕偏头痛"；"管弦乐变得枯燥乏味"，因此"斯特拉文斯基预料到了听众的期待，然后每一个都拒绝了"（121，125，132）。然而，当莱勒声称"斯特拉文斯基的音乐完全违反了规律"时，他夸大了这一点，"不和谐从不屈服于和谐"（132，原文中强调的）。不和谐的艺术通过违反规范来陌生化，这就要求调用规范，这种结构通过被违反、反对和推翻而揭示出来。进一步说，这些侵犯行为本身就是有意义的争论和重组的模式，这就是为什么它们很容易受到程序化和习惯化的影响，以至于它们可能变得传统甚至平庸［莱勒指出，斯特拉文斯基是改编自沃尔特·迪士尼（Walt Disney）的《内伊的幻想曲》（Fantasia）（139）］。然后，他们可能反过来要求陌生化，以恢复他们的审美和认知能力。同样，一些前卫艺术的不和谐和破坏可能比其他实验性作品更抗拒同化，迪士尼对斯特拉文斯基的合作可能支持阿多尔诺的评价，即勋伯格是更大胆、更激进的作曲家（155–158）。但伟大的艺术作品也不能免于

---

① Victor Shklovsky, "Art as Technique", in Lee T.Lemon and Marion J. Reis, ed. *Russian Formalist Criticism: Four Essays*, Lincoln: University of Nebraska Press, 1965, p.12, 原文强调。什克洛夫斯基引用了列夫·托尔斯泰 1897 年 3 月 1 日的日记。

习惯化的危险。

对著名艺术的熟悉性并不总是会招致轻视（尽管它可以，就像一个前卫的艺术家在《蒙娜丽莎》上画胡子一样），但人们经常评论，反复地观看几乎一定会降低作品的审美效果（就像这个微笑，已经成为陈词滥调）。例如，阿多尔诺指出，"充分地聆听地铁里的人们安心吹口哨演奏的贝多芬作品，实际上需要比充分地聆听最前卫的音乐付出更大的努力"（12）。其他的例子很容易让人想起，比如维瓦尔迪（Vivaldi）的《四季》（Four Seasons），或者在电梯里，或者在电话里等待时候听到的任何经典作品。现象学理论家汉斯·罗伯特·尧斯指出，"尤其是所谓代表作"的"经典"地位有可能使其效果变差，因为"它们的形式很美……已经变得不言而喻"，所以"需要特别的努力来解读它们'格格不入'，以再次捕捉他们的意识特征"。① 矛盾的是，一件艺术作品可能发生的最糟糕的事情之一就是它变成了典范，使古典作品处于不和谐状态可能必须恢复它们的和谐。这通常是对著名戏剧或歌剧进行彻底改编的目的，这会激怒观众，而这可能正是导演所想的。因此，一个有趣的问题是，这种反对是否表明，这种陌生感成功地将反复表演所削弱的东西突显出来，或者是需要违反常规阅读的不和谐压制了构成作品价值的和谐。

这些模糊意义表明，和谐与不和谐的审美对立的神经生物学基础是价值观和愉悦感，即建立神经元联系和打破它们的控制，以开启新的皮质组织模式。当陌生化艺术的不和谐打乱了综合的习惯模式，随着基于新的神经元集合的新的意义结构出现，被模糊的东西再次变得可见，这就是神经学上正在发生的事情。关于陌生化的实验策略是否在美学上成功的争论，在另一个层面上，就是关于所讨论的改编是否促进了这种神经元重组的争论。这不能预先决定，而且进一步讲，对于不同习惯和不同程度的脑皮层灵活性的各种接受者来说，情况也会有所不同。

---

① Hans Robert Jauss, "Literary History as a Challenge to Literary Theory," in *Toward an Aesthetic of Reception*, trans. Timothy Bahti, Minneapolis: University of Minnesota Press, 1982, pp.25−26.

有趣的实验证据表明，神经元连接的建立和断开刺激了与愉悦感密切相关的神经递质的表达，其方式无疑会影响审美体验。愉悦感的神经科学是一个复杂且仍在发展中的研究领域，对其作用的概括应该小心谨慎。①除了脑后叶垂体激素和脑后叶加压素（我在前文的和谐和爱的分析中讨论过）之外，神经递质多巴胺（neurotransmitter dopamine）显然是起着至关重要的作用。神经科学家大卫·J.林登（David J.Linden）指出，"腹侧被盖区（ventral tegmental area，VTA）含多巴胺的神经元……将释放多巴胺的轴突发送到其他大脑区域"，包括杏仁核（amygdala）（与情绪相关）、背侧纹状体（dorsal striatum）（参与习惯形成和学习）、海马体（hippocampus）（记忆中心）和前额叶皮层（prefrontal cortex）（由判断和计划激活）"（16）。刺激腹侧被盖区的体验释放出多巴胺，让人感到愉悦，腹侧被盖区网络似乎连接了一个超常广泛的大脑皮质功能。多巴胺之所以受到广泛关注，是因为它的释放也受到安非他命（amphetamines）、尼古丁（nicotine）、海洛因（heroin）和可卡因（cocaine）的刺激，与牵连进成瘾的神经生物学有关。当然，艺术并不像这些药物那样容易成瘾（尽管对一个作品的重复体验会变得迟钝的类似现象，可能暗示着类似的现象值得探索），但是多巴胺的释放在神经元连接的组合和拆分过程中跨越了很大范围的大脑功能，这肯定是审美体验带给人愉悦的部分原因。

阿片受体（opiod receptors）在大脑中的结构有助于建立一致性和对新奇事物的反应，这再一次涉及审美体验。欧文·比德曼（Irving Biederman）和爱德华·韦塞尔（Edward A.Vessel）注意到"大脑是为愉悦感而连接的"，他们发现这些受体的数量和密度在后视觉皮层的"所谓的关联区"中增加，在

---

① 副标题表明，对于该领域的一个宽泛的、并非总是谨慎的调查，Daniel J. Linden, *The Compass of Pleasure: How Our Brains Make Fatty Foods, Orgasm, Exercise, Marijuana, Generosity, Vodka, Learning, and Gambling Feel So Good*, New York: Viking, 2011.

这个区域中解释性连接被建立，"视觉信息占用着我们的记忆"。①在猕猴（253）的听觉系统中发现了类似的梯度结构。神经递质是一种化学调节剂，只会增强大脑的活动，而本身不会引起它们影响的任何行为。然而，在大脑连接感知和记忆的区域，这些化学物质的受体浓度的增加无疑是"我们从获取新信息中得到愉悦感的关键"，正如比德曼和韦塞尔提出并帮助解释的，"至少部分的人类更喜欢新奇……以及丰富的可解释性的体验"（249，250）。当然，和谐与不和谐都是这个类型的体验。尽管审美乐趣不仅仅是一种化学引起的兴奋感，但大脑神经递质受体的梯度结构符合与艺术的美丽综合体和惊人的中断相关的愉悦感。那么，为什么艺术既能取悦人，又能教导人，就有了神经化学的原因。

大脑在和谐与不和谐之间来回往返穿梭的能力，证明了高级脑皮层功能的基本游戏性特征。我认为，康德、席勒、伽达默尔和伊瑟尔等理论家将审美体验与游戏联系在一起并非偶然。例如，康德认为，美的享受是与"认知能力的自由游戏"联系在一起的，正是艺术的无功利意图使之可能实现。②尽管康德的游戏概念与他对艺术的非工具性的、去实用化的"没有目的的目的性（purposiveness without a purpose）"特殊概念密切相关，现象学理论家伽达默尔和伊瑟尔提出了一种游戏理论，作为一种"来来回回（to-and-fro）"的运动，可以采取多种形式，与一系列不同的审美理论和体验相关。即使在艺术上，也并非所有的游戏都服务于康德的无功利性。

例如，伊瑟尔区分了工具性游戏（通过建立赢家和输家来确定意义）和开放式游戏（拒绝结束并试图保持运转中的差异而不最终定局）。类似的，他指出，一些艺术作品寻求封闭（例如，雅各布森强调的且新批评家重视的自我指涉诗歌形式的自主性），而另一些艺术品则反对决定性的解释（后结

---

① Irving Biederman and Edward A. Vessel, "Perceptual Pleasure and the Brain," *American Scientist*, Vol. 94, No. 3, May–June 2006, pp. 247–249.

② Immanuel Kant, Nicholas Walker ed. *Critique of Judgement*, trans. James Creed Meredith, Oxford: Oxford University Press, 2007, p.49.

构主义和后现代主义的批评者更喜欢歧义作品的非决定性和开放形式）。像游戏试图确定意义和决定结果一样，一些虚构作品假装提供了一种现实的世界的表现，声称"存在"，有日常生活的特殊性和可靠性；而另一些作品增加谜题和不确定性，并让读者一直猜测结局和以外的部分。这些只是许多异议中的一部分，这些异议可以作为审美游戏的特征。伊瑟尔所说的"不断分散的运动"，就是持续的"振荡，或来回往返的运动，［这］是游戏的基础"，是内在可变的，并且互动模式可以有各种审美表现形式，其特点是不同的规则、边界、结构和目的。① 不同的体裁、不同的时期、不同的艺术作品，可以通过它们所重视和推崇的各种审美游戏来界定。

大脑矛盾的、无中心的结构使得所有这些用不同方式进行游戏的能力成为可能。大脑组织的二元性、对既定模式的依赖性和对新组合的开放性，可以支持从封闭到开放的各种游戏。不同的游戏以不同的方式构建了大脑的固定性和可塑性，而我们在不同的游戏模式中获得审美愉悦感的能力正是这种基本的、基于神经元的可变性的反映。某个更固定或更混乱的大脑将无法参与不同的游戏，或有不同的审美体验，因为它要么太封闭而不能玩，要么太开放而不能玩。大脑组织的基本二元性，它不仅需要协调和联系来理解世界，还需要灵活性和适应性来根据新的挑战再塑型自身，使它能够游戏，而且游戏也为之所用。

游戏中无中心的来回往返运动需要无中心的大脑。毫无疑问，艺术的一个目的是让我们体验不同方式的游戏，一些更和谐，一些更不和谐，从而为我们提供在认知模式（认识到认知是具身的，也包括情绪）之间变换的机会。虽然人们应该谨慎地对进化优势进行达尔文式的推测性论证，这很容易猜测，

---

① Hans-Georg Gadamer, *Truth and Method*, trans. Joel Weinsheimer and Donald G. Marshall, 2nd ed. New York: Continuum, 1993, esp. pp.101-110; Wolfgang Iser, *Prospecting: From Reader Response to Literary Anthropology*, Baltimore: Johns Hopkins University Press, 1989, pp.249-261; and Wolfgang Iser, *The Fictive and the Imaginary: Charting Literary Anthropology*, Baltimore: Johns Hopkins University Press, 1993, pp.69-86, 247-280. 另见我的书，Paul B. Armstrong, *Play and the Politics of Reading: The Social Uses of Modernist Form*, Ithaca, NY: Cornell University Press, 2005, pp.2-41。

但难以证明，很难想象以各种方式游戏的能力对人类的大脑皮层组织和恢复力，以及由此对人类的生存都没有好处。同样的论点也适用于其他任何一个参与游戏活动的物种。① 如果我可以用比喻的方式说大脑"喜欢"游戏（其实这已经被实验结果记录下来，动物和人类的游戏会释放与愉悦感有关的神经递质多巴胺），② 而且游戏对大脑有好处。如果艺术的多种形式都有神经学的价值，那么原因之一就是它促进了大脑的游戏性。

---

① 见两项关于"游戏"的人类学用途经典研究：Johan Huizinga, *Homo Ludens: A Study of the Play Element in Culture*, trans. anon. Boston: Beacon, 1950; and Roger Caillois, *Man, Play, and Games*, trans. Meyer Barash, Urbana: University of Illinois Press, 2001. 伊瑟尔运用凯洛斯的理论对审美游戏种类进行了分类。参见 Iser, *Fictive and the Imaginary*, pp.257-273. 另见在《故事的起源》（*On the Origin of Stories*）中，布莱恩·博伊德提出的美学游戏的进化价值的重要达尔文主义案例。博伊德从一个非常不同的传统（显然没有意识到这些游戏的理论家）中得出了与我相似的结论："我们可以将艺术定义为带有模式的认知游戏"，它"可以提高认知技巧、全部技能和敏感性"，并增强我们物种的灵活性（15）。关于进化和神经生物学视角对艺术的趋同，另见 Martin Skov, "Neuroaesthetic Problems: A Framework for Neuroaesthetic Research," in eds. Skov and Vartanian, *Neuroaesthetics*, p.12.

② Boyd, *Origin of Stories*, p. 179. 关于多巴胺如何促进大脑对新奇事物的反应从而促进学习，Pascale Waelti, Anthony Dickinson, and Wolfram Schultz, "Dopamine Responses Comply With Basic Assumptions of Formal Learning Theory," *Nature*, Vol.412, No.5, July 2001, pp.43-48。关于他所称的"多巴胺快感回路"在视频游戏中的作用，Daniel J. Linden, *The Compass of Pleasure: How Our Brains Make Fatty Foods, Orgasm, Exercise, Marijuana, Generosity, Vodka, Learning, and Gambling Feel So Good*, New York: Viking, 2011, pp.144-147.

第三章 神经科学和阐释学循环

当代神经科学有一个奇怪之处，它重新发现了阐释学的一些古老真理，这是致力于研究阐释的长期哲学传统。[①] 阐释学的中心原则是解释是循环的。阐释学的循环明确要求，即只有通过对文本各部分的研究，才能获得整体的感觉，只有预先把握文本中某一部分与所属整体的关系，才能理解文本（或任何事物的状态）。这种认识论上的矛盾与大脑作为扫描机器或"输入－输出"计算机的线性模式不一致。然而，它与大脑的"交错相连的"模式完全一致，它是一个分散的、多方向并行处理运行的集合。

解释的循环性在我们每次阅读时都很明显。因此，现象学理论家沃尔夫冈·伊瑟尔将阅读描述为建立一致性和构建模式的预期和回顾过程。[②] 阅读不是一个将符号添加到符号中、以顺序方式一个接一个扫描的线性过程。相反，阅读一篇文章需要对其模式的认识，而且这些模式是一个整体秩序及其组成部分的交互式建构，通过它们之间的关系来理解细节的主要安排，即使它们的塑型只是其部分组合在一起时才出现。

每当我们把意义归于一个文本时，我们就开启了阐释学的循环。例如，

---

① For an account of this tradition and its relevance to contemporary literary theory, 关于这个传统的一种解释和它与文学理论的相关性，见我的文章，Paul B. Armstrong, "Hermeneutics" in Michael Ryan, gen. ed. *Blackwell Encyclopedia of Literary and Cultural Theory*, vol.1, ed. Gregory Castle, Malden, *Literary Theory from 1900 to 1966*, MA: Wiley-Blackwell, 2011, pp.236-246。

② Wolfgang Iser, "The Reading Process: A Phenomenological Approach," in *The Implied Reader: Patterns of Communication in Prose Fiction from Bunyan to Beckett*, Baltimore: Johns Hopkins University Press, 1974, pp.274-294; and Iser, *The Act of Reading: A Theory of Aesthetic Response*, Baltimore: Johns Hopkins University Press, 1978, esp. pp.107-134.

一个文本的体裁，是我们认为我们正在阅读的语言的人工作品（linguistic artifact）的种类，是诠释的重要指南，因为它提供了对整体的预期理解，我们应该使之符合细节。如果"乔被谋杀"这句话出现在报纸或小说中，我会用不同的解释。某个句子出现的文本类型提供了一个框架，我们可以通过这个框架看到文本的类型。读者把亨利·詹姆斯的中篇小说《螺丝在拧紧》看作一个鬼故事，还是对精神苦闷的心理学研究，将决定他们如何理解故事的许多细节。例如，家庭教师看到的"鬼"是"真的"还是幻觉。[①]当读者对文本的意义产生分歧时，原因往往是他们认为自己在处理不同种类的语言人工制品，因此他们在寻求模式时受到不同期望的引导。

语境的其他迹象——例如，文本产生的历史时期，或者我们已经知道的作者的典型主题、兴趣和写作风格——对于理解来说也是同样有价值的线索，因为它们暗示了文本中的细节将如何相互适应。试图理解一首诗而不知道它是什么时候写的或是由谁写的可能是非常困难的，因为人被剥夺了可能的假设来测试如何连接它的部分。学习某一时期流行的艺术传统，或熟悉某个作者的其他作品，可能无法自动理解一个文本，因为意义的构建仍然需要在作品的细节和人们期待的塑型（可能找到，也可能找不到）之间来回调整。但是，如果没有这类关于文本大概的设计的线索，诠释者就不知道如何开始。

这个环路中塑型的、递归的、往复的运动在众所周知的知觉变化中是显而易见的，这些知觉变化可能和这些歧义的图形一起出现，最初看起来像鸭子，但可能变成兔子，或者一个瓮可能转换成两张脸（图3.1）。用循环的方式，如果我们反而能被诱导把这个图形看成一只兔子，那么我们对鸭子嘴的解读就会发生变化，在这种情况下，这个嘴的形状会改变意义，变成一对耳朵。类似的，两条弯曲的线似乎构成了一个瓮的轮廓，直到我们改变推测它们所

---

① 对于这个故事产生的更多解释分歧，Paul B. Armstrong, "History, Epistemology, and the Example of *The Turn of the Screw*" in *Conflicting Readings: Variety and Validity in Interpretation*, Chapel Hill: University of North Carolina Press, 1990, pp.89-108。

属的模式，从而以不同的方式解释它的细节，两个并列的嘴、鼻子和额头出现在横跨的空白区域，面对着彼此，很明显地形成了原来形成瓮身的地方。格式塔转换在解释中表现出部分和整体的递归的、循环的相互依赖，并表明阐释学循环不仅表征了我们如何阅读文本，而且更根本的是，表征了我们如何理解世界。这些认识论上的联系解释了为什么歧义的图形对于像 E. H. 冈布里奇（E. H. Gombrich）这样对视觉表现感兴趣的美学家，或者对于像泽米尔·泽基这样寻求解开视觉奥秘的神经科学家来说，是如此迷人。毫无疑问，那些歧义的图形能够产生关于我们如何认识世界的基本见解的直观知识，也毫无疑问是泽基的视觉研究将他引向神经美学，特别是艺术中歧义的作用的一个原因。①

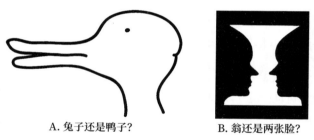

A. 兔子还是鸭子？　　　　B. 翁还是两张脸？

图 3.1　歧义图形：兔子还是鸭子？瓮还是两张脸？

［玛吉·巴克·阿姆斯特朗（Maggie Buck Armstrong）绘制］

　　这些例子表明，循环隐喻是误导性的，但是，因为塑型部分和整体、递归的、往复的过程是时间的，而不是空间的，并不是在同一条道路上周而复始，而是来回移动，变化和重新安排自身。用"阐释学螺旋"（hermeneutic spiral）这个术语可能更准确。解释的反复运动可能使它成为一种不可预测的活动——

---

① E.H.Gombrich, *Art and Illusion*, Princeton, NJ: Princeton University Press , 2000, and Semir Zeki, "The Neurology of Ambiguity," *Consciousness and Cognition*, Vol.13, 2004, pp.173−196. 关于歧义图形如何揭示"知觉的完形特征"，另见 Hubert L. Dreyfus, *What Computers Still Can't Do: A Critique of Artificial Reason*, Cambridge, MA: MIT Press, 1992, pp.235−248："细节的重要性和实际上它们的样子，是由我对整体的知觉决定的"（p. 238）。

这是大脑倾向于"游戏"的一个重要例子。马丁·海德格尔强调阐释学循环的时间性，他认为阐释学本质上是未来的，总是被一种预期的理解所引导，这种理解投射出讨论中事物状态可能具有的一系列意义，他称之为阐释学的"前结构（forstructure）"（Vorstruktur）[①]。因此，他认为解释是一个"追赶"（catch-up）的过程，正如我们解释（aus-legen 或 lay out）的可能性一样，我们的期望为之做了准备。我们理解的时候，尤其（但不仅是）我们阅读时，我们总是领先于我们自己。

因此惊奇的重要性——就是当某些部分拒绝配合时，逆转的那些迷失方向的体验（乔毕竟没死！），我们必须通过将那些模式再塑型成我们已经调整的样子来重新给自己指定方向（关于他谋杀的报道是一个玩笑，有人跟我们开了一个玩笑，或者仅仅是一个错误，是个身份错误的案件，或者是被错当成事实报道的一个虚构故事，或者还有其他可能性）。如果解释不取决于预期，也就是我们对部分和整体关系的预期理解，我们就不会感到惊讶。让读者感到惊讶是讲述者艺术的一个经典元素，也是构建叙事的关键。[②]故事的曲折征求我们的预期，是为了确认，或者更有可能是为了推翻这些预期——有经验的读者矛盾着，既期待受到惊讶，又急于询问如何以及何时——而且叙述者与读者可以以这种方式做游戏，只是因为阅读是预测各个部分如何结合在一起的时间过程。我们所阅读的内容再塑型和重组，必然发生在我们感到惊讶之后，这表明了"螺旋"的反转运动，因为我们将那些部分重新排列成不同于以往认为正在构建的整体。

预期在理解中的作用提出了两个问题，这两个问题一直是阐释学理论和神经科学共同关注的核心问题，这将引导本章对神经科学基础和阐释学循环影响的探索。首先，解释的循环性是否可能是一个恶性循环？在阐释学理论中，

---

① 见 Martin Heidegger, "Understanding and Interpretation," in *Being and Time*, trans. John Macquarrie and Edward Robinson, New York: Harper & Row, 1962, pp.188−195.

② 要了解这方面的叙述，请参阅罗兰·巴特对解释学代码的分析。S/Z（1970），trans, Richard Miller, New York: Hill & Wang, 1974.

这里的问题是我们的期望可能是自我实现的，因为我们在文本中看到的可能只是由我们用相互认可的方式投射的模式产生。我们的解释结构可能会严格地自我强化，使我们抗拒、忽视或漠视任何变化、更换或调整的需要。这种两难困境引发了关于解释有效性的重要争论。[①] 惊奇——不符合预期模式的反常现象——是一种防止恶性循环的保护措施。但为什么我们一直会感到惊讶，总是在应该感到惊讶的时候就感到惊讶呢？

在神经科学中，相似的问题也出现在知觉的恒常性和稳定性的价值与灵活性和开放性的需求之间的冲突上。模式都是有用的，甚至是必不可少的，以便我们所有的感觉系统——不仅是视觉系统，还有听觉、嗅觉、味觉甚至触觉系统——提供来自知觉上不断变化的外部世界的稳定数据结构。但是，这些系统如何能够认识到，在这种情况下，它们规范化（从而抑制）的不稳定性和不连续性反而要求我们构建它们的模式发生变化？歧义的事物状态对神经科学特别有启发性，因为它们揭示了模式和灵活性解决相互竞争的必要问题的加工过程。[②]

第二个问题与冲突的诠释的可能性有关，多稳态图像（multi-stable images），如模棱两可的数字就可能引起这种矛盾的解释。这类图像以多重的、不可比较的模式稳定下来的能力——兔子还是鸭子？一个瓮还是两张脸？——是解释冲突的普遍阐释学现象的特例。像《螺丝在拧紧》这样有歧义的文本尤其生动地体现了阐释学上的分歧：家庭教师是对威胁她所监护的孩子的邪恶极度敏感，还是她是一个疯狂的臆想者，她的幻想才是真正的危险（而且是一个孩子的死亡原因）？但这种意义上的冲突并不是歧义文本所独有的。像兔子或鸭子的图形一样，《螺丝在拧紧》这类歧义的小说也引起了

---

① Paul B. Armstrong, "In Defense of Reading: Or, Why Reading Still Matters in a Contextualist Age," *New Literary History*, Vol.42, No.1, Winter 2011, esp. pp.1-19.

② 视觉神经科学提供了特别有趣的例子，我们将在下面看到细节。Zeki, "Neurology of Ambiguity"; Zeki, *Splendors and Miseries of the Brain: Love, Creativity, and the Quest for Human Happiness*, Malden, MA: Wiley-Blackwell, 2009, pp.59-97; and Margaret Livingstone, *Vision and Art: The Biology of Seeing*, New York: Abrams, 2002。

人们对认识论过程的关注，但在其他例证中却不那么明显。这部中篇小说的歧义强调了解释性分歧的可能性，这种分歧可能伴随不太自觉的、难以捉摸的作品出现。

如果我们仔细研究视觉是如何工作的，这些阐释学过程的物质和神经生物学基础可能会更加清晰。关注视觉系统有几个不错的理由。它是大脑系统中研究最多的，在大脑皮层中所占的比例比任何其他感官系统都要大，部分原因是视觉对生存的重要性。此外，通过神经元再循环，阅读重新利用各种先前存在的皮层结构，将自身移植到视觉系统上，因此人们会期望有关视觉的发现将为阅读提供见解。（例如，我们已经看到了固定物体识别与字母表中字母结构的相关性。）最后，神经科学家发现了视觉系统以及听觉和触觉适用的基本原理。[①]尽管信号在眼睛、耳朵和皮肤产生的受体中存在差异，但是在大脑中如何处理这些信号有基本的相似之处：来自受体的有差异中输入（激活－抑制模式就像一个开关）映射到大脑皮层的地形区域，在不同的皮质区域并行处理这些信号，以及通过交互神经元相互连接进行前馈－反馈相互作用。这些功能上的相似性并不奇怪，因为阐释学的循环不仅是视觉和阅读的特征，也是听觉甚至触觉的特征——所有这些都取决于对模式的识别和格式塔结构的塑型——因此，它们潜在的神经系统过程有很多共同点就有道理了。

视觉本质上是解释性的。视觉神经学家玛格丽特·列文斯通（Margaret Livingstone）指出，"视觉是信息加工，而不是图像传输""信息是关于世界上存在的事物以及如何对其采取动作——而不是一幅可供观看的图片。"[②]尽管几个世纪以来，将思想描述为镜子的知识是视觉的比喻，但是我们看到与外部世界能够点对点对应的全彩图片时的感觉就是错觉——这种错觉是复杂的，大脑高效地构建这个复杂的错觉，以至于我们很少注意到产生它的阐释学机

---

① Mark Bear, Barry W. Connors, and Michael A. Paradiso, *Neuroscience: Exploring the Brain*, 3rd ed. Baltimore: Lippincott Williams & Wilkins, 2007, p.340.

② Margaret Livingstone, *Vision and Art: The Biology of Seeing*, New York: Abrams, 2002, p.53.

制。① 然而，泽米尔·泽基指出，"我们所看到的，既取决于大脑的组织和规律，也取决于外部世界的物质现实。"② 这并不意味着视觉的阐释学结构仅仅是虚构的创造，仅仅是我们自己杜撰的。神经学家佐兰·雅各布（Zoltán Jakab）评论道："知觉不必在各个方面都是真实的，这样才能适应。对于一个有色彩视觉的有机体来说，重要的是色觉增强了视觉表面的辨别力，它有助于从绿色和相似颜色的树叶中挑出红色或橙色的浆果。"③ 颜色在外部世界中并不是这样存在的，但它是一个复杂的恒定结构，由一组不断变化的输入组成，这很好地说明了大脑是如何为实用目的构建正常模式的。这些过程，就像阐释学的循环一样，既是反应性的又是创造性的，它们对信号作出反应，而这些信号反过来又以一种来回往返互动的方式操纵和构造着这些信号。

视觉的阐释学过程之所以进化并保留下来，并不是因为它们完美地反映了外部世界，而是因为通过外部世界越过我们道路时的实用性。④ 列文斯通认为，"我们视觉系统的功能不仅仅是再现落在视网膜上的光的模式（以便我们大脑中的某个人就可以看到图片），而是从我们的环境中提取生物上重要的信息"（90）。当光线照射到视网膜后壁上的受体时，视觉就开始了，然后这些反过来，受体通过一条复杂的路径将信号发送到皮层后部一个被称为"V1"的区域。但泽基解释，即使是在这个早期阶段，在这些信号被完全处理之前，V1 区域中的"视网膜地图""与普通的照相底片不同，并不是对世界一个直接的、未变形的转

---

① 关于认识论中镜像隐喻的历史，见 Richard Rorty, *Philosophy and the Mirror of Nature*, Princeton, NJ: Princeton University Press, 1979。罗蒂对这一隐喻有影响力的实用主义批评与阐释学圈的神经科学观点是一致的。见丹尼尔·C·丹尼特著名的反驳思维式——一种"笛卡尔式剧场"的假设 Daniel C. Dennett, *Consciousness Explained*, New York: Little, Brown, 1991, esp. pp.101–138。

② Semir Zeki, *Inner Vision: An Exploration of Art and the Brain*, Oxford: Oxford University Press, 1999, p.3.

③ Zoltán Jakab,"Opponent Processing, Linear Models, and the Veridicality of Color Perception," in Adrew Brook and Kathleen Akins ed. *Cognition and the Brain: The Philosophy and Neuroscience Movement*, Cambridge: Cambridge University Press, 2005, p.373.

④ On the "pragmatic test" for validity in interpretation, 关于解释的真实性"实用测试"，见 Paul B. Armstrong, *Conflicting Readings*, esp. pp. 15–16。另见 Charles Sanders Peirce, "The Fixation of Belief", in Justus Buchler ed. *Philosophical Writings of Peirce*, New York: Dover, 1955, pp.5–22。

换"："视网膜的中心被称为中央凹（fovea），拥有最高的受体密度，当我们想要固定物体并详细研究时，我们使用它，它占据了比例不相称的大量脑皮层区域；相反，视网膜的外围部分相对于其视网膜范围来说，被强调得不够"（*Inner Vision*，17）。甚至在视网膜中，最初光转换成信号也不是一对一的"镜像"，而是一种解释，正如泽基评价说："它是一张强调视野特定部分的地图"（17）。而在 V1 区域中，视网膜信号的表现再现了这种视觉场景的曲解。然而，这是一个具有启发性的曲解，因为它给了我们一个看世界的视角。人们不必阅读亨利·詹姆斯的著作就可以认识到，对视角的认识有多种实际用途（例如，知道捕食者到来的方向是有用的），而许多对世界进行透视方向解释的视觉结构与点对点镜像相比，具有显著的优势。

当这些信号从 V1 区域发送到后视皮层的邻近区域时，情况很快变得更加复杂，这些区域在功能上专门用于探测方向、运动和颜色（V2–V5 区域）以及识别物体和面部（图 3.2）。泽基解释，"大脑在不同的、大脑区域确切的分区中处理视觉场景的不同属性"，因此"视觉是根据一个平行的、模块化的系统来组织的"（58–59）。例如，由于在 V4 区域中解码颜色，在 V5 区域中检测到运动，这些部位的损伤会导致不同的视觉障碍，并且"一个部位的损伤不会侵犯和破坏另一个部位的感知区域"。此外，这些不同部位的加工是不同步的。尽管"在更长的时间内，超过 500 毫秒（0.5 秒），我们确实在完美的时空配准中看到了不同的属性（这些属性被'绑定'在一起）"。在较小的时间间隔中，不同的过程是分离的："颜色是在运动前大约 80 毫秒（0.08 秒）被感知"和"位置在颜色之前被感知，而颜色在方向之前被感知"。[1] 虽然我们没有注意到这些差异，但它们表明视觉是一个复杂的辨别和组合的过程，是在视觉皮层中不同的、相对独立的区域中单独过程的集合（使用常用的神经科学术语）。

---

[1] Semir Zeki, "The Disunity of Consciousness," *Trends in Cognitive Science*, Vol.7, No.5, May 2003, pp.214, 215.

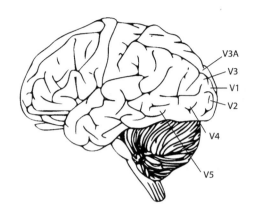

图 3.2　大脑皮层中视觉区域的大致位置

此外，这种综合性出现时并没有中央控制器或机器中的小人儿指导。泽基解释，"所有视觉区域不会唯独投射到某个单独的控制区域。""视觉，"他写道，"由许多微意识事件组成，每个事件都与处理系统中指定部位的活动相关联。有意识的体验并不取决于最后阶段，正是因为大脑皮层没有最后阶段"（*Inner Vision*，71，73）。我们有意义的视觉体验，不是因为大脑中有一个小矮人在观察和解释由眼睛的照相机投射到屏幕上的图像（没有这种东西），而是因为独特但相互关联的大脑皮层区域之间的交互的、往返的相互作用，这种相互作用的结果发生得太快了，以至于我们都意识不到。如果大脑皮层的处理是完全同步和均匀的，这种相互作用是不可能发生的，而且没有必要发生。相反，分割这些相关区域的时间和空间分离使得它们之间的"游戏"成为可能，对于产生对世界连贯的视觉解释很重要。

在视觉体验中被整合的信号的分化是从眼睛的结构开始的。众所周知，眼睛有两种感光细胞（photoreceptors）：对非常微弱的光线敏感的视杆细胞（rods），以及三种视锥细胞（cones），它们通过对光谱中不同波长的响应来构造颜色，但在夜间条件下不会产生反应（因此我们在夜间是色盲的）。[1] 在两种神经节细胞（ganglion cells）之间还有一个更深层次、不那么出名的分支，它们接收来自这些感光细胞的信号并将其传送到皮层［神经节细胞的轴突（axon）从眼睛投射到大脑皮层，以形成视神经］。视网膜包含超过 1 亿个感光细胞，但只有 100 万个轴突将信号带出眼睛，这是因为两种神经节细胞收集输入信息的程度不同。列文斯通解释，大的神经节细胞具有更宽广的感受域，传递着关于"运动、空间、位置、深度（三维）、图形 / 背景分离和视觉场景的整体组织"的信息；神经科学家称之为"哪里（where）"系统（50）。更小、更细颗粒的神经节细胞——有些位于中央凹区域，"小到它们只能从一个感光细胞接收信息"——"负责我们识别物体的能力，包括面孔的肤色和复杂细节"，存在于被称为"什么（what）"的系统中（49，50）。从进化的角度来说，"哪里"系统更古老，对所有哺乳动物来说都很常见，而"哪里"系统只在人类和其他灵长类动物中发育得很好，尽管它可能以更退化的形式存在。"低等哺乳动物对颜色的敏感度比人类低得多，它们不能仔细观察物体，也不能根据视觉属性准确区分物体。相反，它们对移动的东西很敏感，因为移动的东西——不管是猎物还是捕食者——可能都很重要"（52）。[2]

　　列文斯通想知道"什么"系统是作为"灵长类的附加组件"单独进化的原因，她推测："随着更复杂的灵长类视觉系统的进化，原始系统得以维持，可能是因为在现有系统上叠加颜色视觉和对象识别，要比将两者结合起来要容易得多"（52）。她解释说，这种"我们视觉系统的分离"也有实用的阐释

---

① 这里，我的解释基于 Margaret Livingstone, *Vision and Art: The Biology of Seeing*, New York: Abrams, 2002, pp.40−45。

② 当神经学家加里·马修斯（我在斯托尼布鲁克大学的前同事）读到这本书的手稿时，他质疑列文斯通在灵长类动物和其他哺乳动物之间所做的区分：X 和 Y 细胞［相当于灵长类的 P 和 M 细胞（细小（parvo）和大的（magno）神经节神经元）］首次在猫的视网膜中发现，而 X 细胞在许多非灵长类物种中发现。通常被研究的啮齿类动物（老鼠和大鼠）没有突出的 X 系统（虽然它确实存在），因为它们是杆状主导夜间活动的动物。地松鼠和其他以锥体为主的白天活动的啮齿动物有一个发育良好的 X 细胞系统，因此能够做出精细的视觉区分。私人交流。

学原因，因为"将一个物体的外观信息（它的形状和颜色）以及一个对象的位置和轨迹信息分开传送和精细计算会更有效"（52）。她指出，高清电视技术同样将图像分解成关于颜色、形状和位置有差异的信息包，以便压缩其信号以适应可用带宽的限制（194–195）。除非出了什么问题，如照片出现了像素化，否则我们不会注意到这种"作弊"。类似的，我们不会注意到来自我们眼睛的两种信号，因为来自"哪里"系统的关于运动、深度和位置的信息与关于颜色和对象身份的信号整合在一起。

然而，再次证明视觉体验从根本上是阐释的，因为它包含选择和组合。根据视网膜上受体（视杆和视锥）以及它们的传输途径（大的和小的神经节细胞）的可调节的敏感度，来自外部世界的输入被过滤和区分。然后这些单独的、可区分的信号通过大脑皮层内视觉系统之间的相互作用被构造成一致的模式。大脑使我们能够通过将各个部分组合成有意义的整体来观察，并反过来赋予各个部分意义。

色彩是大脑阐释学活动中一个特别引人注目的例子。神经科学有一个基本原理，"在物理世界中没有颜色这回事；只有一个可见波长的光谱被我们周围的物体反射"。[1] 我们的眼睛对一组特定的、非常有限的波长作出反应的事实（而其他的动物有不同的反应范围）是进化的结果，这既是任意的，因为它本来是可以是别的方式；也是必要的，颜色的构造之所以发展成它本来的样子，是因为它在各种方面都很有用。泽基解释，"颜色是大脑对它所接收的信息进行操作的结果；从真正意义上来说，它是大脑的属性，而不是外部世界的属性，即使它取决于那个世界的物质现实"（*Inner Vision*，185–186）。尽管视觉通过处理来自外部世界的波长来产生颜色，但对颜色的感知并不仅仅是波长范围和感光细胞反应之间一一对应的结果。相反，复杂的比率计算是必要的，这种比例既有内部的，也有外部的。列文斯通解释，在视觉系统

---

[1] Mark Bear, Barry W.Connors, and Michael A. Paradiso, *Neuroscience: Exploring the Brain*, 3rd ed. Baltimore: Lippincott Williams & Wilkins, 2007, p.310.

的内部，"我们的颜色感知取决于三类视锥之间的比率，而不是由光的精确波长组成"（97）。我们所感知到的颜色是一种复杂的结构，在这种结构中，不同视锥的反应是既达成一致又相互对立，而且众所周知的三种"原色"结合成彩虹所有色调的能力是这些内部比例的结果（Livingstone，26–35）。

同样，尽管由于不同但相关的比率计算，物体的亮度发生了外部变化，我们还是会感知到颜色的恒定性。根据泽基的观点，颜色恒常性是大脑能力的产物，即通过构造从表面（A）和相邻区域（B）反射的波段比率来"摒弃从表面反射的光的波长能量构成的所有变化，并且分配给它恒定颜色"，也就是比率（A/B）"因此在所有照明条件下始终保持不变"，即使 A 和 B 的绝对值发生变化；因此，"颜色的构造……不受于其反射而来的光的精确波长组成支配"，而是"一个表面和周围表面之间比照的问题"。也许令人惊讶地想起索绪尔对语言符号的发音结构的著名分析，泽基将颜色描述为基于"对比……不参照绝对值"的"视觉语言"（"Neurology of Ambiguity"，179，180）。正如索绪尔著名的论断："语言中只有差异，而没有肯定的术语。"[①]当然，按照语言符号的方式，颜色并不完全是任意的，因为它至少在一定程度上是对冲击视网膜的波长的反应，但这些波长没有绝对而明确地靠自身决定着我们所感知的颜色。

那么，色彩不是绝对的至少从两个方面来讲的一个阐释学结构。首先，和语言一样，它是一种意义的、可区别以及合成的产物，基于选择和组合（视锥对波长有不同的反应，大脑从视锥的不同序列合成这些反应以产生颜色不同的明暗度）。其次，色彩恒常性利用表面之间不变的比例来创造有用的稳定性虚构故事，这样我们就不会毫无希望地迷失在赫拉克利特的光通量（Heraclitean flux）中，抑制波长照度（wavelength illumination）的变化和波动，否则会使物体看起来一直在改变它们的价值。

[①] Ferdinand de Saussure, Charles Bally, Albert Sechehaye, and Albert Riedlinger ed. *Course in General Linguistics*, trans. Wade Baskin, New York: McGraw Hill, 1966, p.120, 原文强调。

　　那么，恒常有其用处，但它也可能是一个陷阱。当差异、不规则和不连续性很重要而不应该被抑制时，大脑如何识别？它如何决定需要改变它已经构建的模式？这些问题再次表明了恶性阐释学循环的问题——或者从生物学的角度来说，是一个有机体如何协调稳定和灵活性的竞争价值的两难境地。泽基提出了恒常性的坚定理由："大脑……只有对外部世界中物体和表面的恒定、不变、永久和有特征的属性感兴趣，这些特性使它能够对物体进行分类"，即使，或者正是因为"从外部世界到达它的信息从来都不是恒定的"（Inner Vision，5）。我们在通过各种感官系统接触到的不规则细节中认识到的规律，实现了模式（或"类别"）的阐释学构建，这些模式在部分和整体之间创建有意义的关系，而这些（心理）完形是有用的导航工具。然而，认知文学理论家埃伦·斯波尔斯基指出，"我们的大脑……生物学家称之为开放系统，意思是它们依赖自身以外的东西"，而且"外界的东西不会长时间保持静止"，因此"我们大脑所绘制的地图永远不会最终或完全校准……因此，总是有差异或差距，大脑总是在努力赶上自己"。①模式的构建非常有用，正因为它们帮助我们处理不断变化的波动——威廉·詹姆斯明确地称为世界的"伟大的繁荣，嗡嗡作响的混乱"——但是世界的不连续性和不规则性违背了完整的、全面的合成，如果它们固定了，会使那些有序的小说变得无效甚至危险。②

　　大脑对恒常性的追求本质上是矛盾的。一方面，恒常性的价值取决于它管理（而不是简单地忽略）输入的可变性，因此大脑必须保持开放，才能对这些不规则行为做出反应。另一方面，仅仅保持对新奇事物的开放是无效的，因为大脑只能在恒定的背景下识别出重大的变化。不连续性的出现仅仅是因为它中断了连续性。阐释学循环需要模式和不连续性，以及大脑需要稳定性和变化性的矛盾之处在于，恒定性和改变的开放性需要并依赖于彼此，即使

① Ellen Spolsky, "Making 'Quite Anew': Brain Modularity and Creativity," in Lisa Zunshine ed. *Introduction to Cognitive Cultural Studies*, Baltimore: Johns Hopkins University Press, 2010, p.89.
② William James, *The Principles of Psychology*, 2 vols, 1890; New York: Dover, Vol.1, 1950, p.488.

它们相互对立和排斥。

　　大脑已经进化出各种各样的方式来处理这种相互矛盾的必要性，尽管它如何对新奇事物做出反应的问题仍然是神经科学中一个有些难以理解的领域。[①]大脑的解决方案从神经元层面开始，一直到大脑的整体组织和"游戏"的能力。而在细胞水平上，视网膜上接收和传输视觉信号的神经元具有"中心/周围"结构（图3.3），这使得它们对差异和变化特别敏感。列文斯通这样解释：

　　　　"中心/周围组织使处于视觉系统早期的细胞容易感觉到落在视网膜上的光的模式中的不连续性，而不是光的绝对层面。（54）由于中枢/周围组织，神经元对剧烈变化的反应最好，而不是对亮度的逐渐变化。视觉系统是以这种方式连接起来的，这样它就可以忽略光线和光源整体水平的逐渐变化，而这些通常在生物学上并不重要"（54）。

　　这些细胞对中心和周围的刺激有相反的反应；例如，使中枢活跃的光会抑制周围。因此，在细胞均匀照明的情况下，两个相对区域的正反应和负反应相互抵消，并且不会显现任何反应。相反，一束强烈的光单独照射到中心会引起活跃，而不会抵消抑制。同样，一条穿过细胞并刺激中枢和周围不同部分的线将引发一系列不等的反应（正负不能相抵消的差异混合），这也将显现出有意义的不连续性。

　　中枢/环绕组织有各种优势（有时称为对立面）。列文斯通指出，"只对

---

① 有关研究现状的描述，见 Elkhonon Goldberg, *The New Executive Brain: Frontal Lobes in a Complex World*, New York: Oxford University Press, 2009, pp.63-88. 大脑的不同区域似乎在不同程度上，以一种不易定位的方式参与了这些反应。这种特异性的缺乏可能反映了研究的早期阶段，或者更有可能的是，我认为的，它可能表明在对新奇事物的反应中，不同的皮层区域相互参与。难怪神经美学研究对这些问题特别感兴趣。例如，见 Mari Tervaniemi, "Musical Sounds in the Human Brain," in Martin Skov and Oshin Vartanian ed. *Neuroaesthetics*, Amityville, NY: Baywood, 2009, pp.221-232. 由于审美体验中惊奇和预期的破坏的重要性，这可能将成为美学和神经科学合作的一个特别有用和有前景的领域。

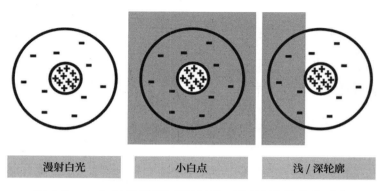

| 漫射白光 | 小白点 | 浅 / 深轮廓 |

图 3.3　中心 / 周围细胞对漫射光、聚光灯和边缘的反应

这说明了为什么"中心 / 周围"的细胞对聚焦光或尖锐边缘的反应比漫射、均匀分布的光更强烈。中心区域的激活被漫射光包围的抑制作用抵消，而在这两个区域聚焦光或边缘周围的不同激活和抑制率（ + 和 - 的作用并不等同）显示了一个反应。资料来源：Margaret Livingstone, *Vision and Art*, ©2002. 由 Abrams 公司发表，纽约 N. Abrams 有限公司版本。版权所有。经允许复制。

图像中有变化或不连续的部分进行编码比对整个图像进行编码要有效得多"，并且"图像中的大多数信息都是在不连续性中"（54–55）。同样，高清晰度电视背后的工程学遵循着类似的原理，只传输有关投影图像变化的信号，而不是关于屏幕上每个像素的更冗长、更连续的信息流。

然而，如何处理这些关于不连续性和差异的信号——以及如何区分重要的不规则性和正常的变化和流动——仍然是一个问题，而且在这里，大脑中各种加工系统的不同步的、不完全均匀的相互作用变得重要。大脑的正常状态是在不同的、部分自主的操作之间不稳定的平衡行为。从生物学角度来看，这并非特别不寻常，弗朗西斯科·J. 瓦莱拉指出："生物系统表现出不稳定性是正常功能的基础。"[①] 例如，甚至在视觉系统中，回想一下运动、颜色、方向、位置、面部和物体识别在不同的地方以不同的速度被加工。因此，这些领域之间的整合总是不完善和不完整，并可供修订的。那么，和谐与不和谐之间

---

① Francisco J.Varela, "The Specious Present: A Neurophenomenology of Time Consciousness," in Jean Petitot et al. ed. *Naturalizing Phenomenology: Issues in Contemporary Phenomenology and Cognitive Science*, Stanford, CA: Stanford University Press, 1999, p.285, 原文强调。

的游戏并不罕见，但却是某种交互关系不断发展的、典型的特征，这种交互关系发生在与大脑相关、连结，但也有所区别，而且总是某种程度上分离的信息加工系统之间。

这种不完全的整合使得大脑对所接收到的信息有可能产生相互矛盾的解释。阐释学冲突的神经生物学就此开始。泽基解释，"有不同程度的'歧义'是由神经系统的必要性决定的，并被植入大脑的生理机能中"（Splendors，63）：

> "如果大脑没有能力将一种以上的解释投射到刺激物上，它可能会发现自己处于危险的境地。一个很好的例子是人的微笑，有的人可能会喜欢。如果人对微笑只作一种解释——渴望更亲密——那么他很快就会陷入困境。对大脑来说，接受多种可能性更好，这样才能保护自己。"（62）

不同视觉处理区域之间的差异，或不同系统之间的差异，例如视觉或听觉（如通向阅读的字素－音素识别的视觉和听觉路径），使得在不同意义塑型之间实验性地来回往返成为可能，而且这些相互作用的流动性与既定模式固定的趋势背道而驰。

对于像兔子/鸭子和瓮/两张脸的格式塔这样歧义的图形来说，这种可选择的诠释之间的游戏是最明显的，这也许就是为什么歧义的知觉对于神经科学和美学都是最重要的。泽基提出了他所谓的"歧义性的神经学定义"："它不是歧义或不确定性，而是确定性，即不同情景的确定性，每种确定性都与其他确定性同等有效（Splendors，88）。"这个定义与 E.H. 冈布里奇的著名论点是一致的，即不可能同时在人的思想里有一个歧义图形的两个结构。冈布里奇认为，"脱离解释去看这个形状……是不可能的。诚然，我们可以用越来越快的速度从一种解读转换到另一种解读；当我们看到鸭子时，我们也会'记住'兔子，但我们越仔细地观察自己，就越肯定地发现，我们无法同时体验到另一种可选择的解读。"①

文学理论家 W.J.T. 米切尔（W.J.T.Mitchell）提出了与路德维希·维特根斯坦（Ludwig Wittgenstein）不同的意见——他认为确实有可能将这样一个图形既不是鸭子也不是兔子，而是"鸭子-兔子"作为"元图形"（米切尔的术语），作为歧义的典型例子，可以被认为是一种特殊类型的图形。然而，米切尔认为维特根斯坦的观点与冈布里奇的观点是一样的，也就是说，"除了进入另一个画面之外，不可能脱离画面"②。从神经学的角度来说，这三种塑型（鸭、兔或鸭兔）中的每一种都需要有些不同的大脑皮层合成，创造出不同的神经元组合，每一种都暂时尽量不让其他的神经元牵涉，但当一种组合分解，另一种组合出现并占主导地位时，它们能够产生对注意力的控制。这就是为什么他们被认为是相互排斥的感知和不同的意识状态。神经科学家称这些数字为多重稳定图像，因为它们可以在各种不可比较的结构中稳定。这些图像在稳定状态之间切换的能力——它们的稳定的不稳定性——使它们变得有歧义，而且引人入胜。

然而，并非所有的歧义性都是同样不稳定的，不同的多重稳定图像的各种程度的不稳定性，为其提供了重要的线索，说明它们之间的转换是如何发生的——因此，也说明了大脑是如何协调一致性和灵活性这些相互竞争的主张。泽基认为，"在感知被称为歧义的图形时，不仅从非歧义的刺激物到歧义的刺激物，而且在可能涉及的区域或不同的大脑皮层部位的数量上，都有

---

① E.H.Gombrich, *Art and Illusion*, Princeton, NJ: Princeton University Press , 2000, p.5. 冈布里奇应用到多重意义的文学和语言学案例中，什洛米斯·里蒙（Shlomith Rimmon）将歧义定义为两个相互排斥但同样成立的意义可能性的结合。见她有用的书，Shlomith Rimmon, *The Concept of Ambiguity-The Example of James*, Chicago: University of Chicago Press, 1977. 我提供了歧义的现象学分析，而不作为"文本中的事实"（里蒙所指），而是作为在我分析 *The Sacred Fount in The Challenge of Bewilderment: Understanding and Representation in James, Conrad, and Ford"*, Ithaca, NY: Cornell University Press, 1987, pp.29-62. 亨利·詹姆斯出名的歧义小说《神圣的源泉》阅读体验中的事件。

② W. J. T. Mitchell, *Picture Theory: Essays on Verbal and Visual Representation*, Chicago: University of Chicago Press, 1994, p. 49. Ludwig Wittgenstein, *Philosophical Investigations*, trans. G. E. M. Anscombe, New York: Macmillan, 1958, pp.194-197.

分级的步骤"（*Splendors*，91）。在这些图形中，最必然（因此也最不具有歧义性）的是所谓的卡尼萨三角（Kanizsa triangle）（图3.4），泽基指出，"大脑试图理解……以最有说服力的方式'完成它'，并将亮度的模式解释为一个三角形"（"Neurology of Ambiguity"，181）。然而，这个图形仍然是歧义的，正是因为我们可以把看不见的三角形视为一种矛盾的东西，即"存在"又"不存在"（我们"完成"的产物）。否则它将只是另一个三角形，没有什么吸引人的或不稳定的内容。

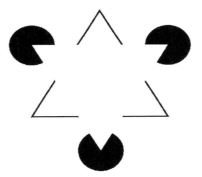

图3.4　卡尼萨三角（作者绘制）

　　泽基认为，基于脑成像实验的证据，对卡尼萨三角的近乎必然感知"可能是由……在区域 V2 和 V3 中定向选择细胞的生理学决定的"，它们"能够响应虚拟线路"。但是他指出，这个图形也"激活外侧枕叶复合区（LOC）区域，这是一个物体的加工感知中心"，通常"与 V2 和 V3 区域协同工作……可能与他们是相互联系的"（"Neurology of Ambiguity"，181–182）。这一图形的自相矛盾的性质无疑是由于这些大脑区域之间相互作用有轻微的分离。隐形三角形的几乎必然产生可能证实了定向选择细胞如何与外侧枕叶复合区中的目标识别神经元结合，并在我们几乎没有注意到任何异常的情况下相互生成图像。但它们之间的差异——比如说，没有被外侧枕叶复合区识别为在三个角相交的三条线的物体，但是定向选择细胞想要生成，即使证据不见了——

可能正是这些差异使得图像闪烁，而且如果填入缺失图形，将会拒绝以原有的形式安定下来（图3.5）。这些大脑皮层区域之间非常小但仍然明显的异常现象，让大脑与在其他方面将很快稳定成单一的、恒定的结构的相互作用"游戏"。这种游戏反倒让这个图形摇曳生姿，就像一种自相矛盾的缺失的存在。这种闪光反过来揭示出大脑"完成"的倾向，填补了不完整证据的空白，这一过程只要能无缝运作，而没有明显的不和谐，就会保持无形。

图 3.5　填充了的卡尼萨三角（作者绘制）

一个更有歧义的双稳态图像为皮层内部游戏进一步打开了空间。所谓的内克尔立方体（Necker cube）[有时也被称为卡尼萨立方体（Kanizsa cube）]倾向于随着上下方格来回跳跃而翻转，改变隐性平面，移近或移远（图3.6）。泽基评论道：

很难判断这种解释性的翻转是否是由于任何"自上而下"的影响，也就是说，在显示和将有向线（oriented line）组合成特定分组之外的大脑区域活动。脑成像实验表明，每次解释从一个层面转移到另一个层面时，V3区的活动都会增加。但他们也显示出额颞皮层（fronto-parietal cortex）的激活作用。对后一个结果的解释并不简单；它可能是由于注意力突然的激增和转移，因为我们知道额颞皮层参与了注意状态。或者可能是由于一些自上而下的影响，决定了知觉中的转变应该发生。无论哪种方式，结果都与观察颜色所得的结果大不相同，这时额叶顶叶皮层没有被激活。（*Splendors*，78-79）

这些扫描数据至少有两个有趣的含义。首先，与仅涉及后视皮层邻近区域的卡尼萨三角形的几乎必然的知觉相反，这里记录的 V3 区域（感受方向的选择性神经元）和额颞皮层之间的相互作用，表明一种长距离联系，使大脑中广泛分布区域之间相互作用成为可能。

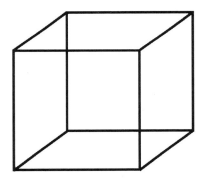

图 3.6　内克尔（卡尼萨）立方体（作者绘制）

其次，虽然额颞皮层在注意力中的作用被广泛地记录下来，但是很难确切地说明它在这里做了是什么，这很可能是自下而上和自上而下相互作用的一个征兆。[①]要么是额颞皮层以自下而上的方式被刺激，因为图像抵制固定下来，从而引起对自身的注意；要么是大脑引导注意的机制试图以自上而下的方式引导感知，通过强调一个或另一个隐性平面促使一个或另一个可能的完

---

① 例如，见 Paolo Capotosto et al., "Frontoparietal Cortex Controls Spatial Attention through Modulations of Anticipatory Alpha Rhythms," *Journal of Neuroscience*, Vol.29, No.18, May 2009, pp.5863-5872. 但是，贝尔，康纳斯和帕拉迪索警告，不要用精确的皮质位置来识别注意力：许多皮质区域似乎受到注意力……的影响。注意力有选择地增加大脑活动，但受影响的特定区域取决于所执行的行为任务的性质（*Neuroscience*，651）。对双稳态图像反应的大脑扫描的可能替代解释进行更广泛的技术分析，见 Samuel Zeki, "Neurology of Ambiguity," *Consciousness and Cognition*, Vol.13, No.1, pp.185-187。

形出现。或者，最有可能的是这两个过程都在图像突然转变时的交互和来回往返作用中发生。

甚至更复杂的反应，涉及更多的大脑区域，是由更复杂的多稳态图像，包括艺术作品启动的。根据泽基的说法，"在大脑的运作中有一个连续统一体……从大脑在解释接收到的信号时没有选择的情况，比如色彩视觉，到有两种同样合理的解释的情况，最后到有多种解释的情况"（*Splendors*，96–97）。可以理解，用精确的脑成像实验来分析这些最后的情况是比较困难的。然而，泽基似乎稳操胜券，认为"真正的歧义往往是伟大艺术的特征"，涉及"关键节点之外的其他区域"，在这些区域中，视觉皮层自动处理稳定的图像（86）：

> 因此，人们可以推测，在感知被称为歧义的图形时，不仅有从非歧义到歧义的刺激，而且还有可能涉及的区域或不同的大脑皮层部位的数量，都有分级步骤。在最高层次上，对一件艺术品作出多重的、同样有效的解释的能力就可以证明，歧义的状态可能涉及几个能够产生影响的不同区域……在这里，记忆、经验、学习和其他许多东西都可以影响在任何特定时刻所感知到的东西。这几乎肯定涉及到来自不同来源的"自上而下"的影响，而不仅仅是额叶。（*Splendors*，91）

在语义复杂的图形中，几何图形将引起更多的关联，海马体和其他记忆位置无疑将被激活，因为过去的经验和学到的惯例将在解释意义的新塑型时发挥作用，就像额叶一样，埃尔科农·戈德伯格（Elkhonon Goldberg）评论："在自由选择的情况下，当由主体决定解释一个歧义的情况时，是至关重要的。"[1]

尽管实验数据有些初级，戈德伯格报告说新颖性（比如人们通常欣赏艺术作品）启动了大脑左半球专门从事日常操作的区域和由开放的、不可预知的实验所激活的右前半球区域之间的相互作用。他警告说："在现实中，大

---

[1] Elkhonon Goldberg, *The New Executive Brain: Frontal Lobes in a Complex World*, New York: Oxford University Press, 2009, p.102.

脑的每一个半球都参与了所有的认知过程，但它们的相对参与程度因新奇－惯例化的原则而异。"他用一个音乐类比解释："似乎大脑的管弦乐队被分成了两组演奏者。坐在通道右侧的人在基本掌握新曲目方面更快，但从长远来看，经过适当的练习，左侧的人更接近完美"（79）。

这种为惯例和新奇而进行的皮层区域的相互作用与阐释学循环的另一个众所周知的表述是一致的，即人们只能通过将不熟悉的事物嫁接到已经熟悉的事物上来理解它，即使这会导致不熟悉的事物改变熟悉的事物。乐团的右边可能比左边更能接受新奇的现象，也更能即兴发挥，但只有改变左边掌握的模式，才能同化不熟悉的情况。如果这些技巧还不够充分，那么右边的即兴表演必须脱离并加以扩展（从而改变）另外一边命令的事。大脑是如何进行实验的，取决于已经由它支配的曲目——它对习惯性体验的刺激物、习以为常的大脑皮层模式作出反应而形成的典型神经元组合，这些必须加以改变，以解释异常现象。新颖性同化的悖论在于，虽然熟悉的结构不能解释它，但大脑却必须使用这些结构来理解新的、陌生的、前所未有的现象。由于熟悉和不熟悉之间的这种循环关系，大脑的两边以相互形成、相互依存的方式在新奇和惯例化的循环中相互作用。

因为两个不同的大脑所熟悉的东西会因他们过去的解释经验而不同，他们必然会以不相似的方式尝试新的阐释学挑战，这也是解释的冲突的另一个潜在来源。我们的大脑不仅在他们所知道的方面不同，而且在他们如何知道的方面也不同——他们反应的习惯性指令，得到赫比式学习（Hebbian learning）的强化（神经元共同活跃时连接在一起）。神经科学家吉尔吉·布扎基（György Buzsáki）指出，"大脑中精细连接是灵活的，并且是不断变化的""没有两个大脑具有完全相同的连接，与机器的严格的、图纸决定的连接形成对比"。① 这些神经元的差异，由过去的大脑皮层活动模式建立，并起作用，

---

① György Buzsáki, *Rhythms of the Brain*, Oxford: Oxford University Press, 2006, p.29.

例如，当评论家习惯于为了社会和政治来阅读文学，他会寻求一个文本中意义不同的塑型，而形式主义者倾向致力于小说或者诗歌如何运用、修正或打破既有的语言惯例。具有相反的阐释学阵营的诠释者，由于他们作为读者的历史，他们的大脑有着不同的连接，因此，不仅当他们体验新的文本时对于他们熟悉的东西的认识会有所不同，而且在他们实验建立连贯的部分－整体关系的方式来理解不熟悉的东西时也会不同。

这些解释上的分歧进一步证明了大脑在恒常性和灵活性上的矛盾结合——它倾向于将重复的操作常规化，并在有能力响应新的刺激物时重新组织自身。面对新奇或异常，诠释者不会抹去他或她的大脑习惯性的反应模式，白手起家重新开始，而是对熟悉的事物进行修正和扩展，以适应不熟悉的事物。随着时间的推移，大脑对世界恒常性的感觉不断加强（神经元一次又一次地激活和连接在一起），两个不同的大脑以不同的方式连接在一起，结果会发现，他们理解模式的分歧会巩固并且更加确定与反复的体验有所区别。因此，一点也不奇怪，偏好不同阅读方式的诠释者常常觉得自己被分成了对立的阵营，这些阵营可能以完全不相同的方式看待文本世界。[1]但这些差异只会在一开始出现，因为至少在某种程度上来说，大脑能够创造的神经元集合是灵活的。一些大脑皮层的反应是自发且遗传的，如颜色知觉（尽管这里不同的大脑对相同波长光的反应也可能有不同）。[2]但是，歧义的、多重稳态的图像所引发的不同意义塑型引起了神经科学的兴趣，因为它们展示了大脑重塑其内部联系和构建相反意义模式的能力。这种灵活性使得两个大脑之间的连接可能出

---

① "Interpretive Conflict and Validity," the opening chapter of my *Conflicting Readings: Variety and Validity in Interpretation*, Chapel Hill: U of North Carolina Press, 1990.

② 根据贝尔，康纳斯和帕拉迪索的说法，"准确地说，可能不存在正常的色视这种东西，"因为不同的人对光谱上相同波长的反应不同："在一群雄性被列为正常的三色视者中（也就是，谁应对所有三个基本色素），发现有些人需要比其他人更多一些的红色，才能在红绿混合物中感知到黄色"，同样"如果一群人被要求选择光的波长，大多数出现绿色没有黄色或蓝色，在选择中会有些小变化"，Mark Bear, Barry W. Connors, and Michael A. Paradiso, *Neuroscience: Exploring the Brain*, 3rd ed. Baltimore: Lippincott Williams & Wilkins, 2007, p.297。

现分歧，这可能导致读者在同一篇文本中看到不同的意义模式，或者导致一个人看到兔子，另一个人觉得是鸭子。

那么，从所有这些方面来看，人文学科中不可调和的解释冲突都可以被看作有大脑神经生物学的基础。这并不是说神经科学可以解决这些分歧，或者帮助我们在对立的批评方法之间做出选择。但是，如果这些争论与大脑的工作方式不相容，它们一开始就不会出现。在没有诉诸中立评判的可能性时，人文学科中的解释冲突是一种不同的模式之间竞争的社会和文化表现形式，大脑通过这种竞争协调对整个世界的认知方式。对神经科学来说，对立的解释结构既是对认知中稳定性和灵活性的必要性之间冲突的证明，也是对这种冲突的回应。塑型输入的多种替代模式是有利的，因为它们的竞争使我们能够灵活地应对外部世界不断变化的流动，并使我们有可能不被困在某个特定的结构中。但是，大脑不能同时将注意力集中在两个相互排斥的塑型上，而必须在它们之间改变，这一事实表明，认知不只有通过接受现象的流动才能发生。可供选择的结构使大脑具有灵活性和变化的开放性，但对稳定性和灵活性的矛盾需求只能通过模式之间的转换来达成。没有中立的第三方，没有中央控制器或机器中的小人儿来决定他们之间的关系。大脑只能用另一种模式来评估竞争模式。一切再次取决于大脑的"游戏"能力。

大脑天生对多种相互矛盾的解释的接受能力，进一步被它尤为抗拒歧义图形固定化的意图证明。例如，如果有人把一个坐着的简笔画人物引入所谓的楼梯幻觉中，以便迫使隐性平面的一次阅读由其他方式的翻转矩形占据，尽管如此，人们会发现楼梯仍然好像在前后跳跃（图3.7）。泽基认为，通常情况下，试图消除歧义的图形是这样的：

"在图形中添加一些特征，迫使大脑仅以一种方式解释图形，这永远不会成功。大脑保留了两种解释的选择。这表明大脑在其组织所能实现的多种解释中没有太多选择……因此大脑歧义的或不稳定的系统在不稳定性中高度稳定。"（*Splendors*，84-85）

　　泽基将这一现象解释为大脑的实用价值是保持其接受选择的证据："如果一个解决方案并不明显优于其他解决方案，唯一的选择是允许多个解释，所有解释都具有同等效力"（"Neurology of Ambiguity"，188）。然而，这也可能是僵化的；因此大脑试图塑造一个综合体，并建立一个恒定的意义，即使这种整合被残余的不和谐所干扰。

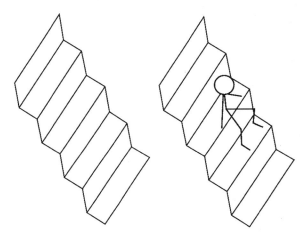

图 3.7　楼梯幻觉

　　这证明了歧义图像的存留：即使添加了坐着人物的简笔画，后退的位面仍然"翻转"。经允许后复制，Semir Zeki, *Splendors and Miseries of the Brain: Love, Creativity, and the Quest for Human Happiness*，Malden, MA: Wiley-Blackwell, 2009.

　　这种矛盾的反应很有道理。如果一个捕食者似乎正在接近，一个人必须有所行动，否则就会死亡，但如果对手变为朋友，保留改变的可能性当然也是有用的。因此，大脑对这一困境的矛盾反应的明显进化——保持每次只进行一种解读，但要准备好转换框架的能力，而不仅仅是抑制不和谐的信号，即使很难反驳某个特定解读的证据（楼梯如何放置在坐着的人物下面）似乎是势不可挡。这种抗拒单一、稳定的解释将低效而且适得其反，除了暂时性的实用价值，也就是抵制恶意解释循环的陷阱的有用性。为了对抗陷入强加死板和不灵活的恒定性的危险，矛盾信号在大脑皮层合成中的中断保持了变化的可能性。

这些来自视觉系统的例子很好地说明了大脑是如何建立一致性的，但它们可能使大脑功能的阐释学看起来主要是认知的。然而，安东尼奥·达马西奥有说服力地论证，情绪在大脑评估情况和做出判断的能力中也起着重要作用，而且这些过程同样包含相互作用的部分 - 整体塑型。达马西奥指出，"我们的大脑通常能在几秒钟或几分钟内做出正确的决定，这取决于我们达到目标设定的适当时间框架"，而这种能力需要的"不仅仅是纯粹理性"。他提出"躯体标记（somatic markers）"——连接到特定的身体状态的感觉——通过关注和强调可能的危险或积极成果"提高决策过程的精度和效率"："当一个负面身体标记与特定未来结果并列，这个组合起到一个警示的功能。而当一个积极的身体标记与特定未来结果并列，它成为一个刺激的标志。"① 前额叶皮层情绪中心受损的患者缺乏对可能的成本和收益做出正确判断的能力，因为身体标记不能提醒他们所面临情况的形态。达马西奥引用了 19 世纪著名的铁路工人菲尼亚斯·盖奇（Phineas Gage）的例子，当一根铁棍刺穿他大脑的情绪中心时，他的生活崩溃了，他无法对自己行为的后果做出合理的道德和社会判断。达马西奥还指出，赌博实验表明，情绪区域受损的患者在从经验中学习、识别和避免特定高风险牌叠方面的能力低于对照组。在这两种情况下，情绪缺失损害了预测和识别有意义的模式的能力。

因此，笛卡尔模型（Cartesian model）假设，理性和感觉并不一定是对立的，因为基于身体的情绪可以具有重要的阐释学功能。身体标记对判断力的价值在于它直观地暗示了部分与整体的关系，从而引导解释。情绪化的、具身化的直觉给予判断一种预期意义，过去经验表明部分可能形成这种模式，

① "躯体标记"假说表明，情绪与我们向着未来的取向有着深刻的关系，在下一章关于大脑时间性的讨论中，我将对此进行更详细的分析。对于达马西奥的文学批评模型的运用，见 Kay Young, *Imagining Minds: The Neuro-Aesthetics of Austen, Eliot, and Hardy*, Columbus: Ohio State University Press, 2010。

即使测试和确认（或修正）感觉投射的期望必须通过这些部分运作。情绪和认知是紧密联系在一起的，因为两者都是通过类似的塑型过程来运作的。理性和情感不是敌对的或相互排斥的能力，而是通过它们作为具身的认知过程参与到阐释学循环中联系起来。

　　大脑在相互矛盾的解读之间变换的能力，反映了它的正常功能——它稳定的不稳定性的一个关键因素——随着综合体对不断变化的刺激物的反应来回转换。这并非如人在机器中观看相机投射的图像，然后分配给这些图片一些价值，就像大脑在此之前首先确定世界的"意义"，然后从各种相互矛盾的可能性中给这个感知分配一个"含义"一样。有影响力的一元论者 E. D. 赫西（E. D. Hirsch Jr）提出区别，他主张这种解释必须首先确定事物状态（state of affairs）的决定性意义，不同和对立的含义可能会被指定到这个意义上，因为这个意义针对不同的背景设定或者为了相互矛盾的目的而运用。① 神经学证据有力地反驳了这一论点。泽基指出，"与加工不同，并没有一个专门用于感知的独立位置"（"Neurology of Amguity"，179）。赫西对意义（meaning）和含义（significance）的区分也意指如此。感知和加工不是分开的功能，而是理解世界的同一活动的必要方面。

　　由于大脑皮层区域之间的相互作用产生了暂时的恒定塑型，因此从头到尾可能会有多个相互矛盾的解释。大脑通过参与在皮层区域之间进行交互的、相互形成的游戏来构建意义，而且就像大脑对多重稳定图形的反应一样，这种游戏可能在部分 – 整体塑型相矛盾的模式之间交替。大脑内部可能出现相互矛盾、相互排斥的综合体，这可能导致不同的大脑（或同一大脑在其历史上的不同时刻）对部分与整体之间最有效、最有用的关系产生分歧。抗拒多

---

① E.D.Hirsch Jr., *Validity in Interpretation*, New Haven, CT: Yale University Press, 1967, esp. pp.209-235. 对于他的立场的批评，其原因与这里提出的稍微不同，见 *Conflicting Readings*, pp.1-43。虽然我在接触神经科学之前就写了这本关于解释冲突的书，但它的论点与我后来了解到的关于大脑功能的实验证据完全一致。赫希认为，在可变的"意义"附加到它之前，必须首先识别出一个确定的"意义"，然而，与大脑如何处理歧义的实验证据是不一致的。

重稳定图像的解决方法表明，大脑有能力实现相互矛盾的解读。构建对立的、相互排斥的意义塑型的可能性并不是一种偏离，而是大脑中加工过程的反映，这些过程已经逐步发展，以协调一致性和灵活性相互矛盾的主张。解释性矛盾作为人文学科的特征，根源是心理功能的神经生物学。

考虑到作为视觉系统特征的塑型阐释过程，类似的循环模式识别在字母和语句的解释中也很明显，这并不奇怪。例如，杰拉尔德·雷克勒（Gerald Reichler）的一个著名实验，他在屏幕上展示给识字的成年人同一个单独字母（"D"或者"T"），或者将这个字母作为某个单词的一部分（"HEAD"或者"HEAT"），结果发现，当孤立地看到字母时，识别的准确性比在一个词的背景中看到它时差得多。[①] 在单词提供的上下文中，单词"HEAD"或"HEAT"的格式塔（gestalt）是最重要的，而不是字母的线性序列，因为字符串"HEA"在这两种情况下都是相同的，但是添加看似不具信息的或多余的"HEA"，如词语样式"HEAD"和"HEAT"的对比，使得"D"和"T"更容易被识别。同样的结果甚至出现在某些字母的塑型上，这些字母看起来像是读者语言中典型的单词形态（"GERD"或"GERT"），或是与实际单词类似的辅音串（"SPRD"或"SPRT"），但不再出现在不能调用单词形状的随机字母或字符串上（"GQSD"或"GQST"）。[②] 如果单词理解是顺序的，像在扫描机中一样一个字母对字母的线性相加，情况就不是这样了。阐释学的循环甚至在视觉字母和单词识别中也起作用，因为这原来是塑型部分 – 整体关系的过程。

脑成像实验证实视觉构词区（visual word form area）具有构词过程的特征。

---

① Gerald M. Reichler, "Perceptual Recognition as a Function of Meaningfulness of Stimulus Material," *Experimental Psychology*, Vol.81, No.2, 1967, pp.275–280. 对这个实验的讨论，下面的例子摘自 Stanislas Dehaene, *Reading in the Brain: The Science and Evolution of a Human Invention*, New York: Viking, 2009, pp.48–49。

② D. E. Rumelhart and J. L. McClelland, "An Interactive Activation Model of Context Effects in Letter Perception, Part 2: The Contextual Enhancement Effect and Some Tests and Extensions of the Model," *Psychological Review*, Vol. 89,1982, pp.60–94.

迪昂描述，他实验室的成像实验已经证明，信箱区域"不仅仅是对任何只是类似于字母或单词的东西产生被动和天生的反应"：

> "这些字母串并不总是能同样很好地刺激它——必须尊重读者熟悉的语言拼写。例如，这个区域对组成现有的或看似合理的单词的字符串（如'CABINET'或'PILAVER'）的反应要比对违反拼写规则的字符串（如'CQBPRGT'等辅音字符串）的反应好得多（图3.8）。比起罕见的或不可能的字母组合（比如'HW'或'QNF'），它也更喜欢习惯性的字母组合（比如'WH'或'ING'）。即使是有效的字母字符串，如果做脑成像的人还没有学会阅读，也可能无法激活信箱区域，因此希伯来文字符会引起强烈的希伯来语读者的枕颞叶（occipito-temporal）区域活跃，而在英语读者身上却没有"（95）。

这些结果使德阿纳推测可能存在"双字母组神经元"（bigram neurons），它识别"有序的字母对"（ordered pairs of letters）（154）。他承认，在这一点上，它们的存在仅仅是"有根据的猜测"，但他提出这样做是为了解释"相似效应"（similarity effects），例如我们可能会自动纠正某些颠倒字母，以便"我们在阅读每个词语的字母混在一起的整句，都几乎没有遇到困难（we experience little difficulty in raeding etnire sneetnecs in wihch the ltteers of eervy wrod hvae been miexd up, ecxpet for the frsit and the lsat ltteers）"（154，156）。① 当然，这也是为什么校对时很容易漏掉印刷错误的原因。如果理解是简单相加和线性的，而不是一个塑型结构，其中总体模式引导它的各部分的理解，那么这些现象将是难以解释的。

另一个字母和单词识别循环相互依赖的例子是歧义的手写体。例如，我

---

① 译者注：这是错误的拼写，正确的应该是：We experience little difficulty in reading entire sentences in which the letters of every word have been mixed up, except for the first and the last letters.

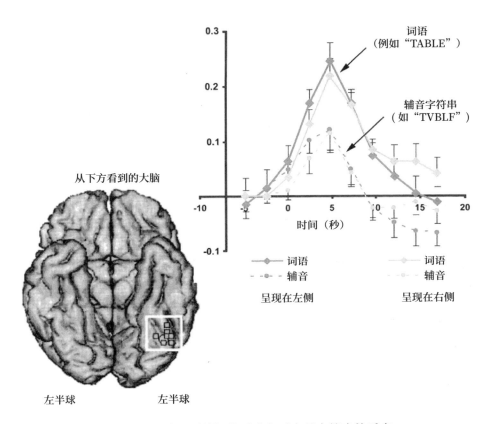

图 3.8　邮箱区对单词的反应和对字母字符串的反应

　　信箱区更容易被真实的词语（如"TABLE"）激活，而不是被违反实验对象语言规则的辅音字符串（如"TVBLF"）激活。经允许后复制，Laurent Cohen et al., "Language-Specific Tuning of the Visual Cortex? Functional Properties of the Visual Word Form Area," *Brain*, Vol.125, No.5, 2002, pp.1054–1069.

们可以破译"蜜蜂的蜂蜜（*honey bees' sweet nectar*）"的笔迹，即使字母 *e* 和 *c* 在 *bee* 和 *nectar* 中的形状相同（Dehaene，160）。再一次，由组成这些部分的背景提供的期望能够诠释大脑扫描机器对认为不可理解的单词进行解释。从神经元的角度来说，大脑中"自下而上和自上而下连接的不断相互作用"允许这种情况发生，因为"神经元的数量……不断地向四面八方发送信息，从而将它们可以支配的不完整的数据传递给彼此，直到整个小组聚集在一起，达成一致"（160）。大脑通过形成神经元集合来理解世界，而这不是遵循像台球一样的因果关系的线性、累加的过程。模式是由大脑不同部位的不同神经元之间的交互连接产生的，这些神经元来回往返交换信号，将蜜蜂（bee）、花蜜（nectar）和蜂蜜（honey）组合在一起的单词模式现象的语义识别，与字母 – 形式识别过程相互作用，在这里，操控了不符合预期塑型的异常现象。通过这种来回往返的信号传递，大脑区域自下而上和自上而下的相互作用，实现了理解所必需的部分和整体的相互协调，将拼写错误转化为有意义的塑型，这让大脑扫描机器都被难住。这里和其他地方一样，神经元集合形成的来回往返游戏是阐释学循环的神经生物学基础。

这些相互作用在音素 – 字素翻译中也很明显。大量的实验证据表明，识字能增强识别音素（与非语言声音相反）的能力。口语和书面语符号识别的相互依赖性有力地证明了通往语言的音位和图形路径交互的相互作用，这种相互作用只在阐释学上有用，因为每个系统都为另一个系统提供有助于理解其组成部分的模式。例如，语言学家若泽·莫雷斯（José Morais）的一个经典实验表明，"文盲成年人不能在非言词的开头删除或添加音素，而来自同一环境（葡萄牙乡村）的成年人如果在年轻时或成年时学会阅读，那么这样做就没什么困难"[1]。在一项后续实验中，莫雷斯表明，文盲成年人比能阅读的成年人更难发现和删除他们所知道的单词中的音素或识别韵律。[2] 在评论这些实验时，迪昂推断，文盲成年人或象形文字的使用者，没有非音位的字体就无法理解像"我们的主是一只粗鲁的豹子（Our Lord is a shoving leopard）"［而不是"亲爱的牧羊人（loving shepherd）"］这样的首音误置（spoonerism）的笑话[3]，因为他们无法进行图形 – 音位的替换，文字形式和文字声音的游戏需

---

[1] José Morais, Luz Cary, et al., "Does Awareness of Speech as a Sequence of Phonemes Arise Spontaneously ?", *Cognition*, Vol.7, No.4, 1979, pp.323–331.

[2] José Morais, Paul Bertelson, et al., "Literacy Training and Speech Segmentation," *Cognition*, Vol.24, No.1, 1986, pp.45–64.

[3] 译者注：也就是本来应该是 Our Lord is a loving shepherd. 但写错了最后两个词的前面字母，写成了 Our Lord is a shoving leopard. 结果意义从"我们的主是有爱心的牧羊人"变成了"我们的主是一只粗鲁的豹子"。

要这样的替换。他总结道："音位意识的深刻影响证明了习得的字母代码对我们大脑的改变是多么深刻"（202）。

这些变化使得视觉和听觉系统之间的信息交互成为可能，这对每个人的反应模式都有影响。图形的格式塔让听觉形式（音素）被识别，否则这些形式在现象的流动中是不可见的，即使这些听觉结构有助于理解书面文字。如果这两个域是线性和叠加过程，其中每个相邻部分依次与下一部分组合以构造一个总结意义，那么这种相互作用不会发生。只有当图形形式给大脑一种对音素将形成的模式的预期感觉（书面语中的元素）时，读写能力才能为理解会话但不识字的成年人的看不见的语言声音模式提供资源。这一点也可以通过众所周知的同音异义词（Oronyms）现象来证明，例如，"好的东西可以以多种方式腐烂（The good can decay many ways）"和"好的糖果无论如何都来了（The good candy came anyways）"，在这些现象中，相同的声音可以被解释为具有不同的含义，这取决于它们所采用的图形词形式。[①]休伯特·德雷福斯（Hubert Dreyfus）指出，同音异义词给计算机语音识别程序带来了困难，因为线性扫描过程很难处理递归现象，其中部分的识别取决于它们的整体塑型，就像这里的情况一样，"相同的声波物理群被听成完全不同的音素，取决于不同的预期意义"。[②]

阐释学循环不是哲学和文学理论的幻影，却得到经验主义心理学和神经科学的有力证明。然而，整体的理解先于并引导对部分的解释的过程好像难以解释，这使得一些语言学家错误地对这种循环的（或螺旋的）隐喻持谨慎态度，即使他们承认递归性和互易性对语言的运作方式至关重要。例如，尽管流行语言学家斯蒂芬·平克警告说，线性的"解析"模式和"词链手段"不能解释语言的"组合"效应，但他坚持认为，语言"在原则上与物理宇宙

---

① 译者注：相同字母的不同组合。

② Hubert L.Dreyfus, *What Computers Still Can't Do: A Critique of Artificial Reason*, Cambridge, MA: MIT Press, 1992, p.238.

的弹性因果关系（billiard-ball causality）兼容，而不只是伪装成生物学隐喻的神秘主义。"①

阐释学循环不是弹性因果关系，但也不是神秘主义。平克自己也指出，"语言的一个属性"是"在一个早期单词和一个后来单词之间使用'长距离依赖关系'"，他承认"单词链手段不能处理这些依赖关系"（89）。其中一些依赖关系由句法控制（正如德语动词可以预见地在从句的末尾出现），而另一些依赖关系则是语义和上下文问题，它们需要复杂的解释行为。相撞的"台球"（billiard-ball）不能解释这种关系，无论是在句法上还是语义上，因为顺序的解释不能捕捉到解释远距离依赖关系所需的循环的、交互的部分 – 整体相互作用——我们通过来回往返的活动识别，例如，在这一系列相互依存的意义单位中，too 意味着"也"，而不是"两个（two）"："你也可以去看电影。（You too can go to the movies.）我给你一些钱，你可以陪你的朋友约翰。我不想让你们觉得被冷落"，而不是"你们两个可以去看电影。（You two can go to the movives.）在为期中考试努力学习之后，你们两个都值得拥有一些乐趣。"

平克使用的另一个线性隐喻，是一个有分枝的"树"，这稍微好理解一点儿，但不多。平克提出"音素不是作为一维的从左到右的字符串组合成单词的。像单词和短语一样，它们被分成一些单元，然后再被分组成更大的单元，依此类推，表明一棵树的特征"（169）。然而，树的形状是线性的和顺序的，并且这种隐喻所暗示的分组没有充分互动，无法解释长期依赖性中意义来回往返的塑型。树不会自动弯曲回去，后面的分支在回顾前面分支的意义时可能会改变，就像这些例子中的第二句重新定义第一句中"too"或"two"的含义一样。

人类学家阿尔弗雷德·克罗伯（Alfred Kroeber）提供了一个想象的描述，

---

① Stephen Pinker, *The Language Instinct: How the Mind Creates Language*, New York: Harper, 2007, p.324. 关于他对线性解析的批评，见 pp.195-230. "他主张，乔姆斯基表明词汇链手法并不只是有点可疑；从根本上来说，它们是对人类语言运作方式的错误思考（85）。

有分支的树形图需要如何被修改以表示递归现象，不同的分支将转向回来，互相交叉成长，而不是每一个分支顺序细分为一系列叉状图形（图3.9）。其实，将生物学知识更严格地应用到树木隐喻中，可能会引入这种相互作用的可能性（例如，叶和根被视为光合作用系统中相互依赖的元素，树木通过光合作用呼吸、转化营养和生长，有时分离的树枝确实会再次合并）。然而，这并不是将一棵树绘制为一系列叉状的惯例通常所隐含的逻辑。这种分支与台球的比喻是一致的，因为因果关系被描绘成一个线性序列，分叉然后再分叉——但不是绕回去影响早些在分支链中的加工处理。

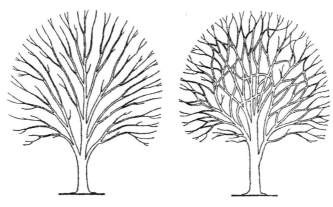

图3.9　分支和递归树形图

人类学家阿尔弗雷德·克罗伯想象出来的描述，说明对"分支树"的形象需要如何进行修改，才能表示递归的、相互的交互作用。经允许后复制，A.L.Kroeber, *Anthropology*, New York: Harcourt, Brace, 1948, p.260.

平克对非线性组合语言加工的递归解释与他在哲学上拥护牛顿因果关系模式相悖，而且这种冲突在他的隐喻的迷惑中显而易见。音素、字素和语言的其他成分确实被"分组成更大的单元"，然后再组合成更大的单位，但这种组合行为并非都是单向的，也不仅仅是顺序的，也不是分支的问题。它是递归的和相互作用的，以一种来回往返的方式向前或向后移动，随着我们对更大单位的认识折回并且回顾性地影响更小单位的意义，这反过来又产生对它们会组合成的更大模式的预期（有时改变了我们暂时形成的分组）。这就是长期依赖性的运作原理，这种来回往返的相互作用就是阐释学界的全部内容。然而，我们不需要神秘的诡计来解释它，因为解释的循环性、递归性特征是无中心的、交互的相互作用的表现，这种相互作用是正常的大脑运作功能。

和谐与不和谐的审美体验与大脑的递归性以及创造恒常性和保持灵活性的矛盾需求有关。现象学认为阅读是一个填补空白和建立一致性的过程，这说明了阅读是如何发生的，会产生什么样的潜在后果。这些对阅读的描述完全符合神经科学对阐释学循环的解释，它们表明了我所分析的神经过程是如何在我们与文学的互动中表现出来的。

例如，阅读文学作品类似于视觉系统，视觉系统倾向于"完成"不完整的图形，因为我们通过"填补文本留下的空白"来阅读（正如沃尔夫冈·伊瑟尔所认为的那样），这些不确定性还未被视角详细说明，无论在视角中是被人物、物体和场景表现出来，或者暗示但未明确表达的默许意义，或者是留给读者去发现的事物状态之间的联系。这些只是"书面文本"的多个"不成文"含义中的一部分，这些含义组成了我们在阅读体验中构建的"虚拟维度"。① 填补空白，鼓励读者沉浸在文本的世界中并建立幻觉。文本的空缺也可以为抽象的可读性反思创建空间。泽基指出，在艺术作品中"留下未完成的东西……有很多好处，"而且让"大脑的综合概念"完成艺术家开始的创作（*Splendors*，55），但是所有的艺术解释都是如此，而不仅仅是泽基引用的那些事实上没完成的作品。伊瑟尔认为，所有的文学作品都是未完成的，以便让读者参与其中，留下空白和不确定性让我们去填补。音乐和视觉艺术也是如此，因为观众给它们赋予意义的模式从未被完全明确说明，而是我们必须

---

① Wolfgang Iser, "The Reading Process: A Phenomenological Approach," in *The Implied Reader: Patterns of Communication in Prose Fiction from Bunyan to Beckett*, Baltimore: Johns Hopkins University Press, 1974, pp.274-294; and Wolfgang Iser, *The Act of Reading: A Theory of Aesthetic Response*, Baltimore: Johns Hopkins University Press, 1978, pp.163-231.

认识和构建的虚拟格式塔。

有些空缺是有代表性的——比如，具体说明一个角色的特征时的不确定性，读者可能会，也可能不会明确地填补这些空缺，他们可能不会意识到他们关于这些空缺有不言而喻的假设，直到他们对一幅插图或一部电影感到惊讶，也许还会失望。[当我看到妮可·基德曼（Nicole Kidman）在简·坎皮恩（Jane Campion）的《一位女士的肖像》（*The Portrait of a Lady*）中扮演伊莎贝尔·阿切尔（Isabel Archer）时，我的反应是"这不是这个角色的样子！"但是约翰·马尔科维奇（John Malkovich）满足了我对邪恶的吉尔伯特·奥斯蒙德（Gilbert Osmond）的想象，深化了我对这部小说的欣赏。]实际上，部分感到失望，可能只是一个不确定因素已经被具体说明，因此不再有想象力去发挥（这就是为什么亨利·詹姆斯不喜欢插图的做法）。但其他的空缺是文本中部分之间的联系，这是所有作品留给读者分享的，甚至是（或特别是）抽象和非具象的艺术形式。在并置的图像或视角之间缺失的空间是空缺，这引起了人们对阅读的一致性构建活动的注意［回想埃兹拉·庞德（Ezra Pound）的现代主义经典作品《在地铁车站》（*In a Station of the Metro*），它既引起又挫败了我们对联系的追求："这些面孔在人群中出现；湿漉漉的黑树枝上的花瓣"]。

不同的作品可以由它们提供给读者的特定类型的空白（blank）和不确定性表现出来，即使一个人对这些东西的理解会随着历史的变化而改变，因为新的诠释行为使读者对他们将在文本中发现的模式有了新的期待。即使一个人对这些空白和不确定性的感觉随着历史的发展而改变，因为一种新的解读实践使读者对文本中发现的模式有了新的期待。不同的读者会填补空缺（gap），并以不同的方式在文本空缺空间建立链接，对某些读者来说"存在"的不确定性对其他读者来说可能不存在。例如，某个人物是否有无意识的性欲，对一个精神分析批评家来说是一个紧迫的问题，除非它被明确地戏剧化了，否则其他读者可能不会注意到这一空缺。或者拿一个相关的例子来说，T.S.艾略特（T.S.Eliot）发现哈姆雷特的犹豫不决缺乏任何"客观的相关性"，这种不确定性在他看来是莎士比亚艺术中的一个缺陷，但是弗洛伊德主义的读者会用关于俄狄浦斯负罪感的假设来填补这一空缺。其他读者认为，这种非常不确定性，不是一种缺陷或压抑的症状，而是激发了存在主义反思。所有的文本都有一个虚拟的维度，但这不仅对各种文本是不同的，而且对各种读者基于他们的阅读历史也有所不同。

作品中的空缺和不确定性激发了大脑形成综合性的固有倾向，我们可以从文本既有的建议中构建的和谐激发、加强或扩展我们形成模式的能力。创造令人愉悦的和谐，启动了大脑借以创造意义的来回往返，而这些相互作用可能以赫布型（Hebbian）方式确认并强化了神经元模式（神经元活跃并连接在一起）。或者，这些和谐产生了新的相互作用，可能揭示出构建部分与整体之间关系的新途径，并且建立了新的大脑皮层内联系。然而，伊瑟尔认为，"一篇文章可能不够完整（留下东西让我们填补），也可能太过完整，因此我们可以说，无聊和过度紧张构成了某种界限，超过这个界限读者将离开游戏领域"（"Reading Process"，275）。当然，对于不同的读者，这些界限会有所不同［这就是为什么我的一些学生喜欢《尤利西斯》，而另一些人讨厌它，而我会选《芬尼根苏醒》（Finnegans Wake），尽管对于其他读者来说这才是有趣的地方］。所有的大脑都喜欢游戏（比喻性地说），但是不同的大脑准备好游戏的种类可能有很大的不同，这取决于他们惯有的相互作用（他们熟悉的恒常性）和这些习惯模式改变和变形的开放性（他们面对新鲜事物时的灵活性）。

然而，沮丧并不总是一种不愉快的体验。惊喜是一种至关重要的、典型的，而且一点也不会令人不快的审美体验。在我们阅读文本的体验中，会发生意外，因为阅读不仅是一个建立连贯性的过程，也是一个打破连贯性的过程。某一种模式必须为了被打破而建立，而文本鼓励、中断部分和整体塑型的形成的游戏，甚至是在和谐最终被重建的作品中（如果以不同于最初提出的形式），也不是罕见的审美体验。认知心理学家理查德·格瑞格表明，即使阅读一篇简单的、非文学性的文本，也需要运用"图式"和"脚本"，据此构建了部分和整体的意义结构。① 基于他们习惯的一致性构建模式，乐于接受但又挑战读者对文本的期望，是文学与大脑通常游戏的方式之一。

　　伊瑟尔、尧斯和其他现象学理论家指出，令人惊讶的、也许令人沮丧的审美体验所提供的一致性中断的一个功能是，揭示这些习惯和预期的局限性，也就是用只要他们进展顺利且没有中断，就可能没有注意到的方式，揭示它们的操作。伽达默尔在"被文本中断的体验"中发现了特殊的价值，因为这种中断揭示并检验了偏见（Vor-urteile），没有偏见我们无法理解，但有可能固定。② 当伽达默尔声称"只有通过反例，我们才能获得新的体验"（356），但否定的力量在恒常性和灵活性的平衡行为是一个重要因素。不和谐的审美体验以一种似乎令人困惑甚至恼人的方式抵制了大脑对恒常性的追求（因为综合受挫），但是，这些中断的时刻也可能好像游戏般地引发兴趣，甚至是解放性的（因为灵活性得到强调）。

　　不和谐的体验可以导致新的一致性构建模式。这一点在隐喻创造新意义的认知能力中尤为明显，通过误导语义分离，然后这种语义分离再重新定向

---

① Richard J.Gerrig and Giovanna Egidi, " Cognitive Psychological Foundations of Narrative Experiences," in David Herman ed. *Narrative Theory and the Cognitive Sciences*, Stanford, CA: Center for the Study of Language and Information Publications, 2003, pp. 40−41. 另见 Gerrig, *Experiencing Narrative Worlds: On the Psychological Activities of Reading*, New Haven, CT: Yale University Press, 1993. 在最近的作品中，格里格更喜欢将阅读描述为"基于记忆的加工处理"（私下交流），这是对图式这个术语可能过于僵化的柏拉图式含义的有效纠正。他在最近的一篇文章中指出，"读者"使用一般知识来推断叙述的空白，比使用预设图式建议的应用"更易变和特殊"。"Readers' Experiences of Narrative Gaps," *Story Worlds*, Vol.2, No.1, 2010, p.22. 然而，这并没有改变我这里的观点，因为基于记忆进行推断仍然是构建一致性的塑形过程。

② Hans-Georg Gadamer, *Truth and Method*, trans. Joel Weinsheimer and Donald G. Marshall, 2nd ed. New York: Continuum, 1993, p. 268. 要探索理解人，而非物体的常见心理结构是如何被文学作品引用和质疑而暴露出来的，见 Lisa Zunshine, *Strange Concepts and the Stories They Make Possible*, Baltimore: Johns Hopkins University Press, 2008。对于这种体验的现象学导向的分析，见 The Implied Reader 一书中伊瑟尔对从班扬的《天路历程》到乔伊斯和贝克特的现代主义小说的一系列文学作品的分析。还有 Paul B. Armstrong, *Challenge of Bewilderment and Play and the Politics of Reading: The Social Uses of Modernist Form*, Ithaca, NY: Cornell University Press, 2005。

我们建立联系的能力。实用主义哲学家纳尔逊·古德曼（Nelson Goodman）和阐释学现象学家保罗·利科开创的隐喻互动理论认为，隐喻通过违反和扩展语言的既定规则而带来语义创新。[①]隐喻（例如，经常被引用的例子"人是狼"）是由一个词和一个似乎既奇怪又合适的语境相互作用而产生的。古德曼明确主张，"有隐喻，就有冲突"（69）。这种不和谐之所以发生，是因为通常与反常术语相关联的意义与其背景不相容，而这种不一致性使读者寻找意义的延伸，以恢复一致性，并且用它去感觉。因此，利科将隐喻描述为在读者"最终发现一种关系"以解决"矛盾"之前，"首先让人惊讶然后迷惑的术语集合"（27）。

误导和重新定位的同等重要性使得把隐喻描述为建立相似性的过程过于简单化。尼采强有力地主张，隐喻包含"das Gleichsetzen des Nicht-Gleichen"，即让"等同"的东西"不等同"。[②]认知科学家马克·特纳提出了这一过程有影响力的术语："概念融合（conceptual blending）"。因此最好的情况下是不精确的，最坏的情况下则是误导性的。他将融合定义为"将两个意义的心理数据包——例如两个知识原理框架或两个场景——结合起来的心理操作……来创造第三个具有新的、崭露头角的意义的心理数据包。"[③]这一描述就其本身而言可

① Paul B.Armstrong, "The Cognitive Powers of Metaphor", *Conflicting Readings*, pp. 67-88. 有影响力的互动理论文本是 Nelson Goodman, *Languages of Art*, 2nd ed., Indianapolis: Hackett, 1976; and Paul Ricoeur, *The Rule of Metaphor*, trans. Robert Czerny, Toronto: University of Toronto Press, 1977. 当代认知文学评论家经常引用的乔治·莱考夫和马克·约翰逊的作品继承了这一传统。见 George Lakoff and Mark Johnson, *Metaphors We Live By*, Chicago: University of Chicago Press, 1980. 莱考夫和约翰逊将他们关于隐喻的观点应用于认知科学中 George Lakoff and Mark Johnson, *Philosophy in the Flesh: The Embodied Mind and Its Challenge to Western Thought*, New York: Basic Books, 1999. 另见大卫·米奥的文学阅读中的"陌生化－再概念化循环"David Miall, "Neuroaesthetics of Literary Reading," in Skov and Vartanian eds, *Neuroaesthetics*, pp.235-236。

② Friedrich Nietzsche, "Über Wahrheit und Lüge im aussermoralischen Sinn" [On Truth and Lie in an Extra-Moral Sense], in Karl Schlechta ed. *Werke in drei Bänden*, Munich: Hanser, Vol.3, 1977, p.313.

③ Mark Turner, "The Cognitive Study of Art, Literature, and Language," *Poetics Today*, Vol.23, No.1, Spring 2002, p.10. 关于他的立场的更充分的论述，见 Turner, *The Literary Mind: The Origins of Thought and Language*, New York: Oxford University Press, 1996.

以接受，但术语"融合"过于单一且和谐，无法公正地对待语义创新据以出现的相互作用中涉及的摩擦、冲突和否定。在这样的操作中，不和谐和分裂在中断一致性方面的影响与他们开始寻找新的综合体一样重要。产生隐喻意义的相互作用既需要破坏，也需要新的连贯性，由此产生的综合体仍不完全"融合"到保留产生它的异常现象的痕迹程度，不和谐的力量消失，新的隐喻完全融入其中。

只有到那时，当隐喻不再使用了，它才会变成"混合物"。斯蒂芬·平克有相似的理由称语言为"组合系统"，而不是像油漆混合或烹饪那样的"混合系统"，即"元素的属性在平均值或混合体中丢失"，就像红色和白色产生粉红色，或者不同味道的配料在炖菜中混合在一起（76）。消失的隐喻以平克之见是一种混合物，因为其组成部分的性质或"味道"已经被遗忘，而且不再产生共鸣。当作家们错误地使用混合的隐喻时，那通常是因为他们使用的修辞是"不再使用"的，不再与语义创新产生的矛盾和对立的意义产生共鸣（尽管当我们注意到错误时，这些又出现了）。一个给世界带来"新的、崭露头角的意义"的创新隐喻并不是一个混合物。［例如，对比一下"我的爱人有着玫瑰色的嘴唇"与《阿尔弗雷德·普鲁弗洛克的情歌》（*The Love Song of J. Alfred Prufrock*）中的意象："当夜晚在天空中展开时，就像在手术台上被麻醉的病人一样"。］

成功的、真正新颖的隐喻抑制了紧张的差异和相似、中断和连贯、异常和启示等方面。这是因为隐喻通过激发然后阻挠大脑对恒常性的追求起作用，只有这样才能实现部分和整体的新的塑型。隐喻利用了大脑对恒定性和灵活性的矛盾需求，首先推翻了可能已经僵化和受限制的模式，其次，在这些中断之后，促进建立新的一致性模式。大脑的两个基本要求——对稳定性的追求和不稳定性的接受——都是隐喻的矛盾力量所固有的。

大脑对新颖性和歧义性的反应使它有机会了解自己。无论是一个歧义的人物还是一个引人注目的隐喻，解释新颖、令人费解的事物状态的体验可以促进认识论上的自我反思，因为大脑对其常规模式的中断会作出反应。例如，泽基指出，在"野兽派绘画中，物体带有'非自然'色彩"，色彩恒定性的无意识构建被打断，然后成像实验显示，"额叶被激活，好像在试图解开一个谜题"（*Splendors*，43）。额叶的这种激活是大脑对新颖性反应的证据——这是用戈德伯格的新颖性程序化循环所需要的假设的自由实验，因为大脑皮层玩笑地即兴发挥，并寻找一种新的稳定性结构。当我们意识到知觉的改变时，额叶的活动也会受到刺激（*Splendors*，83）。因此，这是大脑了解自己加工处理的信号。意识的中断可能激励自我意识，因为在其他方面无意识知觉过程中的堵塞，像颜色的构建，可以产生两种意识，不仅是需要解决的不连续性，而且是需要对其作出反应的解谜活动。

同样地，在阅读中，我们寻求一致性的障碍可能会让我们有机会意识到自己典型的创造模式和填补空白的习惯，这是认识论的过程，只要它们顺利起作用，我们就乐于忽视它们。伊瑟尔指出，当我们正常的、类似无意识的阐释学功能被打断，我们被迫用关于部分和整体关系的新假设做实验时，"解密的需要使我们有机会制定自己的解密能力"（*Implied Reader*，294）。[1] W. J. T. 米切尔指出，这是常常被观察到的歧义图形的效果："我们可以把多稳态图像看作一种训练自我认知的方法，一种给观看者的镜子"（48）。他们的异常影响引发困惑的挑战不仅是要尝试构建一致性和恢复恒常性的新模式，也意识到认知过程因为受阻而显现出来，这些加工过程变得特别清晰可见，因为大脑运用可选的方式来解释这些难以捉摸的、出奇不稳定的图形。由歧义的、多稳态图形有趣的不稳定性所产生的认知自我意识，一定是他们

---

[1] 因此，我的书名是《困惑的挑战》（*The Challenge of Bewilderment*），研究了知觉障碍在阅读体验和亨利·詹姆斯、约瑟夫·康拉德和福特·马多克斯·福特作品中人物的戏剧化生活中对认识论自我意识的促进作用。艺术史学家芭芭拉·玛丽亚·斯塔福德（Barbara Maria Stafford）也有类似的看法："大脑的'结合'能力，不亚于基因拼接或血液化学，在那些审美情境中，当它突然并置或紧密地联系富于变化的体验时，可以为了仔细审查而被精确地具体化。"The Combinatorial Aesthetics of Neurobiology," in Pamela R. Matthews and David McWhirter ed. *Aesthetic Subjects*, Minneapolis: University of Minnesota Press, 2003, p.253.

吸引了美学家和神经学家如此多关注的另一个原因。

有时大家认为，艺术家与神经科学家相似，因为他们的作品给我们提供了对大脑功能的深入见解，他们通常通过用歧义和阐释学的多重性游戏来进行神经实验。[①] 通过阻断常规的、无意识的认知过程，并反而促进游戏的、自我意识的假设检验，艺术家们邀请我们加入这些探索过程。当歧义或矛盾的图形打断了阐释学循环，我们读者可能不会完全成为神经学家——毕竟，艺术、科学和阅读是不同的、各有特色的实践，而且每个领域都提供了对世界不同的看法。但是这些中断给了我们机会去思考当我们阅读时通常不经意发生的事情，这样我们就可以分析我们大脑的运作。

---

① Jonah Lehrer, *Proust Was a Neuroscientist*, Boston: Houghton Mifflin, 2008，其中提出了一系列当代神经科学的发现与艺术家如沃尔特·惠特曼（Walt Whitman），乔治·艾略特，伊戈尔·斯特拉文斯基和格特鲁德·斯泰因（Gertrude Stein）的作品之间的相似之处。泽基同样认为，"艺术家是神经学家，用他们独有的技术研究视觉大脑的组织" Semir Zeki, *Inner Vision: An Exploration of Art and the Brain*, Oxford: Oxford University Press, 1999, p.202。

第四章　阅读的时间性和无中心的大脑

　　时间的生活体验（lived experience）在直觉上是显而易见的——直到我们开始审视它，然后它就会显得非常矛盾，甚至令人愤慨。正如奥古斯丁（Augustine）著名的问题："那么，时间是什么？如果没有人问我，我很清楚它是什么；但如果有人问我它是什么，并试图解释，我就困惑了。"[①]这个问题始于在威廉·詹姆斯一段常被引用的《心理学原理》中所描述的一个简单现象："实际认知的现在不是刀锋，而是马鞍，有一定的宽度，我们骑坐在上面，从马背向两个方向看时间。"詹姆斯所说的"似是而非的现在"（the specious present）是我们对时间的真实体验，它是"一段持续的时间，有船头和船尾，就像它一端向后看和一端向前看。"[②]当前时刻的这种持续广度似乎是时间流逝不证自明的结果，现在流入未来，即使它也同时退回到过去。然而，这也是问题和矛盾之处，梅洛－庞蒂（Merleau-Ponty）指出："我的现在超越了它自己，朝着即将发生的未来和刚刚流逝的过去方向发展，并影响到它们的实际位置，即在过去和未来本身。"现在怎么能"确实"碰触过去和未来呢？[③]或者正如神经现象学家肖恩·加拉格尔（Shaun Gallagher）和丹·扎哈维（Dan Zahavi）所问，"我们怎么能意识到那些不再意识到或者还没有意识到的东西

[①] Augustine, *Confessions*, book 11, quoted by Edmund Husserl in Martin Heidegger ed. *The Phenomenology of Internal Time Consciousness*, pp.1905–1910, 1928, trans. James S. Churchill, Bloomington: Indiana University Press, 1964, p.21: "Si nemo a me quaerat, scio, si quaerenti explicare velim, nescio."

[②] William James, *The Principles of Psychology*, 2 vols, 1890; New York: Dover, Vol. 1, 1950, p.609.

[③] Maurice Merleau-Ponty, *Phenomenology of Perception*, trans. Colin Smith, London: Routledge & Kegan Paul, 1962, p.418.

呢？"[①] 胡塞尔指出，"它属于生活经验的本质，（现在的时刻）必须以这种方式延伸，一个精确的时段永远不会为它自己而存在"（70）。"准确时段"的矛盾抓住了生活时间的矛盾，这一矛盾被胡塞尔称为时间矛盾修辞法，就像"木质的铁"。[②] 生活时间的连贯性作为一种整合差异的结构（"准确时段"），是体验的一个基本的、不证自明的方面，但这也是一个矛盾之处，需要现象学和神经科学的解释。

这种矛盾对于理解阅读和解释是至关重要的，因为阅读和解释是适时发生的现象。伊瑟尔评论说，"即使是一篇短文也不可能在一瞬间就被理解"。[③] 阅读和生活都有持续时间的特点。伊瑟尔指出，这就是"读者将文本作为正在发生的事件来体验"的一个原因："阅读与体验具有相同的结构"，因为"意义本身"在两个领域都具有"时间特征"。[④] 在阅读时，如同在生活中一样，阐释学循环的一致性建立和来回往返的运动是时间过程，最好称为"螺旋"，体现了生活时间的那些矛盾之处。

时间流逝的神经联系是什么？在持续时间的体验中，什么神经加工处理构成了过去、现在和未来的矛盾相互渗透的基础？神经科学对神经元如何活跃以及大脑不同区域的细胞组合如何双向互动的解释，符合"似是而非的现在"的生活体验的现象学描述，并且这些解释为另外情况下可能看起来令人困惑和神秘莫测的现象提供了物质的、生物学上的基础。大脑皮层加工的时间性有助于解释大脑如何协调一致性以及接受新颖性和多样性这样相互矛盾的主张。这也进一步说明了和谐与不和谐的对比体验被认为具有审美的（更不用

---

① Shaun Gallagher and Dan Zahavi, *The Phenomenological Mind: An Introduction to Philosophy of Mind and Cognitive Science*, New York: Routledge, 2008, p.75.

② Tim Van Gelder," Wooden Iron? Husserlian Phenomenology Meets Cognitive Science," in Jean Petitot et al. ed. *Naturalizing Phenomenology: Issues in Contemporary Phenomenology and Cognitive Science,* Stanford, CA: Stanford University Press, 1999, pp.245−265.

③ Wolfgang Iser, *The Implied Reader: Patterns of Communication in Prose Fiction from Bunyan to Beckett*, Baltimore: Johns Hopkins University Press, 1974, p.280.

④ Wolfgang Iser, *The Act of Reading: A Theory of Aesthetic Response*, Baltimore: Johns Hopkins University Press, 1978, pp.128, 132, 148.

说实用的）价值的原因。大脑对这些和其他审美现象的反应，就证明了大脑的游戏属性在本质上是时间性的。解释大脑的时间性是理解它可以怎样游戏的必要条件。

整合迥然不同的知觉时刻的能力（我们通常认为这种能力是理所当然的）的至关重要，也许在出现问题的时候能得到最好的证明，例如运动视盲［也被称为"运动失认症（motion agnosia）"或"运动恐惧症（akinetopsia）"］。在神经科学文献经常引用的一个案例中，一位被称 LM（名字缩写）的女性在视觉大脑的运动处理区域中风，丧失了整合所看见的事物的能力。"对于这个病人，"伯纳德·巴尔斯（Bernard Baars）和妮科尔·盖奇（Nicole Gage）解释道，"世界看起来像是一系列静止的快照，就像生活在一个闪光灯照亮的世界里。"① 她不能把咖啡倒进杯子里，因为她根本看不到咖啡充满，然后突然惊讶地发现液体溢到了桌子上。她自己不能过马路，因为她以为很远的车马上就会压到她身上。和其他运动视盲的受害者一样，她也很难进行对话，因为她无法读懂对话者的唇语，而且无法利用重要的视觉线索，从而不得不解读听觉语言模式。

由于 LM 视觉体验中断而引起的困惑戏剧性的说明，如果现在是一系列不连续的"刀锋"时刻，而不是"有船头和船尾的一段时间"，我们对世界的知觉将是多么奇怪。加拉格尔和扎哈维也提问："如果我们正在进行的、现在的经验缺乏时间上的连贯性将会怎样？举例来说，如果我无法将头脑中刚刚经历的那一刻记住足够长的时间，以便我能记录下来，或者无法预测下一秒发生的事情，那怎么办？我的体验在根本上有意义吗？"（70）简单地说，答案是否定的。如果 LM 的经历对她来说"有意义"，那是因为其他感官模态的时间性仍然完好无损，并给了她补偿运动视盲的方法。毫无疑问，这也是

---

① Bernard J.Baars and Nicole M. Gage, *Cognition, Brain, and Consciousness*, 2nd ed. Amsterdam: Elsevier, 2010, p.177. Semir Zeki, "Cerebral Akinetopsia (Visual Motion Blindness)," *Brain*, Vol. 114, 1991, pp.811–824.

为什么她不连续的视觉体验对她来说似乎是惊人和奇特的。同时性不是与自身同步的，而是融入过去和未来的，这是一件好事。

胡塞尔认为，任何时刻都具有滞留视域（retentional horizon）和前摄视域（protentional horizon）特征。① 视域隐喻表明现在与过去和未来的联系矛盾的局限性。现在就如视野一样，提供了一种视角，虽然视域有限，但却指向了它的边界之外——我们所期望的（跨越前摄视域）以现有的事物（滞留视域）为基础。对胡塞尔来说，生活体验的时间性体现了世界如何不完整地呈现在我们面前，在我们的体验展开时，将一些方面或侧写特征组合（或者不组合）在一起。现象学上讲，"一个事物总是被直觉地认为是超越了它本身被实际感知的那方面；可以说，这个事物总是超越了对这个事物的感知。"② 我们感知世界的视角是有限的，我们假设，随着体验在当前时刻的视野中继续跨越，这些视角将通过其他视野来完整。

现在有一个记忆的视野，因为过去总是在溜走，即使我们坚持对它以前的样子的感觉不断在变化。胡塞尔解释说："现在的阶段只能被认为是滞留视域的连续性的边界。""我可以再次活在当下，但现在再也不能得到了"（55，66）。过去以一系列的侧面跨越当前视野呈现给我们，这些侧面随着当前视角的转变而变化。现在的滞留视域是不久之前的生活和直觉的体验。它与记忆不同，但它使记忆成为可能。对胡塞尔来说，任何类型的记忆都有可能存在，只是因为现在的时刻包含了对刚刚发生的事情知觉的、滞留的理解。

与明确的记忆行为不同，滞留视域并不代表具体的经历，而是提供了对

---

① Husserl, *Phenomenology of Internal Time Consciousness*, esp. pp.48-63. Also see Dan Zahavi, *Subjectivity and Selfhood: Investigating the First-Person Perspective*, Cambridge, MA: MIT Press, 2008, pp.49-72; Evan Thompson, *Mind in Life: Biology, Phenomenology, and the Sciences of Mind*, Cambridge, MA: Harvard University Press, 2007, pp.312-359; Paul B. Armstrong, "Intentionality and Horizon," in Michael Ryan ed. *Blackwell Encyclopedia of Literary and Cultural Theory*, gen., Gregory Castle ed. Vol. 1, *Literary Theory from 1900 to 1966*, Malden, MA: Wiley-Blackwell, 2011, pp.263-268.

② Jean-Michel Roy et al., "Beyond the Gap," in Petitot et al., *Naturalizing Phenomenology*, p.27.

刚刚过去的事物的直观理解。因此,它比威廉·詹姆斯定义的"似是而非的现在"范围小,后者的范围"主要可能是刚刚过去的十几秒或更短时间"(*Principles*,1:613)。詹姆斯指的是一种类似于工作记忆的东西,无论我们从事何种处理任务,我们都能最生动、最可靠地利用这些记忆,通常只有4到7个项目(Baars and Gage,8)。虽然工作记忆与滞留视域不同,但工作记忆证明了我们在最近的记忆储存的东西的变化和减弱的特征——我们可以用于"工作"的东西的局限性和可变性——而这种消逝表现出过去的横向存在。胡塞尔解释,过去总是在"逃跑(*ab-laufen*)"。因此,他继续阐述,"记忆处于不断的变化中,因为有意识的生命一直在变化,而不仅仅是一个接一个地嵌入链条中。相反,一切新事物都会对旧事物产生影响"(77)。现在的滞留视域提供了对过去的不断变化的视角,我们可以通过它来回忆过去。由于过去和现在滞留视域的相互作用,记忆是流动的和可变的。

类似的,当我们预测对在任何时刻给定的那些方面都如何实现时,围绕着当前的可能视野提供了"尚未"的转变观点。埃文·汤普森(Evan Thompson)解释,我们知道"我们的意识总是包含一个开放和向前的视野,"因为"大体上我们总是有可能感到惊讶"(319)。然而,弗朗西斯科·J.瓦莱拉指出,"前摄与滞留一般并不对称,"因为我们还没有像经历过去那样体验过未来;用他的话说,前摄视域用他的话说,是"开放性,也就是……不确定但即将显现。"① 前摄的矛盾是它们既是清楚的又是开放的。惊讶的体验表明,我们有某些期望,这些期望足以确定,以至于它们可能无法实现,即使对未来的预期本身只是这种无法完全详细说明的体现。

然而,滞留和前摄是相似的,因为它们并不完全地和直接地靠自身来呈现过去或未来,而只是通过一系列不断变化的视角来实现。因此,梅洛-庞蒂认为,"时间不是一条由不同点组成的线,"而是一个"意图性网络"

---

① Francisco J.Varela, "The Specious Present: A Neurophenomenology of Time Consciousness," in Petitot et al., *Naturalizing Phenomenology*, p.296.

（network of intentionalities）（417），一个不断移动的视域阵列，因为过去和未来在一系列变化的剖面中显现出来（4.1）。正如我们只不完全地了解这个世界一样，通过这个世界所提供给本身不断变化的方面，我们也不完全了解在视域和视角上呈现给我们的过去和未来（已经发生的事和尚未发生的事）。

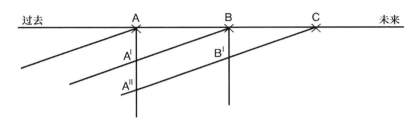

图 4.1　逝去时间的"剖面图"（*Abschattungen*）

水平线：一系列"现在的时刻"（A，B，C）。斜线：这些时刻的"剖面图"，跨越随后连续时刻的滞留视域。垂直线：随着时间的推移，不同"剖面图"中的"相同"时刻。改编来自，Edmund Husserl, "Vorlesungen zur Phänomenologie des inneren Zeitbewusstseins," ed. Martin Heidegger, *Jahrbuch für Philosophie und Phänomenologische Forschung*, Vol.9, 1928, p.440

　　时刻的水平特征对意义创造有着重要的启示。例如，胡塞尔在他对内在时间意识的分析中提出，我们能够将声音创作成一个旋律，仅仅是因为现在时刻与过去和未来时刻的网络在水平维度上相连："当新音符发出声音时，它前面的那个音符不会消失得无影无踪；否则，我们就不能观察到前后相接的音符之间的关系"（30）。同样地，节奏也只存在于节拍里和节拍之间。例如，切分音的节奏之间的关系是一种我们能感知到的水平时间结构，只因为现在的时刻矛盾地包含了最近的过去和未来。蒂姆·范·格尔德（Tim Van Gelder）恰好指出，"听觉模式识别"是"时间意识的经典案例"（"Wooden Iron？"，251）。

　　它也是音乐和语言之间的重要联系。神经科学家（和音乐家）阿尼鲁德·D. 帕特尔在他对这个题目的权威性研究中指出，"有证据表明两个领域中层面边界的大脑加工有双重化"，还有对句法和语义模式的识别，包括"旋律轮廓"。[①]这应该不完全惊人，因为劳伦斯·M.兹比科夫斯基（Lawrence M.Zbikowski）指出，"理解音乐不仅仅是加工听觉信号的问题——它涉及到许多人类以各种方式运用的高阶加工，以构建他们对世界的理解。"[②]丹尼尔·列维京回顾关于音乐和语言之间联系的证据，并得出结论，它们"共享一些共同的神经资源，但也有独立的途径。"[③]

例如，他指出音乐句法（音乐的形式结构，包括调和音阶）是在布罗卡区（Broca's area）加工的，而音乐语义（旋律和和声所能传达的有意义的联想）是在韦尼克区（Wernicke's area）加工的，就是大脑中与这些语言维度长期相关的区域。布罗卡区受损的患者可以理解意义，但不能形成连贯的句子（句法干扰），而韦尼克区受损的患者可以明确表达流利、语法性强，但却用无意义的句子（语义缺陷）。[④]列维京自己用神经成像（fMRI）技术的实验研究同样提出，音乐中时间结构和连贯性是在与语言相同的大脑区域加工的。虽然中风患者可能会失去音乐或语言的一些能力，并保留另一项的某些方面，但这一功能独立性的迹象被强有力的证据平衡，即两者都激活了类似的大脑过程，因为它们涉及模式形成的时间行为。

旋律不是一个客观实体，而是一个发展的时间结构。如果声音是独立存在的，并且不能正确地连接到它们所构成的模式新出现的意义上，那么它们就没有意义了。这个图形从来都不是完全或简单地呈现，而是跨越我们时间体验关系的滞留和前摄结构。节奏同样是一种结构，在这种结构中，空拍

① Aniruddh D.Patel, *Music, Language, and the Brain*, Oxford: Oxford University Press, 2008, pp.174, 228, 238, 268.

② Lawrence M.Zbikowski, "The Cognitive Tango," in Mark Turner ed. *The Artful Mind: Cognitive Science and the Riddle of Human Creativity*, Oxford: Oxford University Press, 2006, p.128.

③ 见丹尼尔·J.列维丁关于音乐的神经科学有趣并且启发性的专著，Daniel J.Levitin, *This is Your Brain on Music: The Science of a Human Obsession*, East Rutherford, NJ: Penguin, 2006, pp.124-127。

④ Mark Bear, Barry W.Connors, and Michael A. Paradiso, *Neuroscience: Exploring the Brain*, 3rd ed., Baltimore: Lippincott Williams & Wilkins, 2007, pp.620-625.

（absences）——节拍之间的间隔——和它所连接的音符一样重要，因为它是一种图形和背景的关系。正如格尔德所指出的，理解旋律不需要"缓冲"："为了识别这样的曲调，我们不必（如计算模型推荐的那样）等到曲调结束。我听到曲子，就在它正在演奏的时候"，因为"系统开始响应的模式，就像从它开始的时刻就是这个模式"（258）。

这一点对于任何记得贝多芬《第五交响曲》的重要开场的人来说都是显而易见的：短短短长，短短短长……一个更普遍的例子是转动收音机波段盘并在几秒钟内识别出与某个电台相符的音乐类型。音乐模式是一种时间上演变的部分和整体的关系，我们会尽可能快地投射出我们预期的心理完形的感觉。这就是伟大小说的第一句话往往如此令人难忘和深刻的原因之一（说出那本小说："这是举世公认的真理，一个拥有大笔财富的单身男人，一定需要一个妻子"；"幸福的家庭都是一样的；不幸的家庭都各有各的不幸"；"一定有人诽谤约瑟夫·K., 一天早上，他没有做任何真正的错事，就被逮捕了"）。①

理解是一个建立一致性的时间过程，它利用当前时刻的滞留和前摄的视域投射出一种模式的预期感觉，并且随着我们体验的展开，这种预期将反过来被修改、精炼或推翻。汤普森解释："滞留会激发前摄期，前摄会影响滞留，滞留又会激发前摄，以此类推，以一种自我组织的方式使人体验有时间一致性"（361）。部分与整体的阐释学交互，在我们的体验中表现为一种预期与回顾的往复游戏，滞留与前摄相互提炼与修正。如果生活的片刻是"刀锋"而不是水平的持续时间，这个游戏就不可能实现了。

阅读是一种时间现象，其特征类似于我们在文本中浏览时模式的创作和分解。因为"整个文本不可能一次就被感知"，伊瑟尔解释，读者占据了一

---

① 这当然是简·奥斯汀（Jane Austen）的《傲慢与偏见》（*Pride and Prejudice*），列夫·托尔斯泰（Leo Tolstoy）的《安娜·卡列琳娜》（*Anna Karenina*），弗兰兹·卡夫卡（Franz Kafka）的《审判》（*The Trial*）。

个不断变化的位置——他称之为"游荡的观点"——处于滞留和前摄的交叉点。① 因为我们建立暂时的一致性模式，然后修改它们，阅读的体验包含"一个不断修改（意义）的过程，这个过程与我们在生活中收集体验的方式非常相似"（*Implied Reader*，281）。阅读包括"修正的预期和转变的记忆之间的持续的相互作用"（*Act of Reading*，111），一种跨越当下视野的预期和记忆之间的持续的双向相互作用。

伊瑟尔解释说，我们阅读时，"通过一个不断移动、相互连接我们体验的各个层面的视角来看待文本"，而且在"相互关注的过程"中，让过去的视角相互对抗（*Implied Reader*，280；*Act of Reading*，114）。因为我们从来没有"文本本身"，而只有改变看它的视角，同一个文本可以用不同的方式"具体化"（用英伽登的术语来说）。英伽登描述了三种不同的"具体化"（concretization）方式，即一部作品能够以此展现自己的独特视角。我们可以以最少的反思简单地体验作品（"审美态度"），或者专注于我们认为正在体验的艺术对象（以"审美前研究"的姿态），或者转而专注于我们正在拥有的认知和情绪体验（"对审美具体化的反思认知"），或者，可能是最典型的，我们阅读时可能会在这些不同的态度中交替，回顾、评估和修正我们暂时呈现的体验。②

这些不同的态度是可能的，因为文本通过不同的时间视角呈现给我们。伊瑟尔指出，阅读的时间性的一个结果是"意义的每一次具体化都会导致对意义的非常个别的体验，而这种体验永远不可能以相同的形式完全重复。对文本的第二次阅读永远不会产生和第一次阅读同样的效果"（*Act of Reading*，149）。"他（或她）第二次阅读时从不同的角度看待文本……因此，即使

---

① Wolfgang Iser, *The Act of Reading: A Theory of Aesthetic Response*, Baltimore: Johns Hopkins University Press, 1978, pp. 108, 111. Roman Ingarden, "Temporal Perspective in the Concretization of the Literary Work of Art," in *The Cognition of the Literary Work of Art*, trans. Ruth Ann Crowley and Kenneth R. Olson, Evanston, IL: Northwestern University Press, 1973, pp.94-145.

② Roman Ingarden, "Varieties of the Cognition of the Literary Work of Art," in *Cognition of the Literary Work of Art*, pp.168-331.

在反复阅读的情况下，一篇文章也允许，其实是诱导创新的阅读"（*Implied Reader*，281）。我们不能用同样的方法读一个文本两遍。这就是为什么当我们回到一本书或一篇文章，发现它不是我们记忆中的东西时，我们有时会感到失望（为什么我把它列入了我的阅读清单？有时我会在上课前一天晚上问自己）。还有，为什么有时我们会惊讶地发现自己熟悉的课文中有新的含义（那些书我每年都讲授，很喜欢一次又一次重读，而且好像每次阅读都有所不同）。阅读和生活一样，我们不能两次体验到相同的时刻，虽然我们能记住它，但我们记住的每个回忆总是不同的。

　　大量的证据表明大脑的加工也是持续的。如果我们对时间的生活经验是水平的和递归的，而潜在其中的神经机制是点状的和离散的，那确实很特别。弗朗西斯科·J.瓦莱拉是时间的神经现象学研究的先驱，他指出大脑加工过程的特点是"一个同时性的框架或窗口，对应于（那个）生命的存在的持续时间"，他称之为"融合间隔"（fusion interval），即"被认为是不同时发生的两个刺激所需的最小距离"。① 例如，以小于 50 毫秒的间隔的两次光闪烁（回想一下，1000 毫秒 =1 秒）将被视为同时闪烁，但如果间隔大于 100 毫秒，它们看起来将是连续闪烁。当间隔在 50 毫秒到 100 毫秒之间时，闪光灯似乎会朝着后一个灯光的方向移动（有时通过照明标志做广告时会利用这种效果）。② 人们通常认为，我们通过计算声波撞击耳朵的耳间时间延迟（interaural time delay），来确定声音在水平面上的位置（到我们的左侧或右侧），这个时间间隔可能只有 0.6 毫秒。这是非同时的同时性的一个很小的例子，没有它我们就不能三角定位听觉方向。令人惊奇的是（神经科学还没有完全解开这

---

① Varela, "Specious Present," pp.272-273. 本文是 20 世纪 90 年代末神经现象学时间研究的经典文献。对于瓦雷拉有时晦涩但总是敏锐的分析的解释，Thompson, *Mind in Life*, esp. pp.329-338; and Gallagher and Zahavi, *Phenomenological Mind*, pp.80-82. 另见早期，但仍然很经典的专著 Francisco J. Varela, Evan Thompson, and Eleanor Rosch, *The Embodied Mind: Cognitive Science and Human Experience*, Cambridge, MA: MIT Press, 1991.

② Francisco J. Varela, Evan Thompson, and Eleanor Rosch, *The Embodied Mind: Cognitive Science and Human Experience*, Cambridge, MA: MIT Press, 1991, pp.73-74.

个谜团），大脑能够计算出如此小的时间差异，因为神经元需要更长的时间（1~2毫秒）来激活。更令人吃惊的是，蝙蝠能分辨出小到0.00001毫秒的时间延迟。[①] 明显的同时性的效果——我们意识不到这些时间的差异——是瓦莱拉、汤普森和罗施称为"知觉框架"的现象："所有落在一个框架内的事物都会被主体视为好像在一个时间段内，一个'现在'"（73，75）。这个"框架"是活跃的、水平的现在。

大脑的"现在"框架在生物学上是相对固定的，但它也可以在特定的感觉模态内变化，也可以在不同的模态间变化，并且可以通过体验和训练来扩展（289）。例如，巴尔斯和盖齐在注意到"任何模态中的两个离散感官事件彼此只有在（大约）100毫秒内发生时，才能被整合到某个单一的意识事件中，"（他们的例子是"快速的咔哒声、简短的音调、视觉闪光，[和]感觉敲击声"），他们指出"在言语、音乐感知或舞蹈表演中，100毫秒的整合时间确实增加得更多，其中瞬间的事件在更长的背景框架中进行解释"（289）。莱维京引用了实验证据，与音乐结构相关的皮层区域在150~400毫秒范围内对刺激做出反应，然后100~150毫秒之后与音乐意义相关的区域跟着反应，尽管听者没有感觉到时间延迟（124）。即使在100毫秒的框架内，也可能存在显著不同的响应时间。回想一下第三章，泽基报告的实验结果，"颜色在运动之前大约80~100毫秒被感知"——他说："这只是一个微小的差别，但与神经冲动从一个神经细胞跨过神经突触传递到另一个神经细胞所需的时间相比，这是巨大的差别，那需要的时间在0.5到1毫秒之间。"[②]

---

① Mark Bear, Barry W.Connors, and Michael A. Paradiso, *Neuroscience: Exploring the Brain*, 3rd ed. Baltimore: Lippincott Williams & Wilkins, 2007, pp. 369−371. James A. Simmons, "A View of the World Through the Bat's Ear: The Formation of Acoustic Images in Echolation," *Cognition*, Vol.33, No.1, 1989, pp.155−199.

② Semir Zeki, *Splendors and Miseries of the Brain: Love, Creativity, and the Quest for Human Happiness*, Malden, MA: Wiley−Blackwell, 2009, p.37. 泽基解释说，颜色和动作有不同的时间要求。对于颜色，来自不同区域的信号必须同时进行比较……对于运动，从不同时间上连续发出的信号必须进行比较（37）。

即使超过 100 毫秒的阈值，可以离散测量的神经元过程也可能同时被体验到，因为大脑将它们整合成一个有意义的模式。尽管泽基指出，颜色是在位置和方向之前被感知的，而且"脸上的表情是在身份之前被感知的"，他引用了证据说，"在超过 500 毫秒的更长时间里，我们确实在完美的时空配准（temporal and special registration）中看到了不同的属性（这些属性'必然'在一起）。"① 感知到的"现在"可能在广度上变化，然后，从 50 毫秒到 500 毫秒甚至更长，这取决于大脑整合不同信号所需的处理时间。

这就是为什么瓦莱拉区分三种不同时间尺度的神经元集成：基本感觉运动的"1/10 刻度"和神经活动（10~100 毫秒），"1 刻度"的"大规模集成"（从 1 秒以内到 2~3 秒的片段时间，"完成认知行为所花费的时间"），和"描述和叙述的评估"的"10 刻度"，这是一个具象记忆的显性行为可能发生的更长时间段。② 1/10 刻度和 1 刻度对应于生活的、水平的"现在"，也就是当下时刻的广度，可以根据恰巧发生的认知体验而改变。瓦莱拉将这一跨度的差异归因于两个基本原因："神经元释放的固有细胞节律"，这可能在特定的感觉系统中有所不同（例如，在听觉或视觉方面的不同神经元响应率）；或者是"大脑区域"之间"神经突触集成的时间总和容量"，这些区域"以交互方式相互连接"（例如，在阅读中结合的视觉和听觉路径），而且这些区域花费不同长度的时间完成它们的相互作用（273，274）。泽基指出，"属性之间的联结比属性内部的结合花费更长的时间"。例如，整合从视觉和听觉输入比合成视觉信号需要更多的时间——但即使在一个系统中（如视觉），类似特征的征联结发生得更快："颜色与运动的联结在颜色与颜色或运动与运动的联结之后才发生"（*Disunity of Consciousness*，217，216）。更复杂的认知行为将广泛分散的大脑皮层区域联系起来（比如阅读、听音乐或观看舞蹈表演），将

---

① Semir Zeki, "The Disunity of Consciousness," *Trends in Cognitive Science*, Vol.7, No.5, May 2003, p.215.

② Varela, "Specious Present," pp.273-274. Thompson, *Mind in Life*, pp.331-332, and Gallagher and Zahavi, *Phenomenological Mind*, pp.81-82.

因此预计需要更广泛的"现在"框架，而不是像闪烁的灯光这样只激发一种感觉模式的瞬时事件。

这些神经元加工时间的差异表明大脑在空间和时间上都是无中心的。瓦莱拉解释，"进行中的认知活动的相关大脑过程不仅分布在空间上，而且分布在一段时间内，只能压缩到几分之一秒，即基本事件整合的持续时间"（274）。刺激发生时间选择和它的神经元整合之间的这种差异是时间割裂（temporal split）的表现形式，这不仅是人类，也是所有生命形式存在的特征。大脑认知加工的非同步性是生命固有的时间失衡的一个方面。汤普森解释，"生活是不对称地面向未来的"，因为"生活最重要的'重任'是继续下去"（362）。未来并不像存在主义者在萨特或海德格尔传统中所主张的那样，是人类的专属权限。相反，时间不稳定性让人类的存在关注海德格尔称为存在（Seinkönnen）的可能性，表现了刺激与组织有机体对刺激的反应的神经元和其他生物活动之间永远不可能完全闭合的间隔。① 要避免的极端是停滞（有机体与自身的完全同步就是死亡）和不稳定，不稳定永远不会导致整合（就像生长脱离轨道就是癌症）。在认知方面，大脑作为协调人类有机体对环境反应的器官，面临的挑战是平衡稳态（homeostasis）（保持稳定）和对变化条件的适应性。具有其加工时间特点的时间差似乎并不是它的缺点，因为它允许大脑在过去的平衡和未来的不确定性之间不断变化的水平空间中游戏。

对于更为复杂的生命形式，比如人类，这种间隔与各种有趣而重要的现象有关。正如神经科学家安东尼奥·达马西奥所说，"我们产生意识可能晚了大约 500 毫秒。"这意味着我们总是试图赶上自己："当你为一个给定的物体'传递'意识时，在你大脑的机械装置中，事情已经过去了——如果分子能够思考，那么对于一个分子来说，这似乎是永恒的……而且因为我们都经历着

---

① 存在主义传统中关于未来性的经典文本，Martin Heidegger, *Being and Time*, trans. John Macquarrie and Edward Robinson, New York: Harper & Row, 1962, esp. pp. 279-311, pp.383-423; Jean-Paul Sartre, *Being and Nothingness*, trans. Hazel E. Barnes, New York: Washington Square, 1966, pp.159-237。

同样的延迟，所以没有人注意到。"① 但是，这种延迟正是会有一些时间的表达形式的原因，这些表达形式（比如音乐或文学）与我们的期望和其实现（或挫败）之间的差异游戏。如果我们立即加工现象，而且没有体验的水平宽度，就不可能在预期和回顾之间游戏，也不可能激发形成模式，以便对它们进行修改、提炼或推翻。认知加工的时间不稳定性是各种形式加倍的神经关联，对审美体验和其他文化现象都至关重要。

这包括回归自身的意识双重性，构成了自我意识，这是反思哲理的有利条件。丹麦哲学家瑟伦·克尔凯郭尔（Søren Kierkegaard）明确地主张，"我们生活在面向将来，但我们理解在回溯过去。"② 梅洛·庞蒂指出，当我们反思时，"意识总是认为自己已经在世界中发挥作用"："我们的反思是在我们试图抓住的时间流动中进行的"（432，xiv）。生活现在的时间宽度，在前摄和滞留的视域之间的差异，使我们有可能穿过生活时间的"意向网络"，通过把一个时刻与另一个时刻相联系来回想我们的经验，但反思现在和反思过去之间有差距，它只能再现，而不能再次体验，这也阻止了我们获得完整的、被人所知的自我认识。这种哲学悖论不能完全简化为大脑加工的时间性，至少音乐和文学不能简化为大脑活动的时间性。但大脑整合机制的差异和不稳定性——时间现象学视域的神经关联——是艺术和哲学独特时间性的神经生物学基础。只有大脑与自身不同步，才能有意义创造的方式，以构成音乐、文学、哲学，甚至文化。

例如，叙事是一种基于大脑非同步性的文学形式。故事和话语之间的差异，故事中的事件和它们是如何被讲述的，这创造了叙述的可能性，是在神

---

① Antonio Damasio, *The Feeling of What Happens: Body and Emotion in the Making of Consciousness*, New York: Harcourt Brace, 1999, p.127.

② 威廉·詹姆斯在引用克尔凯郭尔的话，Kierkegaard, *Pragmatism: A New Name for Some Old Ways of Thinking*, 1907, Cambridge, MA: Harvard University Press, 1978：一位丹麦思想家说过，我们向前生活，但我们是向后理解。现在是世界历史进程的倒退（107）。Pragmatism 不知名的编辑将这一引用参照于 *The Journals of Søren Kierkegaard*, ed. and trans. Alexander Dru, London: Oxford University Press, 1938, p.127。

经元水平上的时间分裂的一种表现，这使得生活成为永久的追赶过程。[1] 传统上，叙述的一个主要目的是组织我们对时间的体验，把生活安排成有开始、中间和结束的模式，用弗兰克·克莫德（Frank Kermode）的经典术语来说，这些模式用时间流（temporal flux）中的"不协调（discord）"创造"协调（concord）"。[2] 如果经验丰富，这种时间合成的叙事作品将不可能，也不必要体验在时间上与自身一致。故事事件发生的时间和讲述的时间之间的差异也允许各种各样叙事时间的创新运用，这被热拉尔·热内特（Gérard Genette）称为时间倒错（anachronies）——闪回（flashbacks）（他用的术语是 analepses）或闪前（prolepses），这可能会打断从故事开始到结束的连续叙事。[3]

时间连续性的中断会对阅读体验产生不同的影响。约瑟夫·康拉德（Joseph Conrad）做过小说家福特·马多克斯·福特（Ford Madox Ford）的合作者，在他们的主张中挑衅性地宣称："'小说'，尤其是英国小说的问题在于，它是直接向前发展的，而在你与同伴逐渐熟识时，你永远不会直接向前走。"[4] 尽管严格地说，这种时间连贯性是不现实的，但福特所批评的所谓好的延续性，实际上可能通过帮助读者建立连贯模式的能力来促进逼真性，借以鼓励读者沉浸在栩栩如生的世界中，这个世界在我们日常应对人、地方和事物时，有种似乎是理所当然的稳定性。这种延续性掩盖了它进行理解的时间过程，即预期投射和回顾修正之间的相互作用，通过这种相互作用，体验的前摄和滞留视域相互修正。打断连贯性构建的叙事中断可能会干扰沉浸在幻觉中，但反过来又会促进我们对如何讲故事以及如何在时间上融入世界的反思。

---

[1] Seymour Chatman, *Story and Discourse: Narrative Structure in Fiction and Film*, Ithaca, NY: Cornell University Press, 1978.

[2] Frank Kermode, *The Sense of an Ending: Studies in the Theory of Fiction*, Oxford: Oxford University Press, 1967.

[3] Gérard Genette, *Narrative Discourse: An Essay in Method*, trans. Jane E. Levin, Ithaca, NY: Cornell University Press, 1980.

[4] Ford Madox Ford, *Joseph Conrad: A Personal Remembrance*, Boston: Little, Brown, 1924, p. 136. 这两位作家之间令人担忧的关系，见 Thomas Moser, *The Life in the Fiction of Ford Madox Ford*, Princeton, NJ: Princeton University Press, 1981。

现代小说如，福克纳的《喧哗与骚动》（*Sound and the Fury*）或康拉德的《吉姆姥爷》（*Lord Jim*）或福特的《好士兵》（*The Good Soldier*）的时间实验让读者对连贯性的预期失去作用，以唤起人们注意到那些分离，即向前生活和向后理解的问题。对于时间分离的文本，现实的叙述沉浸因认识论反思而牺牲。[①] 然而，如果没有与大脑神经元过程的非同时性相关体验中断，这些关于叙述时间的实验是不可能实现的。它们的审美效果是暴露了我们通常不会注意到的差距和差异的一些认识论后果，因为认知整合的综合性掩盖了这些差距和差异。

大脑加工处理的时间性始于单个神经元的活跃方式。[②] 当带电离子通过打开和关闭的通道进入或离开细胞时，会产生动作电位（action potential），从而引起神经元内外电荷差（charge difference）的变化。由此产生的细胞去极化（depolarization）和复极化（repolarization）波沿着轴突传递。轴突是神经元的延伸，连接突触和另一个神经元。动作电位的运动类似于火焰沿着鞭炮引信前进的方式。[③] 动作电位像波一样有一定的振幅和频率，神经元可以有独特的电信号（图 4.2）。产生动作电位需要一定的时间（大约 1~2 毫秒），然后必须有一定的休息间隔（resting interval）或不应期（refractory period），细胞才能再次活跃起来。动作电位沿轴突移动到突触的速度，在那里转移到另一个神经元，也因轴突的厚度和髓鞘（myelin）对通道的绝缘程度而不同（髓鞘越厚、绝缘越好的轴突会提供更快的传导）。马克·贝尔（Mark Bear），巴里·康

---

① 关于这些实验及其认识论结果的更广泛分析，见我的书，Paul B. Armstrong, *The Challenge of Bewilderment: Understanding and Representation in James, Conrad, and Ford*, Ithaca, NY: Cornell University Press, 1987, esp. pp.1–25, 109–48, 189–224。

② 后面的解释基于 Mark Bear, Barry W. Connors, and Michael A. Paradiso, "The Action Potential" in *Neuroscience: Exploring the Brain*, 3rd ed. Baltimore: Lippincott Williams & Wilkins, 2007, pp.75–100。

③ 我把这个类比归功于神经学家吉姆·麦基尔韦恩，他也是布朗大学的一名研究员。他说："动作电位在轴突上的传播与电子在铜线上的传播方式不同。电荷只在动作电位的当前位置转移，然后在邻近的可激部位触发一个动作电位，以此类推。这是一个连续的过程，更像火焰沿着爆竹的保险丝移动，而不像电子沿着电线流动。"私下交流。

纳斯（Barry Connors）和迈克尔·帕拉迪索（Michael Paradiso）解释，"动作
电位的频率和模式构成了神经元用来将信息从一个位置传递到另一个位置的
代码"（76）。这个"代码"是一种电化学波，它可以携带信息，不仅因为电
荷或"开"或"关"的状态（神经元激活或不激活），还因为它的时间特性（活
跃的频率、速度和强度，定义其信号的某种模式）。

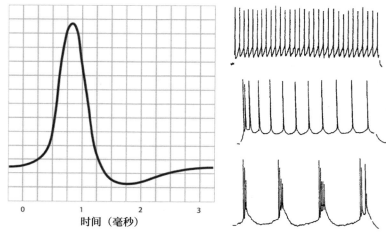

图 4.2　神经波形模式

单个动作电位特有的"波"。（玛吉·巴克·阿姆斯特朗绘制）
三个不同神经元的"信号"，具有不同的振幅和频率。
本图表的采用得到授权，来自 Ariel Agmon and Barry W.Connors, "Correlation between Intrinsic
Firing Patterns and Thalamocortical Synaptic Responses of Neurons in Mouse Barrel Cortex," *Journal of
Neuroscience* , Vol. 12, No.1, 1992, pp.319-29。

　　随着神经元的相互作用，事情变得更加复杂。巴尔斯和盖齐解释，"单
个神经元是快速充电和快速放电的电波发生器。神经元的电路以更复杂的模
式振荡"（247）。神经科学的这一领域有点争议，没有人们所希望的那么完善。
理解大脑节律的一个重要障碍是脑电图（EEG）技术的不精确性，它通过放
置在头皮上的电极（或者在一些动物实验中，直接将其放置在头盖骨下面的
大脑皮层表面）来测量大脑的电活动。丹尼尔·莱维京解释，"脑电图对神经
活跃的时间非常敏感，能够以千分之一秒（一毫秒）的分辨率检测到活动。

但它有一些局限性……由于单个神经元活跃产生的电信号相对较弱，脑电图只能检测到大量神经元的同步活跃，而不是个别神经元。脑电图的空间分辨率有限——也就是说，告诉我们神经活跃位置的能力有限"（126）。因此，神经科学家约翰·尼科尔斯（John Nicholls）的一句妙语提出：使用脑电图（EEG）来了解大脑就像是通过分析烟雾来了解洛杉矶的交通模式——间接，也不是无关，但精度不高。①

成像技术，如功能磁共振成像（fMRI），可以更准确地定位大脑活动，具有相对缓慢的时间分辨率；可能需要几秒钟的时间才能使活跃区域的血液流量充分增加，从而点亮探测器。有相当多的证据表明，由神经元产生的脑电波形成节律，这可能对大脑不同区域如何协调它们的活动至关重要。②贝尔、康纳斯和帕拉迪索警告，"确切地说，平行的感官数据流是如何融合到知觉、图像和思想中的，仍然是神经科学的圣杯"（421）。这在神经科学中被称为"绑定问题（the binding problem）"。他们提出一个假设是"神经节律被用来协调神经系统各区域之间的活动"："通过暂时同步不同大脑皮层区域产生的快速振荡，也许大脑将各种神经组成部分绑定在一起形成某个单一的知觉结构"（592）。根据巴尔斯和盖齐的说法，"同步性是大脑的普遍特征，显然是为了协调不同位置的神经元膜片（patches）。事实上，即使在实验室培养皿中培养神经元，或者生长因子使丘脑皮质核心的一小片细胞存活下来，同步性也会出现。同步性活动似乎是神经元在自然环境中的自组织特征"（252）。通过同步它们的周期性，大脑的节律可能使区域之间的"时间编码（temporal coding）"成为可能，无论是在邻近的大脑皮质中的多层之间（如在后视觉区域），还是在广泛分布的、不同的区域之间（如在阅读或听音乐时连接的区域）。

---

① 我把这个轶事归功于与石溪分校的神经学家加里·马修斯的私下交流。
② 这很生动，提供了很多信息，如果某种程度上有技术性，那么关于脑电波的权威文本在 György Buzsáki, *Rhythms of the Brain*, Oxford: Oxford University Press, 2006。

例如，大脑对气味的反应显然是在空间和时间上都是有组织的。[①]尽管刺激本身只是不同的化学物质，并不是本质上的空间性的，但气味是在嗅觉地图（olfactory maps）上编码的，这是嗅球（olfactory bulb）的神经解剖学的地形模式，表示出神经对气味的反应。当我们闻到某种味道时，时空信息被结合起来以识别特定的气味。这不仅关系到嗅觉地图上活跃的神经元群，而且关系到它们的集体动作电位是如何"刺穿"的——以什么样的时间顺序、节奏和模式。在一个实验中，神经科学家发现了如何中断蜜蜂对气味反应的同步性；结果是，这些迷惑的昆虫不再能够区分相似的气味，尽管它们仍然能够分辨出广泛的气味类别之间的区别。[②]嗅觉的体验在嗅觉地图上的不同位置触发神经反应，大脑根据这些反应放电的时间同步性进一步完善这些反应的意义。反应的时间模式配合，从而解释了神经元地图的空间模式。

这显然是大脑功能的一个普遍特征。达马西奥解释，"除了在各种不同的位置构建丰富的地图外，大脑还必须以连贯的集合将地图彼此关联起来。时间很可能是联系的关键。"[③]时间同步中的大脑节律可能是汤普森所谓的"大规模整合问题"解决方案的一部分。[④]瓦莱拉解释说："对于每一个认知行为，都有单一的特定细胞集合，成为认知行为出现和运作的基础"（274）。在这些集合中，大脑区域相互连接，神经元群来回交换电荷，产生振荡的脑电波，从而进一步协调它们的相互作用。例如，当我们在音乐会上听音乐或观看音乐录影带时，大脑的各个区域从大脑皮层的远角相互作用——这些区域包括

---

① 我对嗅觉神经科学的描述是基于 "Spatial and Temporal Representations of Olfactory Information" in Mark Bear, Barry W.Connors, and Michael A. Paradiso, *Neuroscience: Exploring the Brain*, 3rd ed. Baltimore: Lippincott Williams & Wilkins, 2007, pp.272-274。

② G.Laurent, "Olfactory Network Dynamics and the Coding of Multidimensional Signals," *Nature Reviews/Neuroscience*, Vol. 3, 2002, pp. 884-895.

③ Antonio Damasio, *Self Comes to Mind: Constructing the Conscious Brain*, New York: Pantheon, 2010, p.87.

④ Evan Thompson, *Mind in Life: Biology, Phenomenology, and the Sciences of Mind*, Cambridge, MA: Harvard University Press, 2007, pp. 330, 332. 更有技术性解释，见 György Buzsáki, *Rhythms of the Brain*, Oxford: Oxford University Press, 2006, esp. pp.136-174.

中脑的听觉神经元；当我们轻点脚或回忆演奏乐器时，大脑中央沟的运动和感觉区域；当我们协调所看到的和听到的东西时，大脑的视觉皮层；以及我们情绪反应时，小脑和杏仁核的区域。[①] 只有当这些皮层区域的神经元放电能够一致时，并且其振荡的相位同步性能够提供这样一种协调机制（尽管详细绘制该机制所需的实验仍有待完成）时，这些皮层区域才能整合成连贯的反应模式。

　　这些组件在表现出特定周期性的"刺激"和"放松"的循环中来回往返。这种节律不仅是单个神经元的自然特性，也是脑细胞集合的自然特性。它是时间流逝的生活经验的神经关联。瓦莱拉解释说，神经元的同步协调中很多神经元是"动态不稳定的，并且先后产生新的集合"，而且"事实上，一组成对的振荡器达到了瞬态同步，并且需要一定的时间才能做到这一点，这与现在性（nowness）的起源是明确相关的"（283）。[②] 当一个组件通过振荡刺激的波状模式同步后，它放松，而且必须再次形成——或者被另一个组件取代。这种阶段模式在神经学上与胡塞尔所描述的过往瞬间的水平性相对应。细胞集合形成然后消散是脑电波达到峰值和衰减的自然结果。此周期性使任何集成变成临时性的，而且接受更改、修改，由另一个程序集进行替换。它允许形成连贯的模式，但防止它们严格地固定，因此是一个重要的时间机制，以平衡恒常性和对新刺激开放性的矛盾主张。

　　大脑是由多个细胞结合组成的复杂整体，每个细胞组合都按照不同的节奏振荡，而不是一个完全同步、步调一致的集成统一结构。大脑的多样性更像是一个鸡尾酒会，有着不同的、不断变化的、同时发生的对话模式，而不是在足球场

---

① 研究大脑中在音乐处理过程中相互作用的区域，见 Daniel J.Levitin, *This is Your Brain on Music: The Science of a Human Obsession*, East Rutherford, NJ: Penguin, 2006, pp.270-271.

② Evan Thompson, *Mind in Life: Biology, Phenomenology, and the Sciences of Mind*, Cambridge, MA: Harvard University Press, 2007, pp.329-349; and Shaun Gallagher and Dan Zahavi, *The Phenomenological Mind: An Introduction to Philosophy of Mind and Cognitive Science*, New York: Routledge, 2008, pp.80-82.

上齐声吟唱；因此，它的信息更加丰富。①一次对话可能会暂时占据中心位置，但随后可能会退后，让位给另一个对话，如当注意力转移时，或者当一项活动取代另一项活动时，或者当某种特定的感官模态占主导地位时（例如，那股难闻的气味是什么？厨房里的撞击声是什么？）。不同波长的多个细胞组合同时共存，使大脑有可能进行多任务处理。科林·马丁代尔（Colin Martindale）解释，最好把大脑看作是一个"大规模并行处理"的"神经网络"，所有"同时做任何事情"，而不是一个"串行"或"执行的处理器"，用线性方式一个接一个地做决定。②注意力一次只允许一个集合进行聚焦，就像我们在格式塔变换实验中交替看到兔子和鸭子一样，但是大脑可以在自觉的意识下同时调节几个功能（例如，当我们边走边听音乐时，同时思考我们需要写下的下一段），大脑的分散结构作为并行加工的多任务集合，比线性组织更高效，也更灵活。

脑中记录的电节律范围从与睡眠相关的低频振荡（以赫兹或每秒周期为单位），称为 δ 波（小于 4 赫兹），到 θ 波（3.5~7.5 赫兹）、α 波（7.5~13 赫兹）和 β 波（12~25 赫兹），这几种波分别标志各种形式清醒的注意力，再高达 γ（26~70 赫兹）波，被认为反映了大脑皮层远距离最活跃的信息交换（图 4.3）。尽管被称为傅立叶分析（Fourier analysis）的复杂数学方法可以解开脑电图测量所记录的一些密集的、双重化的波形，但我们对特定脑活动和特定波长之间联系的理解最多，也是不精确的（部分原因是，要记得，脑电图本质上是大脑活动的模糊和间接表现）。在任何给定的单元组件可以同步的振荡频率中也可能存在相当大的变化，就像相同的音乐可以在无线电拨号盘上以不同的频率发送一样。以此类推，可能是大脑中的某些频率确实对其他频率起着"载体"的作用，就像无线电信号"承载"各种频率的噪音或音乐一样。根据巴尔斯和盖齐的

---

① 我把这个类比，以及我对于后来对大脑多波长光谱的解释，归功于巴尔斯和盖齐，Bernard J. Baars and Nicole M. Gage, "The Tools: Imaging the Living Brain," in, *Cognition, Brain, and Consciousness*, 2nd ed. Amsterdam: Elsevier, 2010, pp.101–8, 244–255。

② Colin Martindale, *Cognitive Psychology: A Neural-Network Approach*, Pacific Grove, CA: Brooks/ Cole, 1991, p.13.

说法，"脑电波经常相互作用，较慢的节奏倾向于将较快的节奏组合在一起"，他们将这种组织工作比作"基本频率(无线电拨号盘上的数字)作为载波(carrier wave)以加快频率或振幅变化的方式，这些振幅反映了声音或音乐信号"（248，262）。如果你的大脑就像一台收音机，那是因为波振荡的物理原理允许它以一种既提供秩序又有灵活性的方式，来编码它的多重的、同时发生的功能。

Delta 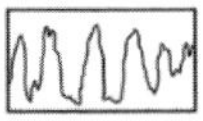	δ 波（小于 4 赫兹）是深层的、无意识睡眠缓慢的、超同步化的波形。
Theta 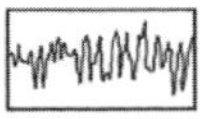	θ 波（3.5~7.5 赫兹）与安静的集中精神状态相关联，例如沉思中的状态，也与短期记忆的恢复相关。
Alpha 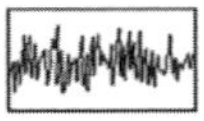	α 波（7.5~13 赫兹）与神经元的大型集合的同步启动有关。它们也与清醒放松状态有关。
Beta 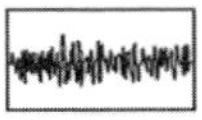	β 波（12~25 赫兹）与正常的清醒意识、集中的注意力和焦虑的思想有关。
Gamma 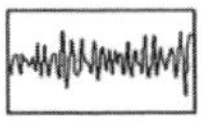	γ 波（26~70 赫兹）由许多有意识的活动产生，也被认为连接了大脑皮层和皮层下的区域。它们也在"快速眼动"睡眠的做梦过程中出现。

图 4.3　脑电波的频率和功能

改编自 Bernard J. Baars and Nicole M. Gage, *Cognition, Brain, and Consciousness*, 2nd ed., Amsterdam: Elsevier, 2010, p107(table 4.1).（玛姬·巴克·阿姆斯特朗绘制）

大脑在两种情况下进行全局同步：睡眠和癫痫发作（epileptic seizures）；昏迷、全身麻醉和其他无意识状态也类似这样。癫痫发作期间，失去意识的人的脑电图显示出整体的、超同步的慢波模式，与睡眠的同步慢波类似，但更为参差不齐（图 4.4）。人们认为，睡眠的超同步是保护性的，它可以避开意识，使大脑能够休息和巩固一天活动的结果，而癫痫的超同步干扰了正常功能。巴尔斯和盖奇指出，这似乎有些矛盾。尽管"同步的大脑节奏允许大脑中广泛分布的区域协同工作，"但过多的同步显然是一件坏事："整体超同步的电风暴（electronical storm）中断了普通的大脑功能", 甚至阻止了"正常的生存活动"的进行（246）。[①] 这个矛盾的解释是"正常的认知需要大脑区域之间有选择的、局部的同步"——"高度模式化和差异化"的振荡模式, 其中"同步、不同步和不定期的'单次'波形不断地出现和消失"——与超同步（246）过于统一的整体前后相接的步骤相反。在睡眠和癫痫发作时, 超同步就像噪声, 不过是不同种类的噪声, 类似于屏蔽干扰平静休息的白噪声和干扰注意力、精神集中或信息交流的嘈杂干扰噪声之间的区别。然而, 在这两种情况下, 矛盾的是, 这些类型的噪声不是混乱或无序, 而是超序, 是结构和连贯性的过剩, 在其他情况下这是有意义体验的特征。

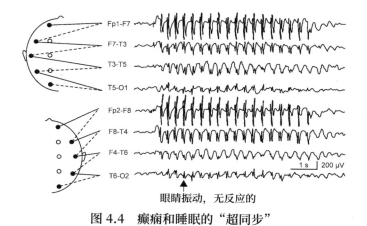

图 4.4 癫痫和睡眠的"超同步"

7 岁女童癫痫发作时超同步脑电图。睡眠模式同样是高度对称的, 但不那么交错, 可以显示出时间向上和向下的波。经允许后复制, Hal Blumenfeld, "Consciousness and Epilepsy: Why are Patients with Absence Seizures Absent?" *Progress in Brain Research*, Vol.150, 2005, p.274(fig.2).

这种悖论有助于解释为什么和谐与不和谐都是令人愉快的、有意义的审美体验, 以及为什么两者都不同于噪声。和谐不是前后相接的超同步化（hypersynchronization）, 而是一种或多或少复杂的差异结构, 一种连贯但不

---

① 巴尔斯和盖齐认为这里是可信的来源 G. Tononi, "An Information Integration Theory of Consciousness," *BMC Neuroscience*, Vol. 5, 2004, p.42。

统一的模式（回想一下，英伽登的古典美学是指"价值性质的韵律变化的和谐"）。[①] 在和谐的音乐或者文学中，模式通常在表演或阅读的过程里变换、发展和修改，以一种类似于构成这些体验的神经元细胞组合如何暂时地组织、消散和重新形成的方式。和谐是令人兴奋和愉快的，而不是令人呆滞的，因为与睡眠或昏迷不同，和谐是有区别的，充满多样性和时间上变化的。艺术的和谐与大脑活动的同步性产生共鸣、刺激、强化和重构。

然而，我们不仅可以从模式的识别和灌输中获得乐趣，也可以从模式的破坏中获得乐趣，这也符合大脑活动的时间节律。审美意义上的不和谐不仅仅是破坏性噪声所表现的对有区别的、模式化的意义创造的超同步否定——类似于癫痫发作时可变的、多个脑电波活动的停止。有意义的不和谐（也许是愉快的和有用的）相当于同步组织的相位散射（phase scattering），它保持大脑的灵活性，并为新的组合形式开辟道路——或者，换句话说，就是在大脑的鸡尾酒会上喝止一个特定的主导话题，为其他的声音和其他的关注点或活动腾出空间来占据中心位置。因此，不和谐也可能是组合和拆卸模式的一部分，这种模式使大脑活动具有时间性、节奏性和波状结构。在所有这些方式中，神经集合的振荡同步与异步，使和谐与不和谐的来回往返游戏成为可能，也成为其实验表现。

随着时间的推移，阅读的体验会对大脑产生影响，但有趣的是，这些是什么，它们可能具有什么审美和实用价值，都是一些有争议的问题。一组关键的问题与反复接触和习惯形成的结果有关（我在前几章中已指出），维克托·什克洛夫斯基和汉斯·罗伯特·尧斯等美学理论家谴责这些问题使我们对艺术和生活的反应迟钝。[②] 遵循这一传统，当代认知文学理论家将"文学性

[①] Roman Ingarden's section on "The Literary Work of Art and the Polyphonic Harmony of its Aesthetic Value Qualities" in *The Literary Work of Art*, trans. George G. Grabowicz, Evanston, IL: Northwestern University Press, 1973, pp.369-373. 这里是我强调的"音律变化（*polyphonic*）"。

[②] Victor Shklovsky, "Art as Technique", in Lee T. Lemon and Marion J. Reis eds. *Russian Formalist Criticism: Four Essays*, Lincoln: University of Nebraska Press, 1965, pp.3-24; and Hans Robert Jauss, "Literary History as a Challenge to Literary Theory," in *Toward an Aesthetic of Reception*, trans. Timothy Bahti, Minneapolis: University of Minnesota Press, 1982, pp.3-45.

（literariness）"与"陌生化（defamiliarization）"或"去习惯化（dehabituation）"区分开来就很常见了。例如，大卫·S.迈阿尔认为"文学让我们不再习惯化（dehabituating），也就是说，它邀请我们考虑理解和感受世界的框架，这可能是新奇的，或者至少是不熟悉的。"① 进化文学评论家布赖恩·博伊德同样主张，陌生化具有实用和审美价值，因为"在任何具有神经系统的有机体中，习惯以重复的方式发生：任何刺激都会逐渐停止激活。"② 然而，根据神经科学对习惯形成的研究结果，这些说法值得怀疑。将不和谐优先于和谐的实验证据并不明显，因为习惯和重复也可能产生广泛的不同影响。

尽管迟钝的感觉是危险的，但产生习惯的重复也有其价值。习惯的形成甚至可以实现一种愉悦感。哲学家神经科学家阿尔瓦·诺埃认为：

> "神经科学也证实了新手和专家所做的事情有不同性质上的参与方式。例如，有研究表明，训练有素的专家——音乐家、运动员等——与初学者相比，他们在技能表演时大脑的整体活跃水平有所下降。从某种程度上说，这几乎就好像参与者越擅长，大脑做的事情就越少！对于有经验的参与者，任务将主导。"③

这并不是说因为他或她的大脑正在更激烈地活跃，新手比专家得到更多乐趣——而是恰恰相反。这些结果让我们想起伽达默尔的论点，即在某些情况下，当参与者沉浸在他们之间交流的来回往返时，他们体验到一种时间的

---

① David S. Miall, *Literary Reading: Empirical and Theoretical Studies*, New York: Peter Lang, 2006, p.3. Also see Lisa Zunshine, *Strange Concepts and the Stories They Make Possible*, Baltimore: Johns Hopkins University Press, 2009.

② Brian Boyd, *On the Origin of Stories: Evolution, Cognition, and Fiction*, Cambridge, MA: Harvard University Press, 2009, p.135, 原文强调。

③ Alva Noë, *Out of Our Heads: Why You are Not Your Brain, and Other Lessons from the Biology of Consciousness*, New York: Hill & Wang, 2009, p.100. 他引用的实验证据的来源是 John Milton et al., "The Mind of Expert Motor Performance is Cool and Focused," *NeuroImage*, Vol.35, 2007, pp.804−813.

超越，游戏可以取代他们的意识。[①] 那么，沉浸在轻松的阅读中并不一定是思维迟钝的逃避主义，但可能是运用固有的、令人愉悦的专业知识，甚至实现像自我超越的忘我体验。习惯形成的重复本身就是歧义的，可能产生相反的结果，导致反应能力降低或者提高。这不一定是坏事，习惯的无意识可能是审美乐趣的神经元基础。

阅读是一种"熟练的应对"（skillful coping）[借用汤普森有帮助的措辞（313）]，只有通过反复练习才能培养。要成为一个能从亨利·詹姆斯、弗吉尼亚·伍尔夫或詹姆斯·乔伊斯身上得到乐趣的专家读者，需要多年的习惯养成。再次说明诺埃的评论富有见解：

> "我怀疑，通过中断一个人的习惯性条件来动摇某些东西，是好的、健康的事。但我完全反对最好完全摆脱习惯的想法。（好像这是可能的！）……你需要思维和行为的习惯，以做出决定和深思熟虑，因为习惯是技能的基础……习惯性的思维方式和行为方式本身常常就是智力和理解力的表达方式，即使它们是对事物自发的、无意识的反应"（118-119）。[②]

这些观点可能没有争议，但值得被记住。与文学理论中过分重视中断、越轨和迷失的倾向相反，我们应该记住，去习惯化只有在违反既定习惯和惯例的背景下才有意义和效用，它可以修改这些习惯和惯例，但不能完全破坏它们还不造成麻木。大脑既需要习惯的恒常性，也需要中断的灵活性。学习不仅包括通过强化反复的体验在大脑中建立路径平滑且反应快速的连接，而且还包括对新颖刺激物反应的模式的分解和重组。在美学和神经科学上，强

---

① Hans-Georg Gadamer, *Truth and Method*, trans. Joel Weinsheimer and Donald G. Marshall, 2nd ed. New York: Continuum, 1993, pp.101-110.

② 来自于 Alva Noë, *Out of Our Heads: Why You are Not Your Brain, and Other Lessons from the Biology of Consciousness*, New York: Hill & Wang, 2009, p.99-128, 提供了 21 世纪实用主义论点的重新构想，这些论点是威廉·詹姆斯在《心理学原理》中明确表示的章节中经典地提出的。William James, *The Principles of Psychology*, New York: Dover, Vol.1, 1950, pp.104-127。

调一个极端而排斥另一个极端都是错误的。

这些关于习惯的神经美学推测由动物王国的一个低级成员的实验成果强化，这个动物王国是一个被大量研究的学习神经生物学模型。在关于低等海蛞蝓（Aplysia californica）习惯化和敏感化的经典神经科学实验在重复刺激的神经元影响上有奇怪而重要的歧义性，以这种方式对人类对和谐与不和谐矛盾的反应有引人注目的启示。埃里克·坎德尔（Eric Kandel）和他的团队在获得诺贝尔奖的研究中，反复向海蛞蝓的鳃中喷水，以找出为什么这会逐渐减弱它的缩回反射（withdrawal reflex）。然后，它们用电刺激蛞蝓的头部，引起反应的敏感化（sensitization）——也就是说，加速和明显地缩回鳃（图4.5）。这两种相反反应的神经化学非常复杂，而且这里我们不必涉及（尽管这就是坎德尔获得诺贝尔奖的原因），只需注意到在习惯化过程中，动作电位的产生减少了，而在敏感化过程中，动作电位的产生增加了。[①] 诺埃总结这些结果如下："反复的无害碰触导致感觉细胞和运动细胞之间的连接力度减弱……（想想你感觉不到衣服的样子）。敏感化是相反的过程。痛的接触会加强感官输入和运动输出之间的神经突触联系。蜗牛学习；它记忆；它根据这种学习来修正自己的行为。"

然而，这是一个有趣的、不寻常的问题，低等的海蛞蝓是否认为在鳃上喷水是无害的，而电刺激是痛苦的。引用托马斯·内格尔（Thomas Nagel）在其著名文章《蝙蝠是什么样的？》（*What Is It Like to Be a Bat*?）中经常使用的一个词，"主观感受（qualia）"不是我们所能知道的。[②] 然而，对我的意图来说，重要的一点是，这两种经验都扰乱了有机体与其环境的关系，但结果却相反，一次使其反应迟钝，另一次却使其反应敏感。一个令人不安的刺激物被重复，

[①] 关于这个实验的详细总结，见 Mark Bear, Barry W.Connors, and Michael A. Paradiso, *Neuroscience: Exploring the Brain*, 3rd ed. Baltimore: Lippincott Williams & Wilkins, 2007, pp.765−771。不幸的是，坎德尔在他最近出版的一本关于神经科学和艺术的有趣的书，Kandel, *The Age of Insight: The Quest to Understand the Unconscious in Art, Mind, and Brain from Vienna 1900 to the Present*, New York: Random House, 2012。

[②] Thomas Nagel, "What Is It Like to be a Bat?", *Philosophical Review*, Vol.83, 1974, pp. 435−450.

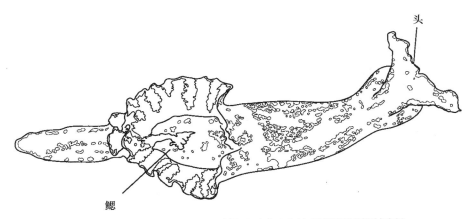

头

鳃

图 4.5　海蛞蝓的鳃缩回反射（玛吉·巴克·阿姆斯特朗绘制）

但是重复降低了某种情况下的反应性，增加了另一种情况下的反应性。

在更复杂的情况下，海蛞蝓也被证明是能够经得起"经典条件反射"的考验。也就是说，通过反复的相关刺激（Bear，Connors & Paradiso，*Neuroscience: Exploring the Brain*，768–771），用接触蜗牛的另一部分解剖结构可以诱发鳃缩回反射（gill–withdrawal reflex）。目前尚不清楚这是否应算作习惯化（habituation）或敏感化作用。这可能是一种不同的机制，即通过抑制一种反应（通常由讨论中的刺激区域引起的反应）和引起另一种反应（新的"有条件的"反应）形成习惯。但这种歧义进一步证明，刺激的重复本身并不能决定机体将如何反应。习惯化、敏感化和习惯形成都是重复经历能引起的不同形式的习惯化。重复可以是迟钝的、敏感的，也可以是习惯产生的，这取决于与刺激物的种类、有机体的特征、以前受刺激的历史，以及相互作用的背景相关的各种因素。

通常就是这样，这个实验提出的问题和它所回答的问题一样多：为什么生物体对重复刺激的反应如此不同，而这对艺术有什么启示？文学的反复体验是习惯化的还是敏感化的？这是否可以由作品的性质来决定——例如，它主要是和谐的还是不和谐的？比如说，海登（Haydn）或汉德尔（Handel）的交响曲，是否比斯特拉文斯基或勋伯格的现代作品更具习惯性，更不敏感呢？我们作为读者形成的习惯是本质上的迟钝吗？还是它们能使我们适应更像是敏感化作用的反应方式？这里的一个困难是，被认为无害或痛苦的东西（无论是对实验室实验中的有机体，还是对审美体验的接受者）不是绝对的事物，而是取决于多种因素，包括有机体（或特定读者）的敏感性；而这反过来又是先前体验的结果，这些经历本身就是以重复为特征的（我们认为和谐或不和谐的音乐可能因我们习惯的音乐而大不相同，任何青少年的父母都知道）。

这就是为什么和谐可以像不和谐一样敏感化的一个原因——以及为什么归为噪声的不和谐会变得迟钝和习惯化。不和谐的干扰所带来的痛苦，除非能够整合起来，否则可能会导致撤回，正如古典作品的和谐，如果能够促进对先前未被注意到的差异的认识，则可以使接受者的反应敏感。反复体验海登或斯特拉文斯基的，同样可能会导致无聊或更高的欣赏度——事先未被告知。海蛞蝓实验的审美寓意是，偏爱一种审美胜过另一种审美并没有神经科学的理由；相反，习惯化和敏感化都是基于神经元的反应，可以由反复的体验引起。和谐与不和谐可以是习惯性的，也可以是敏感的，取决于有机体、特定的刺激和环境。它们本质上不是这个或另一个。

习惯的运作表明记忆和学习不是在一个位置发生的，而是分散位于整个大脑中。加拉格尔和扎哈维解释，"记忆不是一种单一的思维能力"，而是包含"各种不同和不可分离的过程"（70）。一些局部性似乎是记忆的特征，因此我们可以明确地记得陈述性记忆（declarative memory）与海马体（hippocampus）有关；而我们记得如何做事的程序性记忆（procedural memory）则与纹状体（striatum）有关，但即使是这些联系也不是固定的和唯一的（Bear，Connors，and Paradiso，725–759）。有相当多的证据表明，记忆出现在学习发生的位置。例如，在一个经常被引用的实验中，大脑扫描显示，当观鸟者和汽车爱好者看到他们特殊专长的物体时，大脑皮层的不同部分会高亮度显示，这表明他们的记忆部位与其加工部位紧密相连。[①] 他们的大脑对鸟类和汽车的反应有不同的活跃，是因为他们对这些特殊领域的记忆，他们的专业知识技能，是他们认知体验的必要部分。这与赫比的建议是一致的，即大脑皮层根据我们的体验的反应不断自我重组。记忆痕迹，或称记忆印记（engrams），是通过重复形成类似的细胞组合和加强其下的神经元相互连接而产生的。记忆印记是一种神经习惯。

　　阅读的"熟练应对（skillful coping）"通过视觉皮层的信箱区（letterbox area）进行处理，但它也利用了整个大脑的学习和记忆部位。阅读不仅通过回忆具体内容来展开记忆，而且通过建立一致的模式，并根据过去的文学和生活体验来填补不确定性。记忆和大脑加工之间的联系促进了这些相互作用。加工神经组合模式的重复体验方式有助于解释特定的阅读实践是如何被灌输的，甚至到了具有相反解释性惯例的读者可能会在同一文本中发现不同含义的程度。

　　这至少在某种程度上是在人文学科特有的解释性冲突中发生的神经生物学现象。与鸟类学家和汽车爱好者的大脑一样，精神分析学家和马克思主义批评家的大脑也会被期待以不同的方式活跃，这不仅是因为他们知道什么，也因为他们知道如何运用他们的专业知识。我们过去对世界的体验，包括我们所习得的知识，以及我们在文学和生活中接受的观念，如果它们在我们大脑加工模式中与生俱来，就会使我们的阅读方式有所不同。[②] 来自不同解释群体的成员——无论是解构主义者还是新历史主义者，无论是女权主义者还是酷儿理论家，无论是文化批评家还是形式主义者——都会有不同的记忆印记，因为他们在阅读历史中形成了不同的记忆。这些神经结构不仅是过去加工的

---

① I. Gauthier et al., "Expertise for Cars and Birds Recruits Brain Areas Involved in Face Recognition," *Nature Neuroscience*, Vol.3, 2000, pp.191−197. 关于这个实验的讨论，见 Mark Bear, Barry W. Connors, and Michael A. Paradiso, *Neuroscience: Exploring the Brain*, 3rd ed. Baltimore: Lippincott Williams & Wilkins, 2007, pp.735−736。

② 这是一种神经生物学的解释，解释了诠释者对文学、语言和生活的假设如何影响他或她生成文本意义假设的习惯做法，我将这种关系描述为理解的两个层次的信念之间的相互作用，Paul B Armstrong, *Conflicting Readings: Variety and Validity in Interpretation*, Chapel Hill: University of North Carolina Press, 1990, esp. pp.2−12。

痕迹，而且有习惯在现在和将来的认知行为中发挥作用。尽管大脑的可塑性是有限的，而且我们所有的大脑都有许多共同的结构和加工过程，但是任何两个大脑的连线都会有所不同，因为过去的大脑皮层合成（神经元一起活跃，连接在一起）建立了连接，这就是为什么两个阅读历史的不同读者对同一部小说或同一首诗的反应可能大不相同。

读者的阅读方式有多大的历史性差异？著名的图书历史学家罗伯特·达恩顿（Robert Darnton）抱怨说，许多读者反应理论家"似乎认为文本总是以同样的方式影响读者的情感"。但是17世纪的伦敦市民所拥有的精神世界与20世纪的美国教授不同。阅读本身随着时间的推移而改变"，[①] 为了评估这一说法，我们首先需要区分不同的时间尺度。类似于瓦莱拉的三个微观认知事件的时间尺度，在大脑变化的历史中，在宏观层面上有着重要的差异。（要清楚，这里的类比很重要；我并不是说宏观层面的考虑可以精确地与微观认知的时间性平等。）最广时间范围的尺度（类似于微观层面上的10尺度）将包括人类大脑的发展的漫长进化历史，产生了它独有的特征和能力，不同于（也类似于）其他哺乳动物，我们有共同的起源。我们的语言能力——平克称之为"语言本能"——就是在这个量度上发展起来的。中程历史尺度（medium-range historical scale，这里的类比是瓦莱拉的1尺度）指的是这些皮层结构所需的尺度短，但仍然是相当长的时间，而且这些加工过程需要重新改换意图，以持续通过教育代代相传的文化任务。斯坦尼斯拉斯·迪昂称之为"神经元循环（neuronal recycling）"，阅读在几千年前就出现了，这是一个中程量度的变化。在最小的时间量度上（类似于微处理的1/10尺度的宏观水平），是出租车司机或钢琴家大脑中可能出现的个体变体，由于他们的重复实践活动历史而发生的赫比式重新连接。如果具有不同个人历史和诠释学理念的个体读者以不同方式阅读，或者如果阅读实践在文字之后相对较短的时间内（从

---

① Robert Darnton, "What is the History of Books?" in David Finkelstein and Alistair McCleery ed. *The Book History Reader*, New York: Routledge, 2006, p.20.

进化的角度来看）发生了历史性的变化，这些都发生在宏观历史变化的三个尺度中最小的一个量度上。[①]

现象学将阅读描述为建立一致模式的来回往返的过程，是建立在这些时间尺度中第一个和最广泛的基本认知、神经过程的基础上；然后，这些过程被再循环用于过去 5500—6000 年的中段尺度的第二阶段的阅读。在前摄和滞留的来回相互修改中，构成部分－整体关系及其时间设定的阐释学过程是大脑认知运作的一个整体特征。大脑的认知运作有着悠久的进化历史，早于我们的阅读能力的发展。这些大脑功能在 17 世纪的伦敦市民和当代美国文学教授（甚至神经科学家）身上几乎是一样的。如果沃尔特·翁（Walter Ong）说得对的话，"写作比其他任何一项发明都更能改变人类的意识"，那么这种根本性的改变发生在几千年前，当时不变对象识别的视觉能力被"再循环"以用于阅读。[②] 这种变化改变了大脑的用途，但并没有从生物学上改变大脑产生意义的过程。后来的文本复制技术变化，从印刷品到互联网，以及将读写能力从少数特权者扩展到大众读者群体，可能有深刻的社会、政治、文化的影响，但这些发展中潜在的基本认知、神经和现象学过程并没有改变。

我们每一代人的阅读方式可能不同（类似于 1/10 尺度），但我们这样做的方法是，采用自人类在六千多年前培养出的循环使用大脑来阅读的能力以来，就已经利用过相同的加工，这是对具有更长进化历史（最广泛的宏观尺度）的大脑皮层认知加工的重新利用。阅读神经学家迪昂明确地宣称，"我们喜欢阅读纳博科夫（Nabokov）和莎士比亚（Shakespeare）的作品，用的是最初为

---

① Philip·J. Ethington 在他的有趣的文章中，Philip J. Ethington, "Sociovisual Perspective: Vision and the Forms of the Human Past," in *A Field Guide to a New Meta-Field: Bridging the Humanities-Neurosciences Divide*, Chicago: University of Chicago Press, 2011, pp.123-152。同样主张区分基于神经科学来区分不同的历史时间尺度。

② Walter Ong, "Orality and Literacy: Writing Restructures Consciousness" in Finkelstein and McCleery, *Book History Reader*, 1997, p.134.

非洲大草原生活而设计的灵长类动物大脑。"① 我在这里提供的关于阅读的现象学和神经学的解释不仅是应用于读者如何阅读，只要可能阅读；它也解释了通过习惯形成和大脑皮层重新连接的奇思遐想，这些持久的、不变的过程，如何使达恩顿呼吁重视的那种发展和差异成为可能。

阅读经历能在多大程度上改变个人的行为？这个问题对文学的道德和政治影响有着巨大的、备受争议的启示。如果，在经常被引用的贺拉斯公式（Horatian formula）中，文学的目的是"取悦和教育"，那么神经科学能告诉我们有什么关于体验文本的能力，可以改变我们的生活？在阅读理论家中，从唯心论者赞美的人性化和文学的解放力量，到怀疑论者怀疑文学作为一部分文化机构灌输行为规范的强制性作用，答案千差万别。尧斯总结了唯心论者的观点："阅读的体验可以使人从生活现实中的适应性变化、偏见和困境中解放出来，因为它迫使人对事物有一种新的认识"，从而可能有助于"将人类从自然、宗教和社会的束缚中解放出来"。最近，尼古拉斯·达姆斯（Nicholas Dames）对这种怀疑态度提出了一个有力的声明，他质疑了关于 19 世纪小说对道德和社会影响自由化的传统观点："维多利亚时代的小说是工业化意识的一个训练场，而不是工业化意识的避难所"，而且"只要使读者适应现代性的时间节奏的生理器官"，因为冗长的三层结构训练了"读者能够以现代生活所需的快节奏阅读文本"。②

从神经科学的角度来看，文学当然有可能改变读者的意识，因为重复的

---

① Stanislas Dehaene, *Reading in the Brain: The Science and Evolution of a Human Invention*, New York: Viking, 2009, p.4.

② Hans Robert Jauss, "Literary History as a Challenge to Literary Theory," in *Toward an Aesthetic of Reception*, trans. Timothy Bahti, Minneapolis: University of Minnesota Press, 1982, pp.41, 45; Nicholas Dames, *The Physiology of the Novel: Reading, Neural Science, and the Form of Victorian Fiction*, New York: Oxford University Press, 2007, pp.7, 10. 苏珊娜·肯试图协调这两极之间，在她的有趣的著作中，Suzanne Keen, *Empathy and the Novel*, New York: Oxford University Press, 2007。对当代关于小说阅读的习惯对沉浸式读者的道德想象有何影响这个问题的争论做出了明智的评估，特别是第 7 页和第 25 章。在下一章讨论镜像神经元时，我将讨论共情问题。这里我关心的是习惯化和去习惯化在学习中的作用。

体验以反映我们个人和文化历史的方式改变了大脑皮层的连线，包括我们体验文学文本和其他艺术形式。例如，帕特尔引用了大量的实验证据，"音乐有能力改变我们大脑的结构，由于运动或知觉体验而扩大某些区域"（401）。迪昂同样观察到"信箱区域（通过它进行阅读加工）不仅由视觉刺激决定，而且由读者大脑的文化历史决定"，他指出"即使在成人大脑中，学习仍然可以极大地改变神经元连接"（95，211）。但是大脑在惯性和对新奇事物与变化的开放性之间是复杂平衡的，它摆脱旧习惯和培养新的反应模式的能力是有限的。伊瑟尔指出，阐释学界的一个版本描述了阅读可能带来的学习，因为"旧的形式为新的形式提供条件"，即使"新的形式有选择地重组旧的形式"（*Act of Reading*，132）。

　　现存的神经模式是响应阅读和其他体验形式中的新现象而启动的，在这一过程中，这些现象被同化的细胞组合可能在大脑皮层区域之间来回往返的相互交流中建立新的联系。这种游戏可以导致大脑结构的改变，但无论发生什么改变都将基于先前的模式，并且长期的发展通常不会在全局或瞬间发生。[1]相反，阅读对神经系统的影响通常因为反复处于形成习惯性反应的模式影响下——反之，不和谐的阅读体验可能影响并破坏这种模式。

　　神经结构的建立通常需要很长的时间，某本书的一次阅读不太可能改变它们，尽管一生研究一个特定的作者、体裁或时期，在一个或另一个解释范式中（类似于职业表演一种特定的乐器）很可能会产生神经结果。同样重要的是，阅读与日常生活中的许多其他活动和体验竞争，形成我们的大脑，因此，我们体验文学的结果可能会被其他非文学影响缓冲和削弱，未必一定被压制。此外，"文学"本身并没有完全统一的范畴，人一生中阅读各种各样的文本，这会把读者推或拉向许多不同的方向（附带地以各种方式在他们的大脑中形

---

[1]　心理创伤经历似乎是这个规则的一个例外，尽管创伤神经科学仍是一个发展中的研究领域。然而，可以肯定地说，阅读体验不太可能产生创伤性影响，不管它的情绪影响有多强烈。关于创伤性经历，尤见 Judith L.Herman, *Trauma and Recovery*, New York: Basic Books, 1992; and Robert C. Scaer, *The Trauma Spectrum: Hidden Wounds and Human Resiliency*, New York: Norton, 2005。

成和重新形成皮层连接，有些相互加强，另一些对抗已建立的模式）。这些都是怀疑文学具有单向性道德或政治效果的理由，无论是好的还是坏的理由（也许这也解释了，为什么人文主义者并不比其他人更仁慈，尽管我们花了很多时间阅读伟大的书籍）。

这些变化无常、无法预测的因素都表明，单凭大脑结构并不能完全解释我们对新奇事物的反应，也无法最终确定。大脑中的既定模式因与其应对不同情况形成新的神经元组合的能力而处于紧张状态，稳定和不稳定游戏的不平衡留下足够的变化空间，也就是说，我们在与世界相互作用过程中的意外事件和不可预测性，可以体验为证明类似人类自由的东西。命运注定论的怀疑主义者担心大脑可以被习惯化，但唯心论者希望大脑的模式或多或少会有改变。

在阅读中和在生活中一样，这些习惯不仅是认知的，而且是情绪的。事实上，汤普森指出，"认知和情绪不是分开的系统"，而是"在神经轴以交互的、循环的方式上下相互作用"（371）。认知和情绪的整合是大脑具身化的结果。达马西奥解释，因为大脑与身体的关系，"正常的精神状态总是充满某种感觉的形式"。① 情绪最终基于他所谓的"原初情感，这种感觉在人醒着的时候自发地持续发生"，并且"提供对自己的生命体的直接体验，不用言语，不用装饰，只与纯粹的存在联系在一起"（*Self Comes to Mind*: *Constructing the Conscious Brain*，21）。他解释说，这些"原初情感"是"对生命体状态的自发反应"，并且"基于上脑干核（upper brain-stem nuclei）的操作，上脑干核是生命调节机制的必要部分。原始情感是所有其他感觉的基本体"（101）。他认为，它们是"所谓的普遍情绪（恐惧、愤怒、悲伤、快乐、厌恶和惊奇）"的基础，"即使在缺乏情感的独特名称的文化中也存在"——"非习得的、无意识的、

---

① Damasio, *Self Comes to Mind*, p.22. 也可以参考他早期关于情绪神经科学的重要著作，尤其是 *Descartes' Error: Emotion, Reason, and the Human Brain*, New York: Putnam, 1994；以及 Antonio Damasio, *The Feeling of What Happens: Body and Emotion in the Making of Consciousness*, New York: Harcourt Brace, 1999.

可预测的、稳定的动作计划"，"它们起源于自然选择和由此产生的基因组指令"（123）。其他情感状态，如达马西奥所说的"社会情绪"——怜悯、尴尬、羞耻、内疚、轻蔑、嫉妒、羡慕、骄傲、钦佩——可能是更"近期的进化旧调，有些可能是人类专有的"（125–126）。

　　大脑再次被分割和分散，而不是统一和集中控制，因为两个系统在其中共存是进化历史不同时期的结果——脑干，调节人体的基本功能，是"原始情感"的来源，以及大脑皮层，是高层次的活动（包括情感和认知）发生的位置。达马西奥解释道，"丘脑是身体和大脑皮层之间的中途站"，位置毗邻上脑干，他们之间来回往返地在"时时刻刻的递归循环里"中接传送信号，这个循环"空间上分离的神经位置"之间"相互关联信息"，"因此将它们集合成连贯的模式"（*Self Comes to Mind*：*Constructing the Conscious Brain*，247–248）（图 4.6）。虽然这些交互是"无缝整合的"，达马西奥所说的脑干和大脑皮层之间的"相互作用"关系纳入"两个有些分离的'大脑空间'"中，指向"大脑进化的不同时期，在一个时期中气质足以引导适当的行为，另一个时期中大脑地图产生意象，提升行为的品质"（*Act of Reading*，248–249，153）。

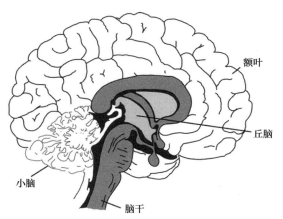

图 4.6　脑干、丘脑和大脑皮层

　　丘脑位于脑干上部中间，负责调节（或"内在关联"）来自大脑下部和上部区域的信号（玛吉·马克·阿姆斯特朗绘制）。

作为一个"熟练应对"的过程，阅读是一种具身活动，它在启动所有这些不同的部位之间的关系，从脑干向上穿过丘脑，到更高的大脑皮层区域，然后再向下重来。当我们阅读时，我们的大脑和身体相互作用，这就是为什么阅读既是一种认知体验，也是一种情绪体验。G. 加布丽埃勒·斯塔尔引用运用 fMRI 技术的实验描述，"协调运动的大脑结构部分也通过格律写作来补充……诗歌可能使我们希望保留时间、移动，还有想象运动。"[①] 这一发现与众所周知的证据相一致，即当钢琴家听音乐时，他们的运动皮层在演奏时也会活跃的地方被激活，这一实验结果与他们当中的很多人在手指随着钢琴音乐移动时（脑活动）描述的内容一致。[②]

实验进一步提供大脑的语言加工区域和运动皮层之间的关系，表明阅读动作语句会激发大脑皮层区域中与同类物理运动相关的活动。[③] 这些反应特定于我们的身体习惯，以至于左手习惯和右手习惯的实验参与者在大脑的相反半球记录对动作动词的反应。[④] 除了证明在艺术和语言的体验中提供大脑和身体相互作用，这些实验还表明，文学和音乐组织时间的方式可以告知并反映大脑在不同时间模态（视觉、听觉和运动）中的协调。诗歌音步和音乐的节律有助于构造其他大脑和身体加工的时间性。

在现象学和神经学上，情绪在我们走向未来的过程中扮演着特别重要的角色。原始情感的气质是有机体促进"尚未"的视界。达马西奥对前额叶感觉运

① G. Gabrielle Starr, "Multisensory Imagery," in Lisa Zunshine ed. *Introduction to Cognitive Cultural Studies*, Baltimore: Johns Hopkins University Press, 2010, p.280.

② Thomas F Münte et al., "The Musician's Brain as a Model of Neuroplasticity," *Nature Reviews/ Neuroscience*, Vol.3, June 2002, p.476.

③ Olaf Hauk and Friedman Pulvermüller, "Neurophysiological Distinction of Action Words in the Fronto-Central Cortex," *Human Brain Mapping*, Vol. 21, No.3, 2004, pp.191-201; and Véronique Boulenger et al., "Cross-Talk Between Language Processes and Overt Motor Behavior in the First 200 msec of Processing," *Journal of Cognitive Neuroscience*, Vol. 18, No. 10, 2006, pp.1607-1615. 对镜像神经元的讨论另见下面第 5 章。

④ Roel W. Willems et al., "Body-Specific Representations of Action Verbs: Neural Evidence from Right- and Left-Handers," *Psychological Science*, Vol. 21, No. 1, 2010, pp.67-74. 威廉斯发现，与动作相关的动词触发了主体的惯用手对侧半球的前运动皮层区域：右撇子和左撇子执行动作的方式不同，他们使用大脑相应不同的区域来表示动作动词的意思（67）。

动皮层（prefrontal sensorimotor cortex）受损患者的研究提供了情绪和前摄视界之间这种联系的临床和实验证据。他表示他们无法根据自己的身体经验形成精神气质，这使他们无法超越现时而思考，并导致各种非理性的、有时是反社会的行为，反映出他们对自身行为的意义缺乏关注或意识。他称之为"对未来的近视"，因为他们无法用基于情感的直觉来说明他们完整的认知过程。①

对于情绪与未来意象之间这种牢固联系的解释，与前摄视野中独特的、矛盾的性质有关，汤普森指出，这包含对未来的"或多或少确切的"预期，"尽管如此，它是开放和不确定的，因为它的意图尚未实现"（360）。回想一下，预期缺乏保留视界的特异性，滞留视界为已经发生的确定事件提供了一个特定的视角。相比之下，瓦莱拉将对未来的前摄预期描述为一种"固有的精神气质（affective disposition）"或一种"准备度（readiness），一种对事物通常会出现结果方式的预期"的模式（303，299）。汤普森认为，"生活和思维的前向轨迹（forward trajectory），从根本上来说是一种情绪问题"，因为前摄的"尚未"总是充满了情感，并受到伴随着精神气质（动机、评价、情感基调和动作倾向）的制约，伴随着体验的"连贯"（362）。这就是为什么海德格尔（Heidegger）把解释的"预期结构"［他称之为"前结构（forestructure）"（Vorstruktur）］描述为我们的"情绪"或"心情（stimmung）"和我们的情感"精神状态（state of mind）"（befindlichkeit）。"在任何情况下，"海德格尔写道，"这种存在（Dasein）［人类的存在（human existence），（文献中）"存有（there-being）"］总是有一些情绪……一种情绪表现出'一个人是怎样的，以及一个人在怎样表现。'在这个'一个人是怎样的'中，有一种情绪会把存在（Being）带到它的'那

---

① Antonio Damasio, *Self Comes to Mind: Constructing the Conscious Brain*, New York: Pantheon, 2010, p.205-222. 也可以参考他早期关于情绪神经科学的重要著作，尤其是 Antonio Damasio, *Descartes' Error: Emotion, Reason, and the Human Brain*, New York: Putnam, 1994；以及 Antonio Damasio, *The Feeling of What Happens: Body and Emotion in the Making of Consciousness*, New York: Harcourt Brace, 1999.

里'"。① 无论从生物学上还是从存在论上，我们的情绪、性格、同调（attunement）、气质和准备度都是矛盾的存在和"尚未"的缺失在我们的前摄视界上显现出来。

有大量的实验证据表明，同调、气质和准备度在以预先构造的方式调整我们的期望方面所起的作用，从而在很大程度上预先构造和预先决定了我们的知觉。为人所熟知的前意识启动效应（effects of subliminal priming），即视觉刺激的出现和消失如此之快，以至于我们没有"看到"它们，但它们仍然影响着我们的行为方式，只是因为我们所感知的东西因我们不思考的气质塑造才出现。加拉格尔和扎哈维公布了一个精心设计的精确控制实验，在这个实验中，参与者对特定刺激的不同"准备"或"不准备"状态，导致了明显不同的大脑活动反应率和模式。准备状态产生的反应时间在200毫秒范围内，而非600~800毫秒的不准备时间，在头皮表面进行地形脑电图测量，即使考虑到它们固有的"烟雾状"不精确性，也显示出"准备好"受试者反应模式中更快速和更有组织的同步性产物。② 相反的结果已经展现出来。例如，大卫·S.迈阿尔描述说，特定语句或声音模式的前景可以通过打断句子意义的预期连贯，以在1/10尺度上可测量的方式（在每个单词162~354毫秒的范围内）减缓反应时间。③ 当期望得到满足时，加工处理会更快，而当期望得不到满足时，处理过程会更慢。这两种结果都表明了气质和准备度对认知的影响。

这些结果并不令人惊讶；它们与一般公认的启动预期和挫败预期的效应

---

① Martin Heidegger, "Understanding and Interpretation," in *Being and Time*, trans. John Macquarrie and Edward Robinson, New York: Harper & Row, 1962, pp. 172–179. 汤普森公正地从神经现象学的角度批评了海德格尔对"情绪和协调的解释"，是"不可思议地并无实体"，因而"令人不满意"，*Mind in Life*, p. 379. 这一缺陷首先反映了海德格尔对基本本体论问题的关注，因为在他看来，具身存在的本体特殊性只是作为存在的间接证据。然而，梅洛·庞蒂在《知觉现象学》（*Phenomenology of Perception*）中以海德格尔对存在结构的描述为指导，探索具身的生活经验，这一重点是可以转移的。其他存在主义现象学家（包括汤普森）也追随梅洛·庞蒂的脚步。

② Shaun Gallagher and Dan Zahavi, *The Phenomenological Mind: An Introduction to Philosophy of Mind and Cognitive Science*, New York: Routledge, 2008, pp. 33–38.

③ David S. Miall, "Neuroaesthetics of Literary Reading," in Martin Skov and Oshin Vartanian, ed. *Neuroaesthetics*, Amityville, NY: Baywood, 2009, pp. 237–240.

一致，这些效应在文学、音乐和日常体验中都很典型。^①例如，阿尔文·戈德曼（Alvin Goldman）报告了一个实验，在这个实验中，受试者首先被要求根据单词表写出与特定特征或模式化形象相关的句子 [比如与 "老年人（*elderly*）" 相关的 "灰色（*gray*）""宾果游戏（*bingo*）" 和 "佛罗里达州（*Florida*）"]，然后准备好中性词测试对照组。"对老年人有刻板印象的受试者从实验室走到电梯要花更长的时间"；用 "粗鲁" 字句测试的受试者，比一组用 "礼貌" 单词表的 "更迅速、更频繁地打断实验者"；然后，用关于政治家的术语测试的受试者与对照组相比，他们更倾向于 "长篇大论" 和"写关于核试验更长的论文"。^②

然而，一些启动效应不太能预测，而且更为奇特。G. 加布丽埃勒·斯塔尔注意到 "期待和预期可能引起具有感知效应的强烈意象"，发表了稀奇的实验结果，表明 "想象的气味……可能干扰或改变我们对实际存在的味道的感知"："某些气味，如草莓的气味，使我们更容易尝到糖的味道。想象中的草莓味也有同样的作用"，但 "视觉意象没有这种效果"。^③不管这些联系有什么样的确切神经生物学解释，最后都戏剧性地证明了同调的身体基础。不同的感官模态可以相互强化，因为它们体现了对未来的塑形情况。在所有这

---

① 人们对期望在音乐中的作用进行了特别彻底的研究。有用的概述，见 Daniel Levitin, *This is Your Brain on Music: The Science of a Human Obsession*, East Rutherford, NJ: Penguin, 2006, pp.111-131。

② Alvin I. Goldman, *Simulating Minds: The Philosophy, Psychology, and Neuroscience of Mindreading*, Oxford: Oxford University Press, 2006, pp.161-162. 这些实验的最初描述见 J. A. Bargh et al., "Automaticity of Social Behavior: Direct Effects of Trait Construct and Stereotype Activation on Action," *Journal of Personality and Social Psychology*, Vol. 71, 1996, pp.230-244; and A. Dijksterhuis and A. van Knippenberg, "Behavioral Indecision: Effects of Self Focus on Automatic Behavior," *Social Cognition*, Vol.18, 2000, pp.55-74。

③ G. Gabrielle Starr, "Multisensory Imagery," in ed. Lisa Zunshine, *Introduction to Cognitive Cultural Studies*, Baltimore: Johns Hopkins University Press, 2010, pp.285, 331. Jelena Djordjevic, R. J. Zatorre, and M. Jones-Gotman, "Effects of Perceived and Imagined Odors on Taste Detection," *Chemical Senses*, Vol.29, 2004, pp. 199-208; and Jelena Djordjevic, R. J. Zatorre, M. Petrides, and M. Jones-Gotman, "The Mind's Nose: Effects of Odor and Visual Imagery on Odor Detection," *Psychological Science*, Vol.15, No.3, 2004, pp.143-148.

些方面，对生活以及艺术的理解都面向"尚未"的视域发展。和谐与不和谐的审美效果是通过操纵这些预期来实现的，或者是为了印证它们，或是为了中断它们（而且通常两者都是以某种组合的形式），而这些影响是认知的、情绪的和具身的。

期望的启动和挫败可以启动达马西奥所说的"似身体循环（as-if body loop）"，这可以在艺术和生活中都产生强烈的情绪效应。达马西奥认为，"大脑可以模拟……某些身体状态，好像它们正在发生"（*Self Comes to Mind*：*Constructing the Conscious Brain*，102，原作中强调的）：

> "因为我们对任何身体状态的感知都根源于（大脑）躯体感觉区域的身体地图，所以我们认为身体状态实际上是发生的，即使它不是……'似身体循环'假说包括，负责触发特定情绪的大脑结构相连接，这些结构中能够与情绪对应的身体状态会映射出来。例如，杏仁核（amygdala）（触发恐惧的部位）和腹内前额叶皮层（ventromedial prefrontal cortex）（触发同情的部位）必须连接到躯体感觉区域（somatosensory regions），如岛叶皮层（insular cortex）、SII、SI 的区域和躯体感觉联合皮层（somatosensory association cortices），在那里身体状态被持续处理。这种联系是存在的。（也就是说，这些联系已经在大脑神经解剖学的研究中得到证实）。

当然，在亚里士多德的经典解释中，恐惧和同情是宣泄的基本情绪。因此，大脑以这种方式"模拟"身体状态的能力，是宣泄情绪的神经生理学基础，"触发"大脑皮层中的怜悯和恐怖情绪，"仿佛"我们确实是在响应真实事件中体验它们。

亚里士多德明确说明，这样的模拟是否会导致这些情绪的净化，这是另一个问题，也是实验证据引起怀疑的事。心理学家保罗·布鲁姆（Paul Bloom）认为"宣泄是一种贫乏的情绪理论，没有科学依据。情绪体验是否有净化作用。

以一个经过大量研究的案例为例，看一部暴力电影并不能使人处于放松且平和的精神状态——它能让观众激动。"① 实验证据表明，这可能是对的，但如果让观众激动，那是因为类似达马西奥所说的身体循环是起作用的，因为亚里士多德的假设在观众的悲剧体验中也是如此。亚里士多德在宣泄的净化效果的观点可能是错误的，但他关于审美情绪的具身表现的观点是正确的。

当我们对一个悲剧人物的命运感到怜悯和恐惧时，那是因为情绪的具身化可以产生超越个人的效果。根据达马西奥的说法，"在大脑的身体映射图中，对一种身体状态的模拟并不是在有机体中实际发生的"，这也可能实现把其他人的情绪和感受"虚拟"表现。"因为我们可以描绘自己的身体状态，所以我们可以更容易地模拟其他人的等效身体状态"（103，104）。这些观察结果支持了胡塞尔对形体（Körper）和身体（Leib）的区分，即我们对具身化的生活体验和作为物理对象的身体的区分。神经现象学家让－米歇尔·罗伊（Jean-Michel Roy）解释说："此外，我们并不把自己的身体理解为一个外在的现实，而是把自己理解为一种存在和生存的东西。"② 只有当身体是一个形体而不是身体，我们才能不仅在自己身上，而且在他人身上模拟它的状态。具身的生活经验允许我们分享他人的情绪，就"好像"我们也有这样的情绪一样。

这样的具身体验可能会引起自我感知。然而，在神经学和现象学上来说，自我不是一个连贯的、统一的实体，而是一个过程和一个事件。达马西奥在一个措辞非常谨慎的定义中，将自我描述为"以生命体的表现为中心的综合

---

① Paul Bloom, *How Pleasure Works*, New York: Norton, 2010, p.192. 关于暴力表现形式对观众影响的经典研究见 Albert Bandura et al., "Imitation of Film-Mediated Aggressive Models," *Journal of Abnormal and Social Psychology*, Vol.66, No.1, 1963, pp.3-11. 虽然对暴力的描述能够引发攻击性的感觉，这已经被很好地记录下来了，但是我们必须在多大程度上模仿我们所看到的东西是一个有争议和复杂的问题，我将在下一章中详细说明。

② Jean-Michel Roy et al., "Beyond the Gap," in Petitot et al. eds. *Naturalizing Phenomenology*, p.35. 关于身体的独特性（the Körper-Leib distinction），另见 Evan Thompson, *Mind in Life: Biology, Phenomenology, and the Sciences of Mind*, Cambridge, MA: Harvard University Press, 2007, pp.235-237; and Zahavi, *Subjectivity and Selfhood*, pp.205-206。第五章详细分析了自我－他人关系的神经学基础。

神经过程的动态集合，在综合心理过程的动态集合中找到表达"（9）。根据这个定义，自我在几个相关的方面是一个自相矛盾的现象。无论是"神经的"还是"心理的"，它都跨越了大脑和思维的差距，而没有消除差距。自我是一个过程的"集合"，也是"综合的"，其特点是多重性和综合性。作为生命体的一个"表现"，自我在我们的具身体验的充分性和即时性中，既标志着我们是谁，又不标志我们是谁。最后，或许也是最重要的，自我从根本上来说是"动态的"，因为它只有通过时间的变化才"是"自我。

神经现象学家加拉格尔和扎哈维也提出了类似的观点："当代神经科学的共识是，神经加工在很大程度上分布在不同的大脑区域。因此，没有真正统一的神经体验中心，也没有任何跨越时间的真正的身份，我们可以统称为自我。"[1] 相反，他们认为，如果自我存在，它的"身份"是我们对跨越时间的具象生活过程相关联系性的体验，"原始时间流"是"在众多变化的体验中，第一个人称给予性（giveness）的不变维度"（203–204）。他们解释说，自我并不是"位于和隐藏在大脑中"（204）；相反，我们的自我感觉与存在和体现的时间、合成和多样的神经过程相关，并从中产生。阿尔瓦·诺埃戏剧性地主张，"你不是你的大脑。相反，大脑是你的一部分"（7）。自我感觉是一种在时间中具身生活方式的现象学经验，它有不可削减的神经关联，即使大脑皮层和脑干中加工是其可能性的生物学条件。

从现象学上讲，自我不过是威廉·詹姆斯所描述的那种"温暖和亲密"的感觉，它将我们的体验贯穿时间的过程连接起来："所以，这个现在当然是我，是我的……当然，能带来同样的温暖、亲密和直接的其他任何东西，也都是我和我的……这个自我的共同体是时间差不能一分为二的，这就是为什么一个现在的思想，虽然没有忽视时间差，但仍然可以认为自己与某些选定的过

---

[1] Gallagher and Zahavi, *Phenomenological Mind*, p.202. "从纯粹的描述性角度来看，" Gallagher and Zahavi 认为，"达马西奥的分析没有任何新意。我们面对的是对经典现象学中已有的观点的重新表述"（203）。

去部分是连续的（1∶239）"。因此，梅洛·庞蒂主张"我们必须把时间理解为主体，把主体理解为时间"（422）。体验持续的、水平的时间性即将自我与它自身结合起来，又阻止它永远稳定或完全统一。体验的时间性、水平相关性是自我感觉的基础，而这种体验又反过来与大脑的工作方式有关。

无论从现象学还是从神经科学的角度来看，基于自我的时间性是一种基本原理，总是渐渐消逝，而且永远不会与自身一致。自我和大脑是无中心的，因为它们适时发生。达马西奥提供了一个有趣且有启发性但又有点误导的隐喻来描述这些悖论。他把自我比作交响乐的演奏：

> "有意识的心智是由几个，通常是许多大脑部位的顺利连接操作所产生的……最终的意识产物同时从那些众多的大脑部位出现，而不是某个特定部位，就像交响乐作品的演奏不是来自一个乐手的表演，而是来自一个管弦乐队整体。最奇怪的是，在意识表演的最高境界中，在表演开始之前明显没有一个指挥，尽管随着表演的展开，指挥出现了。从所有的意图和目的来看，指挥现在正领导着管弦乐队，尽管表演创造了指挥——自我——而不是只会创造表演。"（23-24，原文强调）

交响乐隐喻用于描述大脑活动分布式的多样性，这些活动不可简化为某个单一的加工位置。就像把大脑比作鸡尾酒会的比喻一样，交响乐形象将大脑描绘成社会的而不是个体的模式，一个或多或少综合过程的集合，而不是一个自上而下、统一的实体。但是，音乐家们的相互的、来回往返的活动可能比鸡尾酒会上谈话的嘈杂更能说明大脑加工的综合功能——大脑如何像管弦乐队一样"演奏"，并演奏各种和弦（不和谐，甚至偶尔有错误音符）。

达马西奥机智地发现，指挥并不是表演之前预先存在的，而是由表演产生的，就像没有集中管理者——机器里没有人——指挥着大脑的活动一样。然而，在这里这个比喻失败了，或者至少需要一个不同于达马西奥的解释，因为指挥家不是自我，至多詹姆斯·莱文（James Levine）或小泽征二（Seiji Ozawa）是（或者更确切地说，曾经是）波士顿交响乐团的指挥家一样。在整个表演过程中，自我是一个管弦乐团，它随着时间的推移演奏。指挥可能会转喻地代表管弦乐队，因为特定的，也就是说，像物体一样的身份似乎可以定义一个人是谁，但这样的描述必然是歪曲的，是对自我分散的、在时间上流动的、不断变化的现象学和神经学基础的歪曲。

关于意识是统一的还是分开的争论，往往是因为分开合成的矛盾组合和描述自我和大脑的无中心的多样性。例如，泽米尔·泽基主张"存在单一的、统一意识的说法不可能是真的"，因为大脑由多个"加工点"组成，这些"加工点"同时也是"知觉点"（*The Disunity of Consciousness*，214）。他更倾向于将大脑描述为一个不断变化的、不完全整合的"微观意识"的内在多重集合。虽然约翰·赛尔（John Searle）同意神经科学的观点："意识和其他任何生物现象一样是一种生物现象"，而且"完全是由神经生物学加工过程引起的"，这个过程是"在大脑结构中实现的"，但是他反对他称为"构建块区的方法"，认为"大脑在某种程度上将所有各种不同的刺激输入，合并到一个统一的意识体验中。"[①] 他尤其反对泽基的微观意识概念，根据我们必须首先有意识才能注意到微意识的状态："我知道对我来说，体验我当前的意识领域是什么感觉，但是谁会体验到所有微小的微意识？它们各自独立存在会是什么样子？"（573）。

塞尔把意识空间比喻为一个统一的领域，歪曲了体验的时间性，尽管他自己的论点着重地假设体验适时发生。这种时间性隐含在他论证的一个关键步骤中："只有已经有意识的主体才能有视觉体验"（574）。如果我们只能在事实之后注意到一个微意识状态，当一个"已经"存在的意识瞄准它时，那是因为意识不是"单一的"和"统一的"，而是跨时间发生的，因此永远不

---

① John R. Searle, "Consciousness," *Annual Review of Neuroscience*, Vol.23, 2000, pp.557, 562.

会与它自身处于同一状态。因此，梅洛·庞蒂主张，我们的思考总是揭示出一个先前存留的不假思索的体验，而这些体验是他们永远无法完全赶上的，以便"没有一种思想包含我们所有的思想"（xiv）。威廉·詹姆斯提出了一个典型的醒目表达方法来描述这些时间的错位："我们对自己状态的有效意识是后意识（after-consciusness）"（1:644）。

任何意识理论都需要解释其意义创造活动的连续性和间断性，因为它们随着时间的推移而出现。同样，任何关于大脑的相关理论都必须包括它在地理上分散的、时间上分离的加工过程，以及它整合和交互的、来回往返交流的能力。如果就像泽基认为那样，意识本质上是不统一，或者像赛尔认为是统一的领域，那就是把时间功能的现象学和神经科学的矛盾分开。意识和无中心的大脑的时间性需要的是一种两者兼得的方法，而不是一种非此即彼的方法来处理多重性和综合性之间的关系。

一个无中心的自我概念有时被认为具有内在的颠覆性，因为它破坏了笛卡尔主体（Cartesian subject）的自我确定性（"我思故我在"）。然而，作为意识特征的转移（displacement）、中断（disjunctions）和不统一（disunities），仅仅是生命的一个生物学事实，是基于大脑的地形和时间上的无中心性。这种无中心性并不是本质上的颠覆性的、消极性的或破坏性的，而是有利于生活的。（否则它早就被进化的力量所取代了。）神经现象学家让 - 吕克·佩蒂克（Jean-Luc Petit）解释，生命有一种内在的不稳定性和无中心性，因为有机体总是在"在活动"："在成为动作主体……活动的主体之前，有机体已经'在活动'，因为只有已经在活动中才能够清楚有关自己的事情，发现自己的能力和掌握它们，并且确实为自己成为自己行为的一个极点，即使不是主体。"① 有机体固有的不稳定、分散地趋向"尚未"的方向，使它有可能"在活动"，并以来回探索性的方式对其环境采取动作和作出反应。

---

① Jean-Luc Petit, "Constitution by Movement: Husserl in Light of Recent Neurobiological Findings," in Petitot et al., *Naturalizing Phenomenology*, p.222.

　　这种与世界互动的、交互的、递归的、相互形成的过程可以采取"游戏"的形式。在世界上活动可以是与世界游戏的一种方式。大脑如果自身一成不变，就不能游戏，不能活动，也不能存活很长时间。阅读是人类有机体以探索性的方式作用于世界的一种独特的做法。一个稳定、统一的大脑无法阅读，因为阅读是一种面向未来的时间性实践。大脑的无中心性使我们能够阅读，反过来也使阅读能够塑造我们是谁和可能成为谁。因为我们的大脑是无中心的，我们可以作为读者进行活动，享受文学的游戏性。

第五章　社会的大脑和第二自我的悖论

　　许多神经科学的一个缺陷是忽视了大脑的社会维度。毫无疑问，这个问题在一定程度上是方法论上的问题。毕竟，用功能磁共振成像仪研究个体的大脑或将电极连接到单个细胞上要比了解大脑网络的相互作用的信息容易得多——这并不是说这两种技术的程序简单。帕特里夏·丘格兰指出，"社会生活极其复杂，支持我们社会生活的大脑也是如此。"[①]这当然应该责怪哲学上的假设，尤其是笛卡尔对自我反思的个体意识的关注遗留的问题。神经学家马克·亚科博尼（Marc Iacoboni）指出："哲学和意识形态上的个人主义立场，特别是在西方文化中占主导地位的，使我们对自己大脑的初级主体间性（fundamentally intersubjectivity）本质视而不见。"[②]然而，大脑不是一座孤岛。埃文·汤普森提醒我们："如果没有文化，我们根本就没有使我们成为人类的认知能力。"[③]

　　一方面，我们以前无法阅读。教育通过一代又一代神经循环将大脑转变成一个阅读的器官，这是某种读写文化的保存和扩展，神经循环是一个很好的例子，说明我们的认知功能的神经生物学是如何与社会互动不可分割地交织在一起的。同时也被我们的认知功能影响进化心理学家默林·唐纳德（Merlin

---

① Patricia S.Churchland, *Braintrust: What Neuroscience Tells Us about Morality*, Princeton, NJ: Princeton University Press, 2011, p.9.

② Marco Iacoboni, *Mirroring People: The Science of Empathy and How We Connect with Others*, New York: Farrar, Straus & Giroux, 2008, p.152.

③ Evan Thompson, *Mind in Life: Biology, Phenomenology, and the Sciences of Mind*, Cambridge, MA: Harvard University Press, 2007, p.403.

Donald）发现，"文化有效地连接了大脑中原本不存在的功能子系统。"①这种情况不仅存在于阅读中，还存在于广泛的认知、情绪甚至运动功能中，这些功能的发展或失败，取决于大脑与其他重要因素的环境之间偶然的、可变的相互作用，从父母开始，一直延伸到文化和社会的方方面面。

理解大脑的社会生活有三种主要的方法，而正在形成的共识是，没有单独一种方法能够独自凭借自我和他人有意义的互动来解释复杂、混乱的运作。一种被称为心理理论（theory of mind，ToM）或理论理论（theory theory，TT）的方法，侧重于我们将心理状态归因于他人的能力——进行心智读取（mind reading），通过阅读，我们对他人的信念、愿望和意图进行理论化，我们认识到这些可能与我们自己的不同。这种方法的拥护者认为，在认知发展的关键时刻，四五岁的儿童有通过"错误观点"测试的能力，在这种测试中，他们必须明白另一个孩子对事物的看法会与他不同（例如，他不知道弹珠已经从 A 盒移到 B 盒，而会在 A 盒而不是 B 盒中寻找弹珠）。②理论理论的批评家们指出，孩子在理解"错误观点"之前就已经与他人建立了有意义的关系（否则他们不能接受自己在四岁之前失败的测试）。亚科博尼认为，"思维不是一本书"，我们不必"成为像爱因斯坦一样的科学家，用关于科学家精神状态的'理论'来分析我们周围的每一个人，以便理解我们人类同胞的简单的日常行为"（73）。

根据模拟理论（simulation theory，ST），更可信的观点是，我们通过自己的想法和感受模式来解释他人，认为他人一定正在体验这种模式，并运行"模拟程序"，这让我们站在他人的立场上。这种模仿可以从出生起就发生，带有或多或少的自觉意识（conscious awareness），或多或少故意的或无

---

① Merlin Donald, *A Mind So Rare: The Evolution of Human Consciousness*, New York: Norton, 2001, p. 212.

② Simon Baron-Cohen, *Mindblindness: An Essay on Autism and Theory of Mind*, Cambridge, MA: MIT Press, 1995; and Peter Carruthers and Peter K. Smith, eds., *Theories of Theories of Mind*, Cambridge: Cambridge University Press, 1996.

意识的，不需要"建立理论"或"构想"的能力。^①然而，模拟理论对象的批评家们认为，它回避了它声称要回答的问题的实质，因为它假定"模拟程序已经知道另一个人在做什么"，这正是"我们试图解释的事情"。^②无论如何，克里斯蒂安·凯泽斯（Christian Keysers）和瓦莱里娅·加佐拉（Valeria Gazzola）明智地指出，"社会认知的范围从模拟理论学者研究的直观例子，到心理理论研究者使用的反思性例子"，而足够好的社会大脑的理论必须解释这两者。^③

第三种方法可能提供所需的跨接机制（bridging mechanism），尽管对其背后的实验证据仍存在一些争议。20 世纪 90 年代初，由贾科莫·里佐拉蒂领导的帕尔马神经科学家团队（Parma team）在猕猴的运动皮层中发现了镜像神经元（mirror neurons，MNs），这种神经元不仅在猕猴执行特定动作时活跃，而且在猕猴观察到另一只猴子或一名实验者做相同动作时也活跃。^④这一发现几乎立即引发了一种推测，即神经元层面的类似镜像机制是否可能是模仿、学习和交流等关键社会行为的基础。几年后，帕尔马团队的成员维

---

① R. M. Gordon, "Folk Psychology as Simulation," *Mind and Language*, Vol.1, No.2, 1986, pp.158–171; M. Davies and T. Stone, eds., *Mental Simulation: Evaluations and Applications*, Oxford: Blackwell, 1995; and Alvin I. Goldman, *Simulating Minds: The Philosophy, Psychology, and Neuroscience of Mindreading*, Oxford: Oxford University Press, 2006. 对理论理论和模拟理论以及进一步的参考书目进行了很好的总结，Shaun Gallagher, *How the Body Shapes the Mind*, Oxford: Clarendon, 2005, pp.206–208。

② Shaun Gallagher and Dan Zahavi, *The Phenomenological Mind: An Introduction to Philosophy of Mind and Cognitive Science*, New York: Routledge, 2008, p.175.

③ Christian Keysers and Valeria Gazzola, "Integrating Simulation Theory and Theory of Mind: From Self to Social Cognition," *Trends in Cognitive Sciences*, Vol. 11, No. 5, March 2007, p.194.

④ 报道这一发现的经典论文是 Vittorio Gallese et al., "Action Recognition in the Premotor Cortex," *Brain*, Vol.119, No.2, 1996, pp. 593–609. 另见 Giacomo Rizzolatti et al., "Neurophysiological Mechanisms Underlying the Understanding and Imitation of Action," *Nature Reviews/Neuroscience*, Vol.2, September 2001, pp.661–670; Giacomo Rizzolatti and Laila Craighero, "The Mirror Neuron System," *Annual Review of Neuroscience*, Vol.27, 2004, p.169–192; and Giacomo Rizzolatti and Maddalena Fabbri-Destro, "Mirror Neurons: From Discovery to Autism," *Experimental Brain Research*, Vol.200, 2010, pp.223–237. 里佐拉蒂在最后一篇论文中指出，他发现镜像神经元的第一份报告被《自然》（*Nature*）拒绝了，因为它"没有引起大众的兴趣"（223）。这项研究 Giacomo Rizzolatti and Corrado Sinigaglia, *Mirrors in the Brain: How Our Minds Share Actions and Emotions*, trans. Frances Anderson, Oxford: Oxford University Press, 2008 得到了清晰的总结。

托里奥·加莱塞（Vittorio Gallese）提出了"推测……镜像神经元代表了一个模拟启发方法的原始版本，或者可能是一种未发育的前兆，可能是心智读取（mind-reading）的基础"，他随后发表了一篇思维缜密的关于这种机制如何运作的论文。[1]

自那时起，镜像神经元的风潮就得到了相当大的发展，神经学家 V. S. 拉马钱德兰激动地宣称可以证明："这些神经元……所有的意图和目的都是联系另一只猴子的想法，弄清楚它在做什么……就好像镜像神经元是大自然自己对其他生命意图的虚拟现实模拟。"[2] 这种热情，与人类是否拥有镜像神经元，受到人们同样程度的质疑，即使镜像神经元真的存在，他们是否能够承受被要求承载的所有解释的重量。[3] 用加州大学洛杉矶分校（UCLA）的神经学家马克·亚科博尼（前面提到的帕尔马团队）的话来说，镜像神经元是"主体间性（intersubjectivity）"的生物学基础（152），是重要的、有趣的，而且值得认真地重点关注，本章试图提供这种关注（但需要说明的是，一些问题和实验的统计分析方法和技术有关，而我并不能够完全解读出来）。可以肯定地说，大脑的社会能力过于复杂，无法用某一个神经元来解释，但镜像神经元争论的有益效果是，它彻底地让大脑破

---

[1] Vittorio Gallese and Alvin Goldman, "Mirror Neurons and the Simulation Theory of Mind-Reading," *Trends in Cognitive Science*, Vol.2, No.12, December 1998, p.498. 另见 Vittorio Gallese, "The 'Shared Manifold' Hypothesis: From Mirror Neurons to Empathy," *Journal of Consciousness Studies*, Vol.8, No.5-7, 2001, pp.33-50; and Gallese, "The Manifold Nature of Interpersonal Relations: The Quest for a Common Mechanism," *Philosophical Transactions of the Royal Society London B*, Vol.358, 2003, pp.517-528。

[2] V. S. Ramachandran, *The Tell-Tale Brain: A Neuroscientist's Quest for What Makes Us Human*, New York: Norton, 2011, p.121.

[3] G. Hickock, "Eight Problems for the Mirror Neuron Theory of Action Understanding in Monkeys and Humans," *Journal of Cognitive Neuroscience*, Vol.27, No.7, 2009, pp.1229-1243。丘奇兰还把镜像神经元的证据归因于她所谓的"踢加厚轮胎（tough-tire-ticking）"，（*Braintrust*, pp.118-162），但是并没有完全拒绝。拉马钱德兰对最常见的怀疑论给出了简洁的回答 *Tell-Tale Brain*, pp.312-313。另见 Christian Keysers, "Mirror Neurons," *Current Biology*, Vol.19, No.21, 2009, pp.971-973。

茧而出，并将其置于社会世界中。①

无论最终从这些争论中出现什么样的方法（或者，更可能是几种方法的组合），对社会技能的神经生物学的质疑是要解释现象学称为"另一个自我（the alter ego）的悖论"的问题。② 这个悖论就是这些关系同时有主体间性和唯我性——固有的、不可分割的、基础的。胡塞尔解释，"我体验世界……是作为一个主体间的世界，其实每个人都有……然而，每个人都有自己的体验，与其他人明显不同，根据感知者的独特视角而有所不同。"③ 梅洛·庞蒂指出，"当我们了解或判断它时，社会就已经存在"（362），因为体验的主体间性最初是由我们对一个共同世界的感知所赋予的。人类存在的特征是一种初级主体间性，因为我们与其他主体存在于同一个世界，他们看待跟我们共有的对象有不同的角度，保证了他们的独立性和完整性，即使我们只片面地看到这些对象，还有超出我们的视野侧面和维度。④ 然而，梅洛·庞蒂接着说，"有一种根源于生活体验的唯我论，是无法克服的"（358），就是因为自我永远不可能拥有另一个自我的自我体验，而不消除它们之间的差异。我注定永远不会体验另一个人对他或她自己的存在的感受，我以己度人的体验，对我自己来说也必然是个谜。

因此，胡塞尔问道："这两个最初的范围是否没有被我无法跨越的深渊隔开，因为跨越它毕竟意味着我获得了一个原始的……别人的体验？"（121）。

① 在思维实验中，想象大脑存在于一个大桶中，然后提问题，你（或你的大脑）会注意到任何不同吗？见 Evan Thompson, *Mind in Life: Biology, Phenomenology, and the Sciences of Mind*, Cambridge, MA: Harvard University Press, 2007, pp.240–242。汤普森的回答是："作为有意识的主体，我们不是装在大桶里的大脑；我们是世界上神经活跃的生物"（242）。这个世界是社会的，问题是大脑的能力如何让我们驾驭它。

② 这个短语取自 Maurice Merleau-Ponty, *Phenomenology of Perception*, trans. Colin Smith, London: Routledge & Kegan Paul, 1962, p. xii。

③ Edmund Husserl, *Cartesian Meditations*, trans. Dorion Cairns, The Hague: Martinus Nijhoff, 1970, p.91.

④ 术语"初级主体间性（primary intersubjectivity）"来自 Gallagher, Shaun Gallagher, *How the Body Shapes the Mind*, Oxford: Clarendon, 2005 , pp.225–228。对自我和他人的现象学思考，Dan Zahavi, *Subjectivity and Selfhood: Investigating the First-Person Perspective*, Cambridge, MA: MIT Press, 2008, pp.147–177。

然而，这个问题的背后隐藏着一个悖论，因为用梅洛·庞蒂的话来说，"我的体验必须以某种方式呈现给其他人，否则我就没有机会谈论独处，也不能开始把其他人说成无法接近"（359）。唯我论只对主体间的自我来说是个问题，这个自我已经把对方视为一个他们在共同的世界里相互平等的主体。

这些悖论在一些困扰理论理论和模拟理论的矛盾中表现尤为明显，这些悖论只有当我们认识到它们根源于另一个自我的悖论时才看起来像是问题，在这一点上，它们成为主体间性和唯我主义神秘结合的证据，这种结合有社会关系的特征，而且在我们的社会技能的神经生物学中必然有关联。我们需要一种心理理论和心智读取技巧，只是因为唯我论无法超越，使我无法体验到他人的自我存在。但是指责这种能力次于之前他以其他为基础的理解，反过来证明了我们的初级主体间性，也就是其他人与我共性的本义，没有这些共性，我也没有根据对他或她的内在状态做出理论上的推定。模仿理论认为，我们在另一个自我中发现了相似之处，但在它的批评家指出的方面又是矛盾、神秘的，只因为自我和另一个自我是固有的、同时的，既相似又不同。胡塞尔评论："另一个是自我的'镜像'，但不是一个严格意义上的镜像，是我自己的一个相似物，但又不是通常意义上的相似物"（94）。如何捕捉这个神秘的、自相矛盾的，又生活的、平凡的、日常的自我的他异性体验，这个自我既与我"相似（like）"、又"不相似（not like）"（因为"相似"并非"相同"），这是对充分解释自我与他人关系的挑战。

这样的解释必须认识到，镜像和类比是重复的行为——"我（me）"和"非我（not me）"，"相似"和"不相似"的双重化（doubling）——当他们在一个矛盾的主体间性和唯我性的世界中协调自己的方式时，人类习惯性地、不自觉地、不假思索地参与进来。胡塞尔解释："自我和另一个自我总是和必然在一个最初的'配对'中给出。"（112）这种"我"和"非我"的配对，使镜像和类比成为双重化的矛盾加工过程——回想一下尼采（Nietzsche）的一句有用的话，"das Gleich-setzen des Nicht-Gleichen（相似等于不一样）"，这种情况等同于（作为等价物的东西）不完全相同的东西。[①] 人类进行这种双重化活动的能力是基于身体、神经和大脑皮层功能的，这些功能构成了我们社交技能的神经生物学基础。加倍加工处理是理论理论、模拟理论和镜像神经元活动的过程的基础。

阅读也是一种双重化的体验。根据乔治斯·波利特（Georges Poulet）的经典描述，阅读的悖论在于，我思考他人的思想，但我却把它们当作我自己的："由于他人的思想对我个人进行了奇怪的入侵，我是一个自我，这个自我被赋予对他陌生的思维想法的体验。我是思想的主体，却不是我自己的思想。我的意识表现得好像是别人的意识。"[②] "阅读是一种尤其唯我的和主体间的体验，它同时生成和克服了另一个自我的悖论。伊瑟尔指出：一方面阅读是独自和孤立的体验，在这种体验中，一个人不会直接面对他的对话者："有了阅读，就没有面对面的情境了。"[③] 然而，另一方面，这种个人体验让我们从内心感受和了解他人对于其本身的存在，通过他人的眼睛看到我们在现实生活中无法看到的世界。根据亨利·詹姆斯的说法，文学艺术的宏伟幻想是，它"让我们好像在某段时间体验了另一种生活——我们的体验奇迹般地扩大了。"[④] 然而，这个另一个世界的存在，仅仅是因为我们自己的行为而使它充满生机。让－保罗·萨特（Jean-Paul Sartre）发现，"文学对象除了读者的主体性没有别的实质；拉斯科尔尼科夫（Raskolnikov）的等待是我借给他的等待……他对审问他的治安官的仇恨是我的仇恨，我的仇恨已被索取出来，而且通过符

---

① From Friedrich Nietzsche, "Über Wahrheit und Lüge im aussermoralischen Sinn" [On Truth and Lie in an Extra-Moral Sense], in Karl Schlechta ed. *Werke in drei Bänden*, Munich: Hanser, Vol.3, 1977, pp.309–322.

② Georges Poulet, "Phenomenology of Reading" in *Critical Theory Since Plato*, ed. Hazard Adams, New York: Harcourt Brace Jovanovich, 1971, p.1214.

③ Wolfgang Iser, *The Act of Reading: A Theory of Aesthetic Response*, Baltimore: Johns Hopkins University Press, 1978, p.166.

④ Henry James, "Alphonse Daudet", in James E. Miller Jr. ed. *Theory of Fiction: Henry James*, Lincoln: University of Nebraska Press, 1972, p.93. 关于詹姆斯对另一个自我悖论的理解，见 Paul B. Armstrong, "Self and Other: Conflict versus Care in *The Golden Bowl*," in *The Phenomenology of Henry James*, Chapel Hill: University of North Carolina Press, 1983, pp.136–186。

号从我身上哄骗出来。"① 如果我们认同陀思妥耶夫斯基（Dostoevsky）的《罪与罚》(*Crime and Punishment*)中痛苦的主人公这样的人物，这不仅超越了自我和他人的边界，而且是"我（me）"和"非我（not me）"的双重化，通过这个双重化，我的行为矛盾地让我亲密地参与到另一个世界中，这个世界既是我自己的，又不是我自己的，我用自己的创造意义的力量使这个世界充满活力。

阅读需要一种矛盾的意识重复。伊瑟尔解释，"我们所读的每一部作品都在我们的人格中划出了不同的界限"，"在思考他人的思想时，[读者]自己的个性会暂时退到背景中去，因为它被这些陌生的思想所取代，而这些思想现在成为[他或她]注意力集中的主题。在我们阅读时，在我们的人格中出现了一种人为的分配，因为我们把一些不是自己的东西作为自己的主题。"② 我们的自我并没有消失，因为只有通过它行使力量，另一个世界才会出现。根据伊瑟尔的观点，阅读反而会产生自我的复制品，一个"陌生的我（alien me）"的相互作用，我重新创造和占据这个"陌生的我"的想法，而且那个"真正的、实质的'我'"的视野在时间上被体验改变（因此，普雷特提出另一个人的意识"入侵"了我们的意识，产生了一种"陌生感"）。

这种双重化可以采取不同的形式，产生不同的结果，有不同的文学作品和不同的读者。它可能使我们沉浸在另一个世界里，这个世界的幻觉把我们从对事物的习惯性感觉中带走一段时间，也可能使我们面对陌生的思维、感觉和感知方式，而这些方式的陌生感使我们对世界的习惯性理解的特征受到质疑，我们可能还没有注意到，直到这些特征的边界被这个并行结构揭露出来。对于不同的文本和不同的读者来说，阅读可以是一种变化无常的体验，因为它可以用各种不可预知的多样方式表现出自我和他人的

---

① Jean-Paul Sartre, *What is Literature*?, trans. Bernard Frechtman, New York: Harper & Row, 1965, p. 39.

② Wolfgang Iser, *The Implied Reader: Patterns of Communication in Prose Fiction from Bunyan to Beckett*, Baltimore: Johns Hopkins University Press, 1974, p.293.

矛盾的双重化。

　　这使得阅读成为一种美妙的体验，通过阅读来研究另一个自我的悖论。询问大脑阅读的能力可以提供对其社会技能的见解。对我们理解他人能力的神经生物学解释应该解释阅读的矛盾，而这种阅读的矛盾反过来又是对社会大脑那些相互竞争的理论所提出的主张很好的检验。阅读的体验揭示了主体间性关于神经生物学的什么内容？而且大脑"双重化"自我和他人的能力告诉我们关于如何阅读的什么事情？

　　在镜像神经元的操作中，显然有双重化或配对的加工处理。最初的实验表明，猕猴运动皮层中约 20% 的神经元不仅在动物执行类似抓取食物的动作时活跃，而且在观察到相同动作时活跃（图 5.1）。① 进一步的实验表明，这些神经元不是对运动的一般形态做出反应，而是对特定的、目标导向的行为做出反应。有些神经元是完全一致的，只对某种特定的动作作出反应（如向一个方向而不是另一个方向扭转葡萄干）。其他镜像神经元大体上是一致的，在定义特定运动类别的范围内（例如，用整只手抓握，以及精确抓握）以相同的强度对动作做出反应。一些镜像神经元是多模态的（multimodal），对声音和视觉提示（听到或看到打开的花生）都有反应。此外，猴子的镜像神经元只对其运动技能（motor repertoire）中的动作做出反应时活跃，例如，不是对工具执行的动作做出反应，尽管当人类或动物的手执动作时会做出反应（猕猴不使用工具）。类似的，猴子的镜像神经元并不关心模仿动作，它们在实际动作实施时对这些动作做出反应（猕猴不做姿态）。

　　这些发现促使里佐拉蒂提出了一种"动作理解（action understanding）"理论，该理论认为自我和他人之间存在着一种原始的、直观的关系："镜像神经元允许我们的大脑将我们观察到的动作与我们自己能够执行的动作相匹

---

① 这里描述的发现是以这些报告为基础，Giacomo Rizzolatti and Corrado Sinigaglia, *Mirrors in the Brain: How Our Minds Share Actions and Emotions, trans.* Frances Anderson, Oxford: Oxford University Press, 2008, pp.79–114; Marc Iacoboni, *Mirroring People: The Science of Empathy and How We Connect with Others*, New York: Farrar, Straus & Giroux, 2008, pp.3–78。

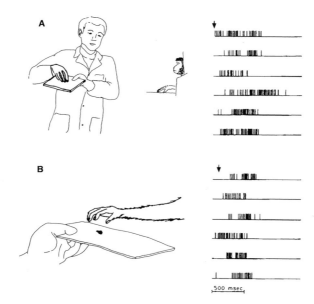

图 5.1　镜像神经元的视觉和运动反应

观察一个动作（A）和执行相同动作（B）时所记录的镜像神经元电信号对比。经许可后复制，G. di Pellegrino et al., "Understanding Motor Events: A Neurophysiological Study," *Experimental Brain Research*, Vol.91, 1992, p.178(fig.2).

配，从而领会它们的意义。"（Rizzolatti & Sinigaglia，xii）。他称之为"直接匹配假设（direct matching hypothesis）"，主张动作理解是"在不需要任何类型推理的情况下，仅基于我们的运动能力而直接发生的"（xii）："当一个动作的观察引起观察者的运动系统'共鸣'时，这个动作就被理解了。"[1] 动作并不是间接分析其意义的解释加工的对象，观察和动作之间的"共鸣"提供了自我和他人之间的直接联系。不需要理论或模拟，这种共振是身体的，不假思索的，无意识的。它是初级主体间性的生物学等价物。[2]

[1] Giacomo Rizzolatti et al., "Neurophysiological Mechanisms Underlying the Understanding and Imitation of Action," *Nature Reviews/Neuroscience*, Vol. 2, September 2001, p.661.

[2] 这就是加勒斯（Gallese）所说的主体间性的"共享多重性"，"这是我们人际交往的一个基本层面，它没有明确地使用命题态度"，"而是通过使用同样的资源来模拟我们自己的行为，从而加强我们模仿其他个体行为的基本能力"。Gallese, "The Manifold Nature of Interpersonal Relations: The Quest for a Common Mechanism," *Philosophical Transactions of the Royal Society London B*, Vol. 358, 2003, p.525。另见 Shaun Gallagher, *How the Body Shapes the Mind*, Oxford: Clarendon, 2005, pp.220–228。

　　然而，矛盾的短语"直接匹配（direct matching）"表明，这不是恒等式，而是一种配对（毕竟，"匹配"只能发生在两个不相同的实体之间）。自我和他人之间的区别被复制——只有猴子皮层运动神经元的一个子集会活跃，而如果它在起作用的话就不会发生这种情况——即使它被克服了。这种差异在镜像神经元反应能力的普遍性上也很明显。严格的一致性（strict congruence）和广义的一致性（broad congruence）之间的区别意味着一系列的认识，而不是动作和观察的简单一致。共鸣只发生在观察者的动作技能中（而不是用工具或猕猴的姿态），这进一步证明了镜像加工处理有时（但并非总是，也永远不会完全）超越的自我 – 它者差异。然后镜像神经元创造了一种直接的联系，证明初级主体间性，即使镜像和匹配的过程就需要自我和另一个自我的双重化。

　　显然，运动镜像神经元不仅对动作敏感，而且对动作背后的意图和要达到的目标也敏感。在一个实验中，当猴子抓起一块食物来吃时，镜像神经元的反应被测量出来；当它们拿起食物并把它放在肩上的容器中时却正相反（这样的运动几乎等同于吃东西）。[①] 猴子的镜像神经元中，大约有 30% 会对两种动作都做出反应而活跃起来，但其余的则在抓取食物和领会位置之间有所区别，尽管动作的对象和类型几乎是相同的（也许并不奇怪，75% 的神经元对吃比找位置更感兴趣）。在没有理论或模拟的情况下，这些神经元似乎是凭直觉感知别人的意图。另一个实验强化了这一推论，在这个实验中，猴子对某个动作目标的看法被阻塞了，尽管给他们展示了遮挡背后的原因。当屏幕后面有一个物体时，大约有一半的神经元在视野没有被遮挡的情况下也会有反应而活跃起来，但当猴子知道那里什么都没有时，就没有一个神经元会

---

① Leo Fogassi et al., "Parietal Lobe: From Action Organization to Intention Understanding," *Science*, Vol.308, 2005, pp.662–667. 亚科博尼总结了这个实验，Marc Iacoboni, *Mirroring People: The Science of Empathy and How We Connect with Others*, New York: Farrar, Straus & Giroux, 2008, pp.31–33。

有反应，即使它们眼前发生的动作是一样的（图5.2）。①当目标不同的时候，神经元先是活跃起来，然后似乎不能将相同的动作解释为不同的动作。在这两个实验中，猴子的镜像神经元似乎不仅对可观察到的物理事物状态做出反应，而且对与另一个施动者的目标和意图有关的区别做出反应。如果真是这样的话，这些神经元就像是黏合剂，将初级主体间性结合在一起。

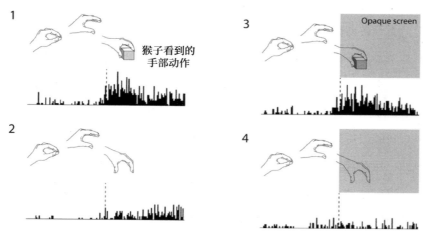

图5.2 镜像神经元对有阻挡物体的反应

镜像神经元在浏览手抓物体的动作时活跃起来（1），而当执行相同的动作但没有抓到物体时并不活跃（2）。当猴子看不见屏幕背后的物体，但知道那里有物体时，这个神经元仍然会活跃（3）但当它知道没有物体时不会活跃（4）。经允许后复制，M. A. Umiltà et al., "I Know What You are Doing: A Neurophysiological Study," *Neuron*, Vol.31, 2001, p.158(fig.1).

镜像神经元理论的一些最重要的评论就是针对这些神经元能够"阅读"目标和意图的假设。根据格雷戈里·希科克（Gregory Hickock）的观点，从行为中自动推断意义的能力表明"自生成的动作有一个内在的语义，通过观察其他人身上相同的动作就可以获得这种动作语义。"然而他还指出，"从瓶子把液体倾倒到玻璃杯里的运动行为可以被理解为倾倒（pouring）、填

① Maria Alessandra Umiltà et al., "I Know What You Are Doing: A Neurophysiological Study," *Neuron*, Vol.31, 2001, pp.155–165。另见亚科博尼的解释，Marc Iacoboni, *Mirroring People: The Science of Empathy and How We Connect with Others*, New York: Farrar, Straus & Giroux, 2008, pp.28–29。

充（filling）、排空（emptying）、倒出（tipping）、旋转（rotating）、倒置（inverting）、溢出（spilling）（如果液体没有标记）、反抗 / 忽视 / 叛逆（defying/ignoring/ rebelling）（如果有人指示倒液体的人不要倾倒）等。动作表征（Motor Representation）无法区分与这种行为相关联的可能意义的范围"（1231，1240）。帕特里夏·丘格兰也提出了类似的质疑："我可能会举起手臂，出于各种完全不同的目的：向老师提问、向士兵们发出冲锋信号，或者向我的狩猎队透露我的位置，或者伸展我的肩膀肌肉，或者投票支持建造一所学校等。仅仅镜像反射出一个动作并不能触及更高层次的意图，也不能选择正确的意图，因为这需要很多背景了解，可能包括需要一种心理理论"（140）。①有多少次我问一个学生，她举手是否意味着她要发表评论，却被告知她只是在挠头？丘格兰有些尖刻地指出："一个神经元，虽然计算复杂，但只是一个神经元。它不是一个聪明的小矮人"（142）。

没有一个神经元能提供其他人思维问题的解决方法。这些反对意见提醒我们，与他人的关系沿着一个广泛的连续体延伸，从直接的直觉理解到歧义或迟钝的行为所造成的困惑。甚至镜像神经元的发现者和倡导者里佐拉蒂也承认存在这样的功能磁共振成像（fMRI）证据，表明"其他更多'阅读思维'的认知方式"涉及大脑皮层的非运动区域，可能会在直接理解功能发生故障的异常情况下被激活（他的例子是"在不可置信的情况下的运动动作"和"判断所观察到的动作的意图是普通的还是不寻常的"的需要）。②

我对他人动作的直接、没有疑问的理解，大多数时候可能真的是不假思

---

① 皮埃尔·雅各布（Pierre Jacob）同样认为，镜像神经元本身无法解释他所说的"嵌入意图（embedded intentions）"。"很值得怀疑的是，通过在心里预演一个行为人所观察到的动作，一个观察者是否能够代表另一个人的潜在意图,因为同一个运动意图…可能是出于不同的(甚至是互不相容的)事先意图，比如某人为了上床睡觉而关掉电灯，或者是为了省电，或者是为了改善看电影的条件，或者是出于其他一些原因。" Pierre Jacob, "What Do Mirror Neurons Contribute to Human Social Cognition?", *Mind and Language*, Vol.23, No. 2, April 2008, pp.191, 206.

② Giacomo Rizzolatti and Maddalena Fabbri-Destro, "Mirror Neurons: From Discovery to Autism," *Experimental Brain Research*, Vol. 200, 2010, p.230.

索的和无意识的，因为这是基于我的运动系统和我观察到的行为之间的共鸣。然而，我们分享一个共同世界的不假思索感觉有时会动摇，就像有些动作可能有多重含义一样，这里可能需要理论化。我们通常不需要对别人的行为和意图进行自我反思式的假设，但我们有时会这样做，特别是当直接理解失败时。然后，大脑的所有阐释学能力都可能发挥作用——它使证据适应模式，提出关于隐藏面的假设，想象与我们的观点一致但平行于愿意接受我们观点的东西——这些加工包括各种大脑皮层区域之间交互的、来回往返的相互作用，包括但不限于可以找到镜像神经元的区域。

镜像神经元理论面临的一个挑战是如何解释我们理解从未执行的或看到的动作的能力。丘格兰的例子（我的例子会不同，你的也会不同）是"剥兔子皮，滚滑木头，或是用高空滑索或悬挂式滑翔机旅行"（141）。希科克指出，也许不那么离奇，"未受过音乐训练的人即使从未摸到过这种乐器，也能认出萨克斯管演奏，就像人们能认出我们运动能力之外的非同物种动作（如犬吠、飞行）"一样（1236）。但萨克斯管的例子也表明了运动知识对于理解一个我们无法完成的动作的潜在有用性，希科克自己承认："如何掌握萨克斯管的知识，用手指拨动琴键，把嘴放在话筒上，可以……通过提供一个特定的感觉－运动联想来增强'我们可能拥有关于萨克斯管音乐'的抽象概念，并因此增强我们对它的理解"（1240）。例如，了解小提琴的工作原理，肯定会增加我们对管弦音乐的理解和欣赏，学习演奏哪怕是一种乐器，也可以提高我们对其他乐器的辨别能力（小号不是管弦乐队的主要组成部分，但我小时候在军乐队的经历仍然有助于我听交响乐，甚至是用了小铜管的歌剧）。

这些例子都表明，我们如何运用阐释学循环扩展我们所知道的，理解陌生现象的意义。如果观察到有人剥一只兔子的皮，并不能触发我们的运动技能中的类似动作镜像神经元，我们也许不能立即直观地理解那个猎人在做什么，但是我们可以通过从我们熟悉的、有相似的目的和意图类似的行为中推断、解释它，从而借此利用模拟理论和心理前景理论强调的阐释学资源。然而，这样做取决于一个初级主体间性假设，这一假设强化了推测如果我在那里做他或她正在做的事情，另一个人会跟我有一样的做法。初级主体间性体验是运动镜像神经元所提供的，即使行为和观察之间的共振本身无法独自解释他人行为的意义。

阅读文学文本可以启动自我和他人互动的所有这些方式，从镜像的初级直觉共鸣到不同层次的模拟，以及建立关于动机、目标和意图的明确理论（包括对解释加工处理本身的元理论化，通过这个加工处理我们试图知道别人在想什么）。伊瑟尔指出，一个表象世界的"动态的逼真"使我们"能够把一种陌生的体验同化进我们的个人世界"，"因为我们沉浸在我们自己创造的幻觉中，并且我们用这种幻觉认同自己"（*Implied Reader*，288）。他引用了夏洛特·勃朗特（Charlotte Brontë）早期读者的文献："一个冬天的晚上，我们开始谈论《简·爱》（*Jane Eyre*），对我们听到的那些夸夸其谈的赞扬有些恼火，并坚定地决定要像克罗克（Croker）一样挑剔。但当我们继续读下去的时候，我们忘记了表扬和批评，认同自己与简一样处于所有的麻烦中，最后在凌晨四点左右嫁给了罗切斯特先生。"[①]这位读者讽刺地暗示，这种认同是"我"和"非我"的双重化（毕竟，他们既确实嫁给了罗切斯特，也确实没嫁给罗切斯特），但这种身临其境的体验能把读者带入，取决于一种身体上的、直接的、不假思索的直觉共鸣，这种共鸣消除了批评的距离。

然而，即使是鼓励这种沉浸感的文本，基本的镜像体验也可以与批判性的认知反思交替出现，特别是当提示参与的幻觉被陌生联想打断或干扰时，这些联想显示出不同的一致性构建模式。根据伊瑟尔的说法，"在阅读时，我们或多或少地在构建和破坏幻觉之间摆动"（288）——也就是在参与我们所

[①] 威廉·乔治·克拉克（William George Clark）在弗雷泽（Fraser）的杂志（1849 年 12 月）的报道，引用在 Iser, *The Implied Reader: Patterns of Communication in Prose Fiction from Bunyan to Beckett*, Baltimore: Johns Hopkins University Press, 1974, pp.291-292。诺曼·霍兰德的"神经精神分析"前景就是这样一种现象；见 Norman Holland, *Literature and the Brain*, Gainesville, FL: PsyArt Foundation, 2009, esp. pp.40-124。

创造的格式塔和遵守他们的变化原则之间摇摆。这种摆动可能是任何阅读体验的特征，并且可能根据文本的模式或读者的喜好而变化。一些作家可能特别专心于中断一致性和防止幻觉的形成，以便促进明确的反思阐释学加工过程，沉浸式文本不会那么自觉地利用这种加工过程。（伊瑟尔引用了贝克特和乔伊斯的话，但这个范围可以扩大到包括康拉德、福克纳、平钦、罗比－格里耶和许多其他实验现代派和后现代主义作家，他们试图以更遵从我们了解世界的方式写作，但结果可能是创作令人费解的文本，即使是引人入胜，而且有时是异想天开的文本。）其他中断可能旨在增强一致性建立和认同，当巴尔扎克笔下的全知叙述者介入，并告诉读者某个特定的人物、背景或实际操作象征"巴黎的规章"，或者当乔治·艾略特的明智的、有同情心的，但也批判的叙述者表明，我们应该缓和对某个角色的罪恶的判断，认识到我们都有共同的道德弱点。幻觉可能会在时间上被这样的思考所中止，但是这种中断试图通过提供模式来支持和加强真实性，通过这些模式我们可以从理论上说明或模拟其他人思想的操作。

当我们阅读的时候，我们可以有生活在另一个准现实（quasi-real）世界的感觉，因为我们使用类似的加工过程来认识生活中的其他人。在阅读和生活中，这些加工处理的范围从镜像共鸣无反思的配对到不同程度的自觉模拟和理论说明。有时，我们与一个人物或作家的世界的接触和维特根斯坦的主张一样直接和直观，他认为我们日常对他人状态的了解可以是："我们'知道'情绪……我们看不到面部扭曲，'推断'他正在感受快乐、悲伤、无聊。即使当我们无法对那些特征做出任何其他描述，我们也会立即描述出悲伤、容光焕发、无聊的脸。"[1] 这一观察结果得到了实验证据的支持，即看到别人的面部表情会激活情绪认识的镜像加工。[2] 同样，我们不用想象也知道安

---

[1] Ludwig Wittgenstein, *Remarks on the Philosophy of Psychology II*, Oxford: Blackwell, 1980, p.570, 原文强调。

[2] J. A. C. J. Bastiaansen et al., "Evidence for Mirror Systems in Emotions," *Philosophical Transactions of the Royal Society B*, Vol. 364, 2009, pp.2396-2397.

娜·卡列尼娜（Anna Karenina）在自杀前非常不开心。但有时人物和文本是异常的和令人困惑的。阿尔文·戈德曼区分了低级模拟（包括镜像加工）和高级模拟［利用心理"伪装（pretense）"或他所说的"设定想象（enactment imagination）"来接受他人的视角］。① 为什么安娜选择自杀而不是其他做法？以及托尔斯泰是否受到意识形态因素不正当地驱使才消灭她［正如D.H.劳伦斯（D.H.Lawrence）对他做法的著名评价］——这些问题可能需要高水平的模拟行为来重新创造人物思维的情绪、心理甚至是道德框架，或作者可能显得陌生或不寻常的观点。

作为一名叙事学老师，我的大部分工作都致力于帮助学生学习如何进行这种模拟。布莱基·韦尔穆勒（Blakey Vermeule）想到了文学的价值，于是她问道："为什么我们关心文学人物？"并且很有理由地回答："流言：我们需要知道其他人是什么样的，不是总体上，而是细节上。"② 她解释说，尽管流言名声不好，但它不一定是件坏事，因为"我们会审视他人，我们必须与他们合作和竞争。"此外，流言还可以帮助我们确定我们能信任谁，不能信任谁（33）。流言可以是海德格尔正确地抨击的"闲言碎语（idle talk）"（Gerede），当它是由漠不注意的、不关心的"好奇心（curiosity）"（Neugier）所激发时，它寻求的是没有参与的娱乐，假装知道它没有真正理解的事。③ 文学对生活有用的重要方式之一，是阅读小说、戏剧和诗歌，并且与其他读者讨论它们，这提供了一个实验室，其中大脑可以用其社会技能做实验——测试、挑战、扩展、仔细观察习惯性的做法，以便了解可能没有注意到的其他人，或者似乎在我们的日常了解中仅仅是"自然"的其他人。

---

① Goldman, *Simulating Minds*, chap. 6, "Simulation in Low-Level Mindreading" pp.113-146, and chap. 7, "High-Level Simulational Mindreading", pp.147-191.

② Blakey Vermeule, *Why Do We Care about Literary Characters*? Baltimore: Johns Hopkins University Press, 2010, p. xii. 沃缪勒提出，这个题目的经典研究见 Patricia Meyer Spacks, *Gossip*, New York: Knopf, 1985。

③ Martin Heidegger, "Idle Talk" and "Curiosity", *Being and Time*, trans. John Macquarrie and Edward Robinson, New York: Harper & Row, 1962, pp.211-217.

将特别不熟悉的思维、感觉和判断方式戏剧化的文本（比如说，来自更早时期或其他文化）对于这些目的特别有用，因为它们陌生化，从而详细揭露出我们认为理所当然的东西，而不仅仅是在初级主体间层面，也在我们更明确的模拟和理论说明习惯中。

这不仅仅是一个表征内容（representational content）的问题，这种测试可以在阅读本身的生活体验中以重要的方式发生。文学形式之所以重要，除了其他原因，还因为那就是文本用来操纵我们认同人物身份的策略和手段，这些策略和手段调动了——而且因此与之互动，而且通常惊奇于日常习惯和假设，我们用来应对社会世界。在我们阅读时，这些做法就可以仔细审视特殊的直接性和潜在的效果，因为它们并不仅仅是我们在别人的生活中观察到的东西，这些人的生活被文本戏剧化了，也是在我们自身与文本世界的关系中直接和体验性地"存在"。当我们构建幻觉让自己沉浸在一个描述的世界中时，文本的形式与这些参与行为一起发挥作用，有时让我们措手不及，打破我们自己所建立的事物，因此直接被影响和涉及。这种在沉浸和反思之间来回往返的运动，将文学上的"流言"与日常的"闲聊"区别开来，它赋予文学阅读的模拟行为一种参与和自我批评的维度，在我们好奇邻居混乱的爱情生活或经济困境的多管闲事、毫不关心时并没有这个维度。为了展现、鼓励和抵制我们对文学人物的认同，不同的文本策略使我们作为读者的体验成为实验的一部分，测试我们理解其他世界的习惯，即使我们也扮演着实验者的角色，从实验动物（我们自己）的体验中学习。如果我们能像亨利·詹姆斯告诉我们的那样，通过阅读过上另一种生活，那么审视阅读的加工过程本身就可以成为一种手段，分析在日常社会世界中我们的生活如何与其他人的生活互动。

叙事学家研究的许多策略和手段都是在阅读体验中表现自我与他人关系

的方法。① 例如，一个叙述者的选择（第一人称或第三人称，可靠的或不可靠的），将在读者的意识中，在真实的我和陌生的我之间建立一种不同的关系，通过这种关系，在我们阅读时，另一个自我的悖论显现出来。叙述者称呼的"受述者（narratee）"既是读者，又不是读者，这种双重化使得不可靠的叙述成为可能，因为读者质疑叙述者是否试图蒙蔽受述者（也就是我们）的眼睛。信赖度可疑的叙述者之所以经常受到对认识论问题感兴趣的文学理论家的检验，一个原因是这些双重结构可以接受仔细审视和双重化的自觉反思关系，否则在我们对他人和叙事世界的体验中只能无形操作。

一个故事是如何"被聚焦"（focalized）的问题——事件被看到的视角——同样地也用我们在文本中所占据的视角引起了对读者意识的双重化关注。聚焦的实验可以根据不同的目的改变这种距离，例如，当间接话语很难使叙述者的观点摆脱一个正在表达思想的角色的观点时，也很难决定如何调整我们的同情和判断。② 例如，在乔伊斯的《青年艺术家的肖像》（*Portrait of the Artist as a Young Man*）中，史蒂芬·德达勒斯（Stephen Dedalus）显然是作者的另一个自我，但占据他的视角的是异常不稳定的体验，因为我们经常不确定是否同情他，或者以他缺少的讽刺和批判的眼光看待他的缺陷，即使我们在他的头脑里。这种叙事手法可以有多项功能，但它们都取决于真实的我和陌生的我在阅读中的双重化，通过这种双重化，叙事以"虚拟"的方式重

---

① 叙事学文学是庞大的，它太大了，一个脚注无法涵盖。最近，大卫·赫尔曼（David Herman），*Story Logic: Problems and Possibilities of Narrative*, Lincoln: University of Nebraska Press, 2002，提出了"故事世界"这一术语，它在叙事话语和作者和读者的认知行为之间进行介导，文本世界是通过这些认知行为构建的。关于作者选择叙事模式的含义，请参阅乔纳森·卡勒（Jonathan Culler）最近发表的文章，Jonathan Culler, "Omniscience", *The Literary in Theory*, Stanford, CA: Stanford University Press, 2007, pp.183-201。关于叙述者与"被述者"的关系，尤见 Ross Chambers, *Room for Maneuver: Reading (the) Oppositional (in) Narrative*, Chicago: University of Chicago Press, 1991。所有这些问题的经典文本和不平行的来源，Wayne Booth, *The Rhetoric of Fiction*, Chicago: University of Chicago Press, 1961。

② 关于这一话题的标准叙述参考，Dorrit Cohn, *Transparent Minds: Narrative Modes for Representing Consciousness in Fiction*, Princeton, NJ: Princeton University Press, 1978。我在文中，Paul B. Armstrong, *The Challenge of Bewilderment: Understanding and Representation in James, Conrad, and Ford*, Ithaca, NY: Cornell University Press, 1987。更详细地分析了聚焦的体验和认识论含义。

新创造了我们与其他世界的体验。

我们在阅读或试图了解他人时所进行的模拟可能需要理论说明，但不一定要这样。格里特·海因（Grit Hein）和塔妮娅·辛格（Tania Singer）引用功能磁共振成像的证据，指出情感同理心和"选取认知视角"启动了"不同的神经网络"［脑岛和前扣带回皮层（anterior cingulate cortex，ACC）用于情绪识别，而不是各种前额叶、颞叶和颞顶部叶用于理论化的心智读取。］[①]如果我们模拟在角色上被戏剧化或者像抒情诗一样被文本表现的情绪状态，我们很可能会激活不同的皮层区域，而不是我们建立理论说明为什么会产生这样的感觉，以及它们意味着什么。在《老古董店》（*The Old Curiosity Shop*）里，对一个因小内尔（Little Nell）之死而哭泣的人进行脑部扫描，肯定会比在《吉姆老爷》或《金碗》（*The Golden Bowl*）中追踪复杂视角的人的扫描，有不同的大脑区域显示高亮度。认识到"体验与他人相同的情绪不足以推断出这种情绪的原因，因此这只是心理化的第一步"，理论理论的提倡者克里斯·弗斯（Chris Frith）和尤塔·弗斯（Uta Frith）识别出不同的大脑区域（主要在额叶皮层），这些区域是"想象的神经相关物"——一些行为不同的、具体化的大脑皮层基础，如"选取视角"、在阅读语境中应用"世界知识"，以及"预期一个人将要思考和感觉到什么，从而预测他们将要做什么。"[②] 所有阅读都通过大脑的信箱组织，但是成像实验预计在大脑皮层的不同区域显示高亮度，以获得更直观或更具反思性的阅读体验，脑岛和前扣带回皮层对鼓励情绪参与和沉浸的文本反应更为活跃。例如，在额叶、颞叶和顶叶区域的不同区域对文本的反应却显示出更多的活动，以响应在弗斯的列表中需要各种想象的文本。

在特定的阅读体验中，大脑的哪些区域被激活，以哪种方式组合，无疑

---

① Grit Hein and Tania Singer, "I Feel How You Feel But Not Always: The Empathic Brain and its Modulation," *Current Opinion in Neurobiology*, Vol. 18, 2008, p.153.

② Chris D. Frith and Uta Frith, "The Neural Basis of Mentalizing," *Neuron*, Vol. 50, 2006, pp.531-532.

是易变的和复杂的，并且大多不可能以机械的、决定性的精确性来准确解释。
正如最近一篇评论文章明智地警告，"我们应该……谨慎地把不同的大脑区域
当作独立的实体。模拟是一个高度整合的过程，它可能依赖于连接不同区域
的网络。"① 关于角色、作者或文本的理论说明也被高度整合，并且可能包含
各种神经网络之间的来回相互作用。即使是强调一极或另一极的文本——如
《简·爱》中那种沉浸式的认同，或是亨利·詹姆斯在后期作品《大使》(*The
Ambassadors*) 或《鸽翼》(*The Wings of the Dove*) 中著名的戏剧化的那种自
觉的心智读取，更不用说当我们读到乔伊斯在《尤利西斯》文体的实验中会
发生什么。《尤利西斯》中的这种文体——在他们激活的大脑皮层加工中是多
维的，从镜像到情感模拟再到选取认知视角。把阅读量简化到其中任何一个
维度都是错误的。（还有像奥斯卡·王尔德这样的读者，他"打破常规"阅读，
因为当他声名狼藉地宣称他忍不住嘲笑内尔伤感的死亡之痛时——人们只能
想象他的大脑扫描可能是什么样子。）

　　这些复杂的情况说明了丽莎·尊恩对"为什么我们读虚构作品"的解释
（"因为它为我的心理理论提供了一个令人愉快和深入的锻炼"）充其量只
是部分正确的原因。② 布莱恩·博伊德批评尊恩的观点，除了其他原因，它
忽略了我们从简单的虚构故事中也能获得乐趣，因为这些故事并没有把心理
理论推到我们的"舒适区"之外。对此尊恩回答说："虚构的叙事不断地进
行实验，而不是无意识地进行我们进化的认知适应。"③ 然而，文学作品在
不同程度上同时做到了这两点，并且这样做可以提供愉悦感。阅读现象学是
一门多姿多彩的学科。把阅读体验看作一个幻觉产生与幻觉破碎、沉浸与反

---

① J. A. C. J. Bastiaansen et al., "Evidence for Mirror Systems in Emotions," *Philosophical Transactions of the Royal Society B*, Vol.364, 2009, p.2398.

② Lisa Zunshine, *Why We Read Fiction: Theory of Mind and the Novel*, Columbus: Ohio State University Press, 2006, p.164.

③ Brian Boyd, "Fiction and Theory of Mind," *Philosophy and Literature*, Vol. 30, October 2006, pp. 590–600; Lisa Zunshine, "Fiction and Theory of Mind: An Exchange," *Philosophy and Literature*, Vol.31, April 2007, p.190，原文强调。

思、一致性构建与模式中断的可变过程，看作一种尝试，它提供了一个足够灵活和广阔的模型，以公正地对待不同的读者发现并描述过的各种审美现象。与这个现象学相关的神经加工过程必然是相似地多样和可变的。

在更详细地分析这些过程之前，我们还应该简单地考虑一下已经提出的关于人类是否有镜像神经元的问题。这些问题的出现是因为，帕尔马小组用在猕猴身上单细胞测量的侵入性技术通常不允许用于人类受试者。在一项经常被引用的研究中，伊兰·丁斯坦（Ilan Dinstein）提出反对意见，人类身上的镜像过程的功能磁共振成像证据不能确定地表明相同的细胞在动作和感知过程中都活跃，因为太多的神经元被立体像素覆盖，也就是说，扫描复制的最小单位。① 大量的正电子发射计算机断层技术（PET）和功能性核磁共振（fMRI）研究表明，人类大脑中有些区域有类似于猕猴镜像神经元系统的区域内的活动和观察的共活化（coactivation）作用——但有些区域还没有。克里斯蒂安·凯泽斯总结道："对于每一个未能找到人类镜像神经元证据的实验，至少有一个实验是成功的"，这是一个歧义的现象，既可以支持也可以质疑镜像神经元假说，这取决于你恰好支持争论的哪一方。② 然而，最近，巧妙地（而且合乎道德地）绕过了禁止在人体上进行单细胞实验的规定，将电线插入癫痫患者的大脑以确定易发生癫痫的区域并进行手术切除，用于寻找人类镜像神经元，结果明显是肯定的。这些试样"记录了 11 个神经元的活动，这些神经元的行为与猴子体内的镜像神经元恰好基本一致：它们在观察和执行某

---

① I. Dinstein et al., "A Mirror Up to Nature," *Current Biology*, Vol.18, 2008, pp.13-18.

② Keysers, "Mirror Neurons," pp.971-973. 凯泽斯的道："如果镜像神经元存在，难道不是所有的实验都能找到它们的证据吗？一项基本的功率分析证明了这一直觉是错误的：在功能磁共振成像中使用典型的体素阈值为 $p<0.001$，人们会认为即使是较大的效应量也有超过 50% 的时间未被检测到"（972）。体积为 0.001 mm³ 的体素是一个足够大的黑盒子，可以容纳 MN 理论的支持者和反对者的推测。

种行为的过程中都会放电。"①尽管这一发现被神经科学界复制，然而同化还需要时间，这似乎是人类拥有镜像神经元的确凿证据。

如果他们这样做了，这将是证实人类大脑中存在镜像细胞的大量间接证据。②最早的此类证据是在 1954 年发现的，当时亨利·加斯托（Henri Gastaut）发现，由脑电图描记器技术测量的"μ 波"不仅在做动作时不同步，而且当它被观察到的时候也不同步。在里佐拉蒂的小组说明猴子体内存在镜像神经元后，V. S. 拉马钱德兰重复了加斯托的实验，并在 1998 年的神经科学学会会议上提出，μ 波抑制是由人类镜像神经元引起的（123-124）。这些实验结果与广泛报道的与各种行为以及疼痛、厌恶和其他情绪（如恐惧）的镜像一致。③例如，亚卡博尼描述了一项功能磁共振成像实验，该实验比较了"两组舞者观看视频时的大脑活动"，而且"发现古典芭蕾舞演员在观看古典芭蕾舞视频时的镜像神经元要比卡波卡泼卫勒舞专家的镜像神经元活性更高"，而他们看电影时的情况正好相反。④此外，男女芭蕾舞演员的大脑在观看与自己性别相应的动作时反应更强烈（提举和足尖舞）。⑤虽然仍有许多详细和复杂的技术工作要做，以确定和描述所涉及的潜在神经生物学机制，但平衡似

---

① Christian Keysers, "Social Neuroscience: Mirror Neurons Recorded in Humans," *Current Biology*, Vol.20, 2010, pp.353-354. 神经外科医生 Roy Mukamel 和 Itzhak Fried 与亚科博尼小组的神经科学家 Arne D. Ekstrom 和 Jonas Kaplan 合作，在他们的论文中报道了实验结果，Roy Mukamel, Itzhak Fried, Arne D. Ekstrom and Jonas Kaplan, "Single-Neuron Responses in Humans During Execution and Observation of Actions," *Current Biology*, Vol.20, 2010, pp.750-756。

② 总结整个证据，见 Giacomo Rizzolatti and Corrado Sinigaglia, "Mirror Neurons in Humans", *Mirrors in the Brain: How Our Minds Share Actions and Emotions*, trans. Frances Anderson, Oxford: Oxford University Press, 2008, pp.115-138。

③ 为了总结这些众所周知的影响，我将在下面进一步分析，见 J. A. C. J. Bastiaansen et al., "Evidence for Mirror Systems in Emotions," *Philosophical Transactions of the Royal Society B*, Vol.364, 2009.

④ Marc Iacoboni, *Mirroring People: The Science of Empathy and How We Connect with Others*, New York: Farrar, Straus & Giroux, 2008, p. 216. 见 B. Calvo-Merino, Daniel E. Glaser et al., "Action Observation and Acquired Motor Skills: An fMRI Study with Expert Dancers," *Cerebral Cortex*, Vol.15, 2005, pp. 1243-1249. 另见 Catherine Stevens and Shirley McKechnie, "Thinking in Action: Thought Made Visible in Contemporary Dance," *Cognitive Process*, Vol.6, 2005, pp.243-252.

⑤ B. Calvo-Merino, Julie Grèzes et al., "Seeing or Doing? Influence of Visual and Motor Familiarity in Action Observation," *Current Biology*, Vol.16, 2006, pp.1905-1910.

乎已经倾向于认识到，拉玛钱德兰说，"在（人类）大脑的许多部位都发现了具有类似镜像神经元属性的小细胞群"；然而，他警告说，"我们必须小心，不要把大脑所有令人费解的方面都归因于镜像神经元。他们不是什么都做！"（145）。

　　一些镜像神经元的一个特别有趣的特性是，它们不仅对观察到的动作做出反应，而且对观察到的已经或可以实施这些动作的对象做出反应。例如，当猴子观察到实验者抓着杯子时，还有当它仅仅看到杯子时，所谓的规范神经元（canonical neurons）就会活跃。根据里佐拉蒂的说法，这是心理学家称为的"功能可供性（affordance）"的神经生物学基础，据此对一个物体的感知选择了"促进我们与它相互作用的特性"，并着重于"物体提供给感知它的有机体的实践机会"①。对于规范神经元，里佐拉蒂发现，"看到杯子只是一种动作的初步形式，可以说是一种战斗的号令"和"对象只是动作的假设"（里佐拉蒂和塞尼加利亚，49，77）。大卫·弗里德伯格（David Freedberg）和维托里奥·加莱塞解释，有了这些神经元，"对可抓取物体的观察导致了对象所提供的运动行为的模拟"，而这种镜像并不是猴子所独有的："类似的大脑成像实验表明，对可操作对象（如工具、水果、蔬菜、衣服，甚至性器官）的观察都会导致激活"与这些对象的"控制动作"相关的脑皮层区域。②

　　规范神经元（canonical neurons）的活跃是因为某个对象代表了过去的动作，并为未来的动作做好了准备。在某些情况下（如水果、蔬菜和性器官），这些可能性只是作为对象内在属性的结果而存在，可能会，也可能不会让我们与其他施动者产生关系（尽管列表上的最后一项很可能会，但不一定会）。但在其他情况下（如工具、衣服、和其他人工制品），这些可能性是一个动

① Giacomo Rizzolatti and Corrado Sinigaglia, *Mirrors in the Brain: How Our Minds Share Actions and Emotions*, trans. Frances Anderson, Oxford: Oxford University Press, 2008, p.34. Rizzolatti 将功能可供性概念归功于詹姆斯·J. 吉布森（James J. Gibson），*The Ecological Approach to Visual Perception*, Boston: Houghton Mifflin, 1979。

② David Freedberg and Vittorio Gallese, "Motion, Emotion, and Empathy in Esthetic Experience," *Trends in Cognitive Sciences*, Vol. 11, No. 5, March 2007, p.200.

作历史的产物，在对象的功能可供性中留下了痕迹。在这种情况下，规范神经元对嵌入对象中的作用痕迹做出反应，使我们与其他施动者参与到一个主体间性关系的网络中。

　　规范镜像神经元无疑参与了我们对各种文化对象的反应。引起它们的功能可供性让人想起海德格尔关于工具和其他"随时可以使用"（上手的）的设备的概念，因为它们似乎为我们积极地参与预先设计好。丹·扎哈维解释："这是……这些实体的一个基本特征，它们都包含着对其他人的参照。"① 海德格尔在其论文《艺术作品的起源》（*The Origin of the Work of Art*）中提出著名的反思，农民的鞋可以表明活动、参与和关注的完整世界，因为我们的规范神经元与它们隐含的作用产生共鸣。② 梅洛·庞蒂评论，这些共振解释了为什么"在文化对象中，我感觉到他人在无名的面纱下近在咫尺"（348）。这不是神秘的骗术，而是初级主体间性具身的证据："所有文化对象中的首要，也是所有其他文化对象依赖存在的首要，是作为某种行为形式载体的另一个人的身体"（348）。在对文化对象的功能可供性作出反应时，规范神经元和一种作用的具身化产生了共鸣。

　　由于规范神经元的工作方式，我们可能会通过各种人工制品，从工具到艺术品（包括书籍），间接地但亲身与他人产生共鸣，这是人类运动技能的一部分。文化对象呈现出另一个自我的悖论，因为这种共鸣使我们处于和其他人直接的但也是间接的关系中，他们既"在场"又"不在场"。通过证明它们作用的对象与其他人相互作用的可能性，使其他人出现在这些人工制品中，即使这种出现只是"隐藏的"和"无名的"（回想梅洛·庞蒂的话），因为它们也缺失了。这种缺失的存在造成了规范神经元活跃。

---

① Dan Zahavi, *Subjectivity and Selfhood: Investigating the First-Person Perspective*, Cambridge, MA: MIT Press, 2008, p. 163. 对于海德格尔"素质能力"和"上手状态（ready-to-hand）"（*Zuhandenheit*）的分析，见 Martin Heidegger, "Understanding and Interpretation," in *Being and Time*, trans. John Macquarrie and Edward Robinson, New York: Harper & Row, 1962, pp.102-107.

② Martin Heidegger, "The Origin of the Work of Art"(1935-1936), in *Poetry, Language, Thought*, trans. Albert Hofstadter, New York: Harper & Row, 1971, pp.15-87.

　　虽然不被猜测所迷惑是很重要的，但毫无疑问，规范镜像神经元在审美体验中的作用值得进一步探究。弗里德伯格和加莱塞指出，实验研究表明"即使是对动作的静态图像的观察也会导致观察者大脑中的动作模拟"，他们得出结论："艺术作品中动作的静态图像中观察到的动作可以诱发类似的运动模拟加工，这是有道理的。毫不奇怪的是，对艺术作品有感觉的身体反应常常出现在身体的某个部位，这一部位表现出有目的的身体动作，而且人们可能会感觉到自己在模仿图像中所看到的姿态和动作"（200）。这是假设，不是确定的发现，却是一个值得检验的假设。尽管钦齐亚·迪·迪奥（Cinzia Di Dio）和加莱塞承认，功能磁共振成像仪的杂音和幽闭恐惧的限制很难复制博物馆的条件，但他们报告说，观看古典雕塑的图像会引发"与雕塑中所描绘的隐含动作一致的运动联想"。① 基于规范神经元的研究，弗里德伯格和加莱塞推测"即使是静物也可以通过它在观察者大脑中唤起的具身模拟 '生动起来'"（201）。

　　此外，弗里德伯格和加莱塞注意到，实验表明"对一个静态图形符号的观察唤起了产生它所需的姿态的运动模拟"，他们"预测同样的结果也可以用带有艺术家独特的姿态痕迹的艺术作品作为刺激物来获得，正如杰克逊·波洛克（Jackson Pollock）的极富动感的点滴画"（202）。如果"我们的大脑仅仅通过观察一个施动者过去动作的静态图形结果就可以重建动作"，那么"观察艺术家的姿态痕迹"就应该引起具身的模拟（202，201）。规范镜像神经元不仅对内容，而且对形式作出反应——不仅对动作或可操纵对象的表现，而且对产生图像的动作作出反应。

　　如果语言是一种能够产生模拟体验的行为方式，那么镜像神经元也可能参与到用语言传达表象的加工过程（如阅读）中。尽管证据有一定的争议和

---

① Cinzia Di Dio and Vittorio Gallese, "Neuroaesthetics: A Review," *Current Opinion in Neurobiology*, Vol.19, 2009, p.683. Di Dio and Gallese discuss Cinzia Di Dio et al., "The Golden Beauty: Brain Response to Classical and Renaissance Sculptures," *PloS ONE*, Vol.11, 2007), p.1201.

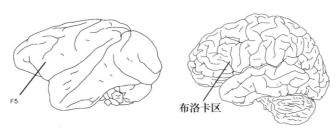

图 5.3　猴子和人类的镜像神经元区域

镜像神经元科学家认为猕猴大脑的 F5 区在解剖学上与布洛卡区相似。（玛吉·巴克·阿姆斯特朗绘制）

悬而未决，但镜像神经元的支持者认为布洛卡区（Broca' area），人类大脑的关键语言区域之一，在解剖学上相当于猕猴的 F5 前运动皮层，猴子的大多数镜像神经元活动发生在这里（图 5.3）。[①] 如果针对布洛卡区，经颅磁刺激（transcranial magnetic stimulation，TMS）可以精确地使特定的皮质区域暂时失效，从而模拟大脑损伤的效果，它不仅会损害说话能力，还会损害对基本运动动作的模仿，如手指运动。[②]

这一发现与其他将语言与具身模仿联系起来的实验证据相一致。亚科博尼报告说，"在听别人说话的时候，听者用舌头模仿说话者"，一项功能磁共振成像研究证实了这一观察结果，该观察结果显示，"在说话时被激活的同一个言语运动区域在听的时候也被激活"（104）。类似的，他指出，当"经

[①] 例如，根据里佐拉蒂和西尼格利亚我们知道布罗卡区是典型的语言区之一，也具有不完全是语言的运动特性，在口－面部（oro-facial）、臂－手（brachio-manual）和口－喉部（oro-laryngeal）运动时变得活跃，而且它的组织是类似于在猴子身上发现同源区域，即 F5 区。此外，布洛卡区和 F5 区一样，是镜像神经元系统的一部分，其主要功能是将人类和猴子身上的动作理解与动作生成联系起来，Giacomo Rizzolatti and Corrado Sinigaglia, *Mirrors in the Brain: How Our Minds Share Actions and Emotions*, trans. Frances Anderson, Oxford: Oxford University Press, 2008, p.159.

[②] Marc Iacoboni, *Mirroring People: The Science of Empathy and How We Connect with Others*, New York: Farrar, Straus & Giroux, 2008, p.90. 希科克对语言和运动反应之间的联系提出了质疑，因为缺乏证据表明布洛卡区损伤会损害行动理解力，G. Hickock, "Eight Problems for the Mirror Neuron Theory of Action Understanding in Monkeys and Humans," *Journal of Cognitive Neuroscience*, Vol.27, No.7, 2009, p.1237, 尽管他承认这不是结论性的，因为其他区域可能弥补这一缺陷。亚科波尼的经颅磁刺激证据似乎可以回答这个问题。

颅磁刺激（TMS）脉冲抑制受试者的运动言语区域时，他们感知语音的能力也降低了"（105）。其他的实验研究表明，特定的运动区域和相关联的动作动词的知觉之间存在着特定的联系。例如，当我们读到投掷（throwing）或踢（kicking）的动词时，与这些动作相关的大脑皮层区域会活跃。[1] 亚科博尼进行了类似的实验，显示"当主体阅读描述手和嘴动作的句子时，人类用于手的运动和嘴的运动的镜像神经元区域……也选择性地被激活"，比如"抓住香蕉"或"咬桃子"（94）。

这些发现重新激发了人们对语言植根于身体和语言是基于姿态的理论的兴趣。根据亚科博尼（86）的说法："姿态引导在前，言语紧随其后。"在这些技术被发明很久之前，梅洛·庞蒂就认为"身体是自然表达的力量"，"口头语言是一种真正的姿态"，语言"包含其意义的方式和姿态一样"，具有一种能引起身体共鸣的内在性。"这个姿态并没有让我想到愤怒，它本身就是愤怒"（181，183，184）。当然，语言比言语更重要，乔姆斯基派（Chomskyites）和其他结构主义者很快就指出了这一点，而运动动作或姿态并不能解释语言的所有语法、逻辑和句法层面。[2] 然而，将运动加工过程和语言联系起来的发现表明，语言活动（如写作和阅读）是如何以一种身体的方式（如果间接地）连接自我和他人的。

这种镜像在句子意义的主体间性上是明显的。句子是可操作的人工制品，带有人类作用的痕迹，可能触发我们的规范镜像神经元的反应。例如，罗曼·英

---

[1] Olaf Hauk and Friedman Pulvermüller, "Neurophysiological Distinction of Action Words in the Fronto-Central Cortex," *Human Brain Mapping*, Vol.21, No.3, 2004, pp.191-201; and Véronique Boulenger et al., "Cross-Talk Between Language Processes and Overt Motor Behavior in the First 200 msec of Processing," *Journal of Cognitive Neuroscience*, Vol.18, No.10, 2006, pp.1607-1615. 另见大卫·S.迈阿尔讨论了这些和其他确证的实验，David S. Miall, "Neuroaesthetics of Literary Reading," in Martin Skov and Oshin Vartanian ed. *Neuroaesthetics*, Amityville, NY: Baywood, 2009, p.242.

[2] 例如，G.Hickock, "Eight Problems for the Mirror Neuron Theory of Action Understanding in Monkeys and Humans," *Journal of Cognitive Neuroscience*, Vol.27, No.7, 2009, pp.1229-1230, 1238-1239. 关于语言作为一种形式规则系统的结构主义观点与意义作为一种具体事件的现象学观点之间的关系，见 Paul Ricoeur, "Structure, Word, Event," trans. Robert Sweeney, in Don Ihde ed. *The Conflict of Interpretations*, Evanston, IL: Northwestern University Press, 1974, pp.79-96。

伽登认为，句子中的意义单位的特点是"派生意向性（derived intention）"，这是"借来的意向性，一种通过意识行为赋予句子的意向性"，句子不再直接联系这种意向性（作者不在场，甚至已经死亡），但可能这仍然以某种方式存在于他们身上。"由于脱离了具体的意识行为"，所有"最初的生动性和丰富性，意义单位的意向性关联也经历了各种其他的修改"，包括"对其内容的某种图式化"。[①] 为了这种源于作者意义创造活动的派生意向性再次活跃和丰满起来，需要读者的活动。它的"图式化（schematization）"证明它只是次要的，而不是直接的和原始的意向性。但语言表征（linguistic representation）的矛盾是，当第二意识激活语言表征这个活动，并将它的图式作为交互意义创造、填补空缺、建立一致性和产生幻觉的线索时，这种活动可以重新活跃起来。阅读的行为对页面上的无效标记作出反应，作为可以重新被激活的活动痕迹，而这种奇迹的神经生物学关联是语言和运动动作相关实验所确定的镜像功能。

　　叙事组织动作的能力无疑同样启用了语言和我们的运动系统之间的关系。当然，这是宽泛的推测性陈述，需要更多的实验和理论工作来检验和完善，但这种经常被证实的观念（至少可以追溯到亚里士多德）认为，叙事模拟结构的人类行为，使其成为一个值得追求的主张。在最近对亚里士多德理论的重新阐述中，保罗·利科认为"情节"的存在功能是将事件组织成动作的结构，使时间体验的变化和流动具有叙事连贯性。根据利科的观点，"情节编排（emplotment）"的矛盾是，它是"异质性的综合"——如我在第四章里对意义创造的时间性的分析中所解释的，从"不和谐（discord）"中创造出"和谐（concord）"———种既忠实于也不忠实于它重组和重新解释的原始体验的综合。利科认为，模仿（mimesis）是复制的概念对这种体验的"再塑型

① Roman Ingarden, *The Literary Work of Art*, trans. George G. Grabowicz Evanston, IL: Northwestern University Press, 1973, pp.125-126.

（refiguration）"而言并不公正。①

认识到语言行为和身体行为之间的共振，就有可能建立一个不同的、更充分的模仿模式，帮助解释这种重组是如何发生的。把语言看作是一种启动我们的运动能力的行为，表明了具身的、基于经验的模仿观，不是抽象的、表征性的对应，而是原始体验和语言再次激活之间生活的共鸣。这些共鸣以来回的方式相辅相成，构成了一个循环，根据利科的说法，这个循环使叙述自相矛盾："时间性被带到语言中，达到语言塑型和再塑型时间体验的程度"（54）。语言的时间性和原始体验的时间性可以通过这种方式相辅相成，因为他们是两种不同的行为模式。把模仿看作是各种行为之间的相互作用，不是将模仿视为无效的认识论复制，而是具身的共鸣，两个互动的共鸣体系可以交互地影响对方，以一种被描述事物和语言表征的单向对应无法做到的方式。

因为语言与我们的运动能力有联系，所以在肯尼斯·伯克的著名公式中，语言可以被视为一种"象征性动作（symbolic action）"。②就其本身而言，语言是一种可以在其他动作之间建立关系的动作。反过来，阅读是一种对语言中隐含的动作做出反应的活动，这种重新激活是模仿可能发生的条件。因为嵌入在语言中的动作与我们的运动能力产生共鸣，它可以将动作组织成一个结构，使读者产生一个模拟的反应，就好像这些动作是他们原创的一样。这些都是叙事的神经生物学研究应该探讨的各种共鸣类型。

根据伯克的观点，这种"仿佛（as if）"使语言行为成为"象征性的"，而这种"作为"关系（"as" relation）允许叙事以利科所描述的方式再塑型体验。语言表征是一种双重化，这种行为可能会立即引起读者的共鸣，因为它会在大脑中引发相关的运动活动（motor activity）；但作为一种再创造、模拟和再塑型，语言表征只是间接地直接。这种差异正是大脑镜像机制的可能性条件，

① Paul Ricoeur, *Time and Narrative*, trans. Kathleen McLaughlin and David Pellauer, Chicago: University of Chicago Press, 1984, Vol.1, p.142; pp.52−87.

② Kenneth Burke, *Language as Symbolic Action*, Berkeley: University of California Press, 1966.

这种差异也是故事与话语、事件及其在叙事设计中的再塑型之间区别的基础。这种双重性使得叙事成为可能，即使它阻止了模仿成为一个精确的复制品。"仿佛"的游戏比一个副本和它所代表的内容之间的点到点的对应更加流畅、灵活和多变，这就是为什么如此多的不同类型的叙事可以合理地宣称是现实主义的原因——为什么现实主义是一套可变的、历史性的惯例，而不是单一的具象性理想。

象征性语言行为的"仿佛"也赋予了叙事反馈的能力，并为组织我们的运动能力提供了结构。在亚里士多德提出他著名的悲剧定义时，把它描述为"对一个动作的模仿"，有开始、中间和结束，这个看似明显的观察是不平凡的，因为它指出了象征语言行为（symbolic liguistic action）的能力，通过其与运动能力的共鸣塑造和说明生活体验。[①] 一个戏剧性的动作必须有开始、中间和结束，这似乎是不言而喻的，但在原始的不思考的体验中，这三个部分组成的结构并不是简单的"存在"。将体验的叙事再塑型进这种结构中的"仿佛"赋予了行为一种独特形态，既是又不是原来的样子。这种差异既可以有教育性，向我们展示理解体验意义的模式，也可以是形成性的，以可能定义我们所属文化的特定形态构建我们的世界。如果戏剧化的动作能以这些方式重塑被体验动作的结构，这个解释至少部分在于语言符号行为（symbolic action of language）和我们的运动镜像神经元之间的共鸣，这实现语言表征和生活体验之间的相互关系。

阅读中的行为既是也不是它重新激活和模拟的原始行为，而且这是阅读需要双重化的方式之一。当波利特将阅读定义为"认同（indentification）"时，他把这种关系过于简单化了，但他的错误值得仔细审视，因为它阐明了大脑如何反映阅读中和生活中的行为。根据波利特的说法，"当我按我应该的方式阅读时，也就是说，没有保留己见，没有任何保留判断独立性的愿望，并且

---

① Aristotle, *Poetics*, trans. Hippocrates G. Apostle et al. Grinnell, IA: Peripatetic Press, 1990, pp.6, 9.

承诺满足任何读者所要求的全部，我的理解就会变得直观，我能立刻想到向我提出的任何感觉"（1215）。尽管他承认"任何关键的认证都是通过语言和文字的能力和语言的介导来准备、实现和具体化的"（1217），但他建议，当屏障消失时，最深刻的审美体验就会出现：

> 在我看来，当阅读一部文学作品时，有那么一刻，这部作品中存在的主题似乎脱离了它周围的一切而独立出来。我不是曾经有过这种直觉吗？当我参观威尼斯的圣罗科教堂（Scuola de San Rocco）时。威尼斯是艺术的最高峰之一，同一位画家丁托列托（Tintoretto）的许多画都集中在这里。当我看到所有这些汇集在一起的杰作，并如此明显地揭示出它们的灵感统一时，我突然有了一种印象，那就是我已经接触到一位伟大的大师所有作品存在的共同本质，一种我无法感知的本质，除非我清空了思想中由艺术家创作的所有特定图像。我意识到在所有这些照片中都有一种主观的力量在起作用，但我的思维从来没有像忘记它们所有的特殊塑型时那样清楚地理解它们。（1221，原文中强调的）

这是一种近乎神秘的体外体验（out-of-body experience），其中自我和他人之间的差异被瞬间超越。虽然自我和另一个自我之间的对立矛盾地阻碍了主体间性，甚至使它们之间的关系成为可能，但是这种对立被奇迹般地克服了。

这种"我和你（I-thou）"结合的体验表明，我们的镜像神经元运作得相当好。正如克里斯蒂娜·贝基奥（Cristina Becchio）和塞萨雷·贝尔托内（Cesare Bertone）评论说，大脑镜像机制的问题"不是'如何能够分享他人的意图'，而是'一个人如何才能把自己的行为/意图与别人的区别开来'"。[1] 当我们观察到另一个动作，而且当我们自己也做同样的动作时，我们的镜像神经元

---

[1] Cristina Becchio and Cesare Bertone, "Beyond Cartesian Subjectivism: Neural Correlates of Shared Intentionality," *Journal of Consciousness Studies*, Vol.12, No.7, 2005, p.20.

都活跃起来，我们的大脑似乎注定要永久性地陷入知觉认同困惑中。拉马钱德兰指出，"体外体验"在神经生物学上是很有趣的，它证明了"抑制回路中断，而抑制回路通常保持对镜像神经元活动的控制"（272）。有时这些抑制机制确实失效了，比如在模仿倾向（Echopraxia）的病例中，加莱塞解释，患者"表现出模仿他人动作的冲动倾向"。[①] 非病理性的模仿行为的实例在日常生活中很常见，就像当其他人坚持要完成某个人的句子，或者当配偶和家庭伴侣具有彼此的特殊习惯。

认同困惑（identity confusion）并没有更普遍，部分原因是只有一部分皮质运动神经元表现出镜像行为（帕尔马小组实验中的猴子中有大约 20%），而且它们用尖物刺穿动作的观察没有行动多。镜像神经元通过对自我行为激活更强烈，体现了自我和他人的相互依赖性——通过激活两者的动作——以及我们同时感受到和需要的独立性（133）。[②] 里佐拉蒂解释说，额叶中的"制动机制（braking mechanism）"抑制我们执行观察到的动作。[③] 这种机制在"幻肢（plantom limbs）"患者身上不起作用，他们奇怪地表述说，当他们看到另一个人被触碰他或她的身体相应部位时，他们失去的身体部位会有感觉。拉马钱德兰做了一个经常被引用的幻肢系列实验，描述了这其中可能的原理："也许来自自己手上的皮肤和关节受体的空信号（null signal）（'我没有被触摸'）阻碍来自镜像神经元的信号达到自觉意识"，当某个肢体缺失时抑制性信号

---

① Vittorio Gallese, "'Shared Manifold' Hypothesis: From Mirror Neurons to Empathy," *Journal of Consciousness Studies*, Vol.8, No.5-7, 2001, p.38. "可以假设，回声行为代表了一种隐蔽动作模拟的释放，也存在于正常受试者中，但正常情况下，这些患者的功能缺陷的皮层区域会抑制其表达。"

② 凯泽斯报告说，最近的实验还发现了一种新的细胞类别——反镜像神经元（anti-mirror neurons），当患者执行一个特定的动作时，它们的放电率会增加，但当患者观察其他人执行这个动作时，它们的放电率会降低到基线以下……反镜像神经元可以将我们自己的行为与他人的行为区分开来，Christian Keysers, "Social Neuroscience: Mirror Neurons Recorded in Humans," *Current Biology*, Vol.20, 2010, p.354, 原文强调。

③ Giacomo Rizzolatti and Corrado Sinigaglia, *Mirrors in the Brain: How Our Minds Share Actions and Emotions*, trans. Frances Anderson, Oxford: Oxford University Press, 2008, pp.151-152. 里佐拉蒂认为，新生儿可能会表现出强迫性和早熟的模仿活动，因为"他们已经拥有镜像神经元系统，尽管有些没有发育好，而且……由于额叶的功能仍然有限，他们的控制机制仍然很弱"（152）。

失踪。如果没有这种制动机制，病人的大脑就会产生混乱，就好像幻肢真的被抚摸一样。他总结道："这是来自额叶抑制回路、镜像神经元的信号和来自受体的空信号的动态相互作用……这些受体允许你享受与他人的互惠互利，同时保留你的个性特征"（125）。

这些抑制信号在波利特与丁托雷托合二为一的神秘体验中消失了。事实上，波利特的审美超越时刻让人觉得他好像已经从皮肤里爬了出来。这表明，艺术形式可能是隐喻性的，但也是非常真实的意义上的审美体验的"皮肤"，语言是阅读的"皮肤"。像皮肤一样，语言既是自我和他人之间的屏障，也是连接体，是一种媒介，它能够在它们之间传递信号，也可以划分它们之间的分离。①即使语言通过在衍生意向性所体现的行为与其在阅读中的重新激活之间设置运动共鸣来跨越自我和他人的差距，它也标志着这些行为模式之间的边界。它体现的是作者原创意义创造活动与我们在阅读时所体验的特定完型中构成文本意向性的解释活动之间的联系和分隔。这种二元性体现了调节的双重性，波利特希望超越这种双重性，但这是语言能实现的自我与他人交互的相互作用所必需的。

语言实现了自我和他人之间的这种联系，因为它随时准备好阅读复苏的活动模式。但是，作为唯一衍生的意向性的各种标记是一些信号——不能立即获得完整的原始体验，而只能以心理图示的方式和不完整的方式进入阅读行为——表明我们在阅读时所回应的另一个是矛盾的缺失，不存在的内容，即使我们认为在生活中不可能这么了解他人的思想。这种双重性使得身份认同成为一种更复杂、更矛盾的现象，而不是与另一个主体间的同一性，这将波利特的思想带入了丁托雷托意识。阅读中"我"和"非我"的双重化可能

---

① 苏珊娜·库兹勒尔（Susanne Küchler）在她精彩的文章，Susanne Küchler, "The Extended Mind: An Anthropological Perspective on Mind, Agency, and 'Smart' Materials," in Barbara Maria Stafford ed. *A Field Guide to a New Meta-Field: Bridging the Humanities-Neurosciences Divide*, Chicago: University of Chicago Press, 2011, p.86。中同样将皮肤概念化为一种身心的膜（psychosomatic membrane），它既是一个边界，也是内在世界和外在世界之间的一个接触点。

看起来不可思议和神秘，但它不是难以理解的体外体验。相反，它例证了与他人联系和与他人区别的普遍和日常体验，大脑的镜像机制和抑制机制在连接和分离我们的各种"皮肤"上进行。

这些机制在同理心（empathy）体验中是显而易见的，同理心是一种主体间的关系，阅读有时会与之相比较。① 用这一领域杰出的心理学家马丁·L. 霍夫曼的话来说："同理心是人类关注他人的火花，是社会生活实现的粘合剂。"② 虽然同理心是众所周知的不可靠术语，但大多数心理学家都同意詹妮弗·普法伊费尔（Jennifer Pfeifer）和米雷拉·达普雷托（Mirella Dapretto）的观点，即"同理心的体验核心"是"自我和他人之间的共同情感"。③ 这种情感共享正是西奥多·利普斯（Theodor Lipps）试图在他的术语"Einfuhlung（同理心）"中捕捉到的，有时被翻译为"认同"，其中一个人"感觉自己进入"另一个人的体验中。利普斯的经典例子是，观众在观看马戏团杂技演员在高空走钢丝时可能感受到焦虑，这是一种同理心认同的体验，在这种体验中，表演的

① 关于共情的文学涵义，见 Suzanne Keen, *Empathy and the Novel*, New York: Oxford Universiuty Press, 2007。然而，基恩（keen）提到了镜像神经元的研究，只是为了否定它："这种在细胞水平上研究共情新启用的能力鼓励了对人类共情的肯定结果的猜测。这些猜测并不新颖，因为任何学生的十八世纪的道德感情主义都会证明（viii）。也许不是，但我认为，我对神经生物学研究的分析将为那些对文学阅读经验灌输道德同情的能力持怀疑态度的人提供更多的理由，她表明，这是一个十八世纪心理学没有穷尽的问题"。迈阿尔（David S. Miall），"Neuroaesthetics of Literary Reading," in Skov and Vartanian, ed. *Neuroaesthetics*, pp.240-244. 对镜像神经元研究与移情阅读体验的可能相关性进行了简短但敏锐的观察。不幸的是，无论是肯还是迈阿尔，都没有意识到现象学传统对这些问题的分析，这是近年来认知文学研究的典型现象。

② Martin L.Hoffman, *Empathy and Moral Development: Implications for Caring and Justice*, Cambridge: Cambridge University Press, 2000, p.3.

③ Jennifer H.Pfeifer and Mirella Dapretto, "'Mirror, Mirror, in My Mind': Empathy, Interpersonal Competence, and the Mirror Neuron System," in Jean Decety and William Ickes ed. *The Social Neuroscience of Empathy*, Cambridge, MA: MIT Press, 2009, p.184. 同理心的歧义性，见 C. Daniel Baston, "These Things Called Empathy: Eight Related but Distinct Phenomena," in Decety and Ickes, *Social Neuroscience of Empathy*, pp. 3-15; and Tania Singer and Susanne Leiberg, "Sharing the Emotions of Others: The Neural Bases of Empathy," in Michael S. Gazzaniga, ed. *The Cognitive Neurosciences*, 4th ed. Cambridge, MA: MIT Press, 2009, pp. 973-986.

刺激是基于观众对走钢丝演员危险的间接感受。^①然而，这个例子也表明，同理心中的认同不仅仅是自我和他人的结合，而是"我"和"非我"的矛盾的双重化。冷静、镇定、泰然自若的杂技演员可能无法和观众体验到同样的恐惧、焦虑和兴奋——否则他可能会浑身无力，然后掉下来——即使观众欣赏表演的能力取决于他们没有处于真正的危险之中。在同理心认同中，一个人会感受到或者不会感受到另一个人的感受，而这种双重性反过来又使情感体验的审美再创作成为可能（马戏表演就是一个恰当的例子）。

在与同理心研究相关的各种难题中，这种双重性是显而易见的。例如，心理学家指出，同情心与共情（sympathy）或同情（compassion）并不相同。海因和辛格甚至注意到"同理心可能有阴暗面"，比如"当同情被用来找到一个人最薄弱的地方让她或他受苦，而这远远没有表现出对另一个人的同情。"^②一些心理学家认为，这种恶意表现出缺乏同情心："精神病患者很容易理解他人的心理状态，包括他们的情感状态，但缺乏同理心的感觉。"^③但有时也发现，感受他人的情绪状态会导致"个人苦恼"而不是"同理心的关切"，这可能会扩大而不是缩小自己和他人的距离。^④"如果与他人的感受一致会导致我们专注于自己的情绪状态，那么这种感觉实际上可能会抑制其他方向的感觉。"丹尼尔·巴斯东（Daniel Baston）写道，"要为你的朋友感到难过，

---

① Theodor Lipps, "Einfühlung, innere Nachahmung und Organempfindungen," in *Archiv für die Gesamte Psychologie*, vol.1, pt.2, Leipzig: W. Engelmann, 1903, pp.185–204. 又见亚科波尼的解释，Marc Iacoboni, *Mirroring People: The Science of Empathy and How We Connect with Others*, New York: Farrar, Straus & Giroux, 2008, pp. 108–109.

② Grit Hein and Tania Singer, "I Feel How You Feel But Not Always: The Empathic Brain and its Modulation," *Current Opinion in Neurobiology*, Vol.18, 2008, p.154.

③ Tania Singer and Susanne Leiberg, "Sharing the Emotions of Others: The Neural Bases of Empathy," in Michael S. Gazzaniga, ed. *The Cognitive Neurosciences*, 4th ed. Cambridge, MA: MIT Press, 2009, p.974.

④ 例如，Jean Decety and Claus Lamm, "Empathy Versus Personal Distress: Recent Evidence from Social Neuroscience," in Decety and Ickes, *Social Neuroscience of Empathy*, pp.199–213, 文本中的引文来源于此。

你不必感到受伤和恐惧。知道她受伤和害怕就足够了。"[1]

　　但即使是这样的知识本身也不够。例如，让·戴西迪（Jean Decety）指出的，心理学"研究表明，在竞争关系中……竞争对手的痛苦会导致积极的情绪"，而"观察对方的快乐会导致苦恼。"[2] 这一发现可能是实验心理学的一个例子，证明了直觉上显而易见的东西；然而，竞争对手对彼此情绪状态的相反感觉清楚地表明，同理心认同并不是简单地与他人统一，而是"我"和"非我"的双重化，这不能预测会有道德上的直接结果。苏珊娜·基恩（Suzanne Keen）正确地指出，这就是阅读中同理心的人性化效果的主张过于简单化的原因之一。[3] 阅读可能使我们能够从内心"过上另一种生活"，但是没有预先说明这样的双重性会产生什么后果。

　　疼痛神经科学的各种实验表明，这些心理学悖论有一个神经生物学的基础。尽管我们通常认为疼痛是一种基本的个人体验，亚科博尼发现，"但我们的大脑实际上把它看作是与他人分享的体验"（124）。在一个经常被引用的实验中，威廉·哈奇森（William Hutchison）的实验室在前扣带回皮层（ACC）中发现了一组神经元，这些神经元不仅在对疼痛的针刺反应时活跃，而且在看到别人的手指被针刺时也会活跃。[4] 在证明的实验中，塔尼亚·辛格和她的同事在给参与者痛苦的电击时给他们做了脑部扫描，然后给同一个受试者展示将电极附着到心爱的伴侣的手上，并且告知这个人将被电击时，对其进行核磁共振成像检查，用这个扫描结果与之前的功能磁共振成像作比较。扫描

---

[1] C. Daniel Baston, "These Things Called Empathy: Eight Related but Distinct Phenomena," in Decety and Ickes, *Social Neuroscience of Empathy*, p.10.

[2] Jean Decety and Claus Lamm, "Empathy Versus Personal Distress: Recent Evidence from Social Neuroscience," in Decety and Ickes, *Social Neuroscience of Empathy*, p.208.

[3] 肯对玛莎·努斯鲍姆（Martha Nussbaum）和其他传统主张文学促进道德行为的人的批评，Suzanne Keen, *Empathy and the Novel*, New York: Oxford University Press, 2007, esp. pp.37−64。

[4] W.D.Hutchison et al., "Pain−Related Neurons in the Human Cingulate Cortex," *Nature Neuroscience*, Vol.2, 1999, pp.403−405. 另见里佐拉蒂和西尼格利亚的讨论，Giacomo Rizzolatti and Corrado Sinigaglia, *Mirrors in the Brain: How Our Minds Share Actions and Emotions*, trans. Frances Anderson, Oxford: Oxford University Press, 2008, p.187。

结果显示脑岛和前扣带回皮层有完全相同的活动。[1] 所以我真的能感受到你的疼痛。

但这种镜像机制对个体差异也很敏感，个体差异表明大脑对他人痛苦的模拟是自我和他人的双重性，而不是简单的一对一匹配。例如，郑雅薇（Yawei Cheng）在一篇题为"爱的伤害"的论文中报告，当参与者采用"喜爱人的视角"时，大脑扫描在属于疼痛基质的区域比采用陌生人的视角激发出更大的活性。[2] 这个发现和其他的实验结果一致，表明当另一个人被认为更像自己时，同理心更强烈："众所周知，在儿童和成人以及猴子身上，行为同理心随着自身和目标之间更大的相似性而增加，这是基于物种、个性、年龄或性别这些因素。"[3]

过去的体验也会有所不同。在郑教授进行的另一项脑成像实验中，针灸师在看到针头插入身体各个部位的图片时，大脑中与疼痛相关的区域的活动比对照组的成员要少。对这个结果的一种解释是，"如果同理者经常看到疼痛造成的情况，同理心大脑的反应"会减少。[4] 针灸师相信这种疗法的治愈能力也可能是一个因素。无论哪种情况，同理心都不是无意识的，而是受个体差异的影响。男人和女人的感同身受也可能有所不同。海因和辛格报告说，"最近的一项研究表明，当男性认为疼痛患者不美丽时，与他认为美丽和讨人喜欢的人相比，其同理心大脑反应明显较弱"（156）。神经元水平上的这些差

---

[1] Tania Singer et al., "Empathy for Pain Involves the Affective but Not Sensory Components of Pain," *Science*, Vol.303, 2004, pp.1157–1162. 另见 Giacomo Rizzolatti and Corrado Sinigaglia, *Mirrors in the Brain: How Our Minds Share Actions and Emotions*, trans. Frances Anderson, Oxford: Oxford University Press, 2008, p.187。

[2] Yawei Cheng, "Love Hurts: An fMRI Study," *NeuroImage*, Vol.51, 2010, p.927.

[3] Jennifer H. Pfeifer and Mirella Dapretto, "'Mirror, Mirror, in My Mind': Empathy, Interpersonal Competence, and the Mirror Neuron System," in Jean Decety and William Ickes ed. *The Social Neuroscience of Empathy*, Cambridge, MA: MIT Press, 2009, p.191.

[4] Grit Hein and Tania Singer, "I Feel How You Feel But Not Always: The Empathic Brain and its Modulation," *Current Opinion in Neurobiology*, Vol. 18, 2008, p.156. 实验的报告见 Yawei Cheng et al., "Expertise Modulates the Perception of Pain in Others," *Current Biology*, Vol.17, 2007, pp.1708–1713.

异是自我和另一个自我双重化的生物学关联，使我们对彼此矛盾地既心知肚明又隐晦难懂。大脑中的镜像机制也许能让我以令人惊讶的直接性感受到你的痛苦，但我不一定像你那样感受到。即使我分担你的痛苦，我也会用我自己的方式（而不是你的方式）来分担。

　　这些机制与阅读中同理心认同的现象学描述相一致，作为读者的真实自我和被文本创造的陌生的我之间关系的双重表现，以及我在阅读时思考的想法和感受到的感觉。情感的审美体验是模拟他人情绪的普遍现象的一个特殊例子，大脑的镜像机制使之成为可能。伊瑟尔认为，在阅读中，"认同本身不是目的，而是作者激发读者态度的策略"（*Implied Reader*，291）。通过各种修辞手法、叙事策略和文本惯例，作者激发读者对思维过程、知觉和情绪的模拟，这可能既熟悉又陌生。这种激发和处理仅仅是可能的，因为阅读是一种双重性的行为。

　　这种双重性是直接性和分离性的矛盾结合的原因，这种矛盾结合通常是审美情感的典型特征。在审美经验中唤起的情感在结构上是双重的——有时是强大的，甚至是势不可挡的，因为我们自己的态度被不同的感觉和感知方式所取代，但总是以一种缺失、消极和距离为标志，因为这些艺术诱导的状态不是我们自己对世界的原始的、直接的体验，而是它的表现、模拟，"仿佛"我们正在经历由文本开启的体验。审美情绪的一个特点是，它们都既是，也不是它们所模拟的情绪，在同理心的镜像加工中也发现了双重性。

　　这些模拟是如何在本能和肉身中产生的？它们是完全具身的，还是仅仅是心理上的？这些问题不仅是关于同理心，而且是关于审美情绪的有趣且重要的问题。这里有一个经常被引用的与厌恶有关的实验，这是一种出于本能的原始感觉，从进化的角度讲，也许可以追溯到识别和避免变质腐烂食物的需要。我们如何从别人的经验中认识到食物是否腐烂了？我们有没有从他们转开鼻子时的厌恶动作推断出他们可能的内在状态？还是我们的同理心反应更直接和具身？布鲁诺·威克（Bruno Wicker）和他的研究小组假设，"为了理解其他人表现出的厌恶的面部表情，观察者也必须产生厌恶感。这一假设预测，在观察他人的情绪时，负责体验这种情绪的大脑区域将变得活跃。"[①]为了验证这一假设，他们对暴露在难闻气味中的志愿者进行了大脑扫描，然后用这些结果和他们观看那些嗅到令人愉快、中性和恶心的物质的受试者的视频时的核磁共振成像结果进行比较（图 5.4）。结果显示，在受异味刺激的厌恶感和观察他人厌恶的面部表情时，在同一大脑皮层部位（前脑岛）活跃起来。威克总结道："对于厌恶，感觉一种情绪和在其他人身上感知同样的情绪有一个共同的基质"；也就是说，"观察一种情绪会激活这种情绪的神经表征"（655）。

这一发现提醒了许多安东尼奥·达马西奥 "似身体循环"（as-if body loop）的镜像神经元倡导者。回想达马西奥对 "大脑如何在内部模拟某些情绪身体状态" 的解释……当某些大脑区域……直接向身体感知的大脑区域发送信号，就好像身体在发出某种状态变化的信号："人们当时的感觉是基于'假'结构，而不是'真实的'身体状态。"[②] 尽管自己鼻子里的受体不会发出令人不快的嗅觉，但同样的大脑区域被激活，就好像它们从视觉皮层接收到其他人脸上的厌恶标志信号时正在发生一样。达马西奥解释，大脑可以模拟身体的状态，并 "绕过" 身体。[③] 这种 "仿佛" 模拟的矛盾之处在于，如果我们正在经历那种体验，大脑对所讨论的身体状态的再创造，既是也不是它应有的样子。大脑向自身发送信号，而不是接收来自身体的信号，但由于相互作用的大脑区域相同，好像身体处于循环中，我们感觉到模拟的情绪，就好像它

---

① Bruno Wicker et al., "Both of Us Disgusted in My Insula: The Common Neural Basis of Seeing and Feeling Disgust," *Neuron*, Vol.40, 2003, p.655. 有关这一基本情绪引发思考的文学历史分析，见 Winfried Menninghaus, *Disgust: The Theory and History of a Strong Sensation*, trans. Howard Eiland and Joel Golb, Albany: SUNY Press, 2003.

② Antonio Damasio, *Looking for Spinoza: Joy, Sorrow, and the Feeling Brain*, New York: Harcourt, 2003, pp.115−116.

③ Antonio Damasio, *Descartes' Error: Emotion, Reason, and the Human Brain*, New York: Putnam, 1994, pp.155−164.

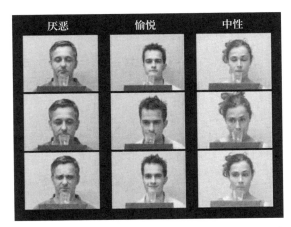

图 5.4　对令人讨厌、令人愉悦和中性气味的反应

fMRI 向受试者展示了一段视频中的静态图像，显示了他们对令人讨厌、令人愉悦和中性气味的面部反应。经允许后复制，Bruno Wicker et al., "Both of Us Disgusted in My Insula: The Common Neural Basis of Seeing and Feeling Disgust," *Neuron*, Vol.40, 2003, p.656(fig.1).

是真实表现的一样。

　　然而，有时大脑相关区域的边缘位置可能进一步模糊了大脑—身体的分界。里佐拉蒂指出，在厌恶的体验和对厌恶的观察中，脑岛的参与可以使我们对厌恶的感同身受特别模糊，因为脑岛是"内脏运动整合中心，当它被激活时，会激发感觉输入到内脏反应的转换"（Rizzolatti and Sinigaglia，189）。当我们看到他人厌恶的面部表情时，我们可能会感到恶心，但我们不会呕吐（如果厌恶感被充分地、直接地体现出来，我们好像也会呕吐）。但由于脑岛起着连接大脑和身体的中介作用，它可以向身体发送信号，引发内脏反应，并引起身体不适，就好像令人恶心的刺激物真的存在一样。当大脑在没有刺激物的情况下告诉身体做出反应时，一个"仿佛"的模拟可以产生真实的、物质的效果。

　　类似的分析也可以用来分析恐惧，它与杏仁核（amygdala）（另一个重要的大脑和身体间的介质）及其他情绪感受有关。所有穿过大脑和身体界限的情绪都分离了，因此所有的情绪都可以被模拟成一个似循环，这个循环可能会诱使大脑思考来自身体的信号，它们可能做得很好，以至于大脑会向身体发出信号让身体做出反应。与厌恶和恐惧不同，厌恶和恐惧与大脑皮层的特定部位紧密相连，情绪通常不涉及某个独有的区域，而是巴斯蒂安森（Bastiaansen）所说的在复杂网络中相互作用的"大脑区域的马赛克"。[①]然而，无论他们是如何在大脑皮层中组织的，情绪网络通常只需要达马西奥所说的新大脑皮层的"楼上"区域和"地下室"的相互作用——"高且新"部分的大脑，这是与理性和复杂的心理功能相关，以及"低且旧"的区域，致力于监管我们和更初级物种共有的体内平衡和身体的基本功能（*Descartes' Error*，128）。这种似身体循环欺骗大脑，使其认为这种相互作用正在发生，但大脑随后可能通过丘脑和脑干向身体发送信号，从而诱发与模拟的身体状态相关的感觉。

似身体循环的歧义在审美情绪的一些典型的矛盾和复杂性中表现得很明显。运用达马西奥的框架，弗里德伯格和加莱塞认为，"当一个人观察到引起强烈反应的图片时（比如恐惧），身体会被绕过（在很大程度上，虽然我们可能会逃跑，我们并没有真正要逃跑），而大脑——在'模拟模式'中——会再现在绘画或雕塑中看到的或暗示的身体状态，'仿佛'身体在场"（201）。"在很大程度上"是一个至关重要的先决条件。我们可能不会逃离博物馆里一张恐怖的照片，但当我们在电影中看到一条蛇咬人时，可能会跳起来（我跳起来了，但我妻子没有——尽管她有足够的同理心和同情心，但她知道接下来会发生什么，她把我压在座位上）。在听歌剧时，当女高音演唱了一首特别令人心碎的咏叹调时，我们可能会哭泣（大家都知道我会这么做），甚至有人看到一些人在油画前流泪（尽管詹姆斯·埃尔金斯报告说，现在比过去少了）。[②]

---

① J.A.C.J.Bastiaansen et al., "Evidence for Mirror Systems in Emotions," *Philosophical Transactions of the Royal Society B*, Vol.364, 2009, p.2391. 他警告说，几乎没有证据表明特定的情绪会一致地映射到大脑的特定区域。相反，不同的网络似乎被涉及，依赖于获取情绪的过程（2393）。

② James Elkins, *Pictures and Tears: A History of People Who Have Cried in Front of Paintings*, New York: Routledge, 2001.

　　如果不同的艺术有不同引起情绪反应的能力，那至少部分是因为它们感官的主要感觉在大脑的镜像区域引发共振。反过来，这些主要感觉可能有不同的可能性，通过似身体循环触发内脏的、身体的反应。尼采力图极好地解释这些变体，在他冷静、超然的"阿波罗式"雕塑的品质的分析中，而不是音乐可以激发的放弃和损失自我的"酒神式"品质，在他看来，悲剧使这种对立可能发生。^① 当然是这样。同一个场景表现在绘画或电影中可能有不同的效果，听到一首情歌的表演可以激发的情绪反应和静静地读一首诗不同。在它唤起的感觉运动反应相对来说是间接的（如果把嵌入语言中的象征性动作与电影生动、视觉上的直接动作或歌唱声音的具身共鸣相比较），阅读提供了一种可能比其他艺术更间接和更少内脏反应的体验［但每次我读到拉尔夫·图切特（Ralph Touchett）在《一位女士的肖像》中临终时的情景，我仍然会带着同情的悲伤哭泣］。^②

　　这些差异背后的机制无疑是复杂的，有许多促进因素，但这种差异是可能的，因为大脑可以以不同程度的直接性模拟身体。这种变化无常的直接性与同理心、情绪分享体验的方式有关，可能涉及仅限于大脑皮层的模拟，也可能涉及跨越大脑和身体界限的"楼上和楼下"相互作用。其中一些差异还取决于参与者的差异，这符合同理心实验显示的体验和态度如何调节认同。这就是为什么感伤的反应在文化和历史上会有所不同（所以很可能我们不再像以前那样对某些图画哭泣），以及为什么有些人看有蛇的电影会跳起来（而另一些人则不会）。没有单一的审美情绪，各种艺术所诱发的所有情绪都是"审美"的，从这个意义上说，他们启动了"仿佛"的模拟，并可能以不同的方式体现出来。这些情绪如何在审美上发生差异是利用了"仿佛"的变化，这

---

① Friedrich Nietzsche, *The Birth of Tragedy Out of the Spirit of Music*, trans. Shaun Whiteside, New York: Penguin, 1994. 另见列夫·托尔斯泰在他的中篇小说《克罗采奏鸣曲》（1889）（*The Kreutzer Sonata*）中描绘了音乐的内在效果。

② 伊莱恩·斯卡里雄辩地反思了绘画、音乐和文学之间直接感官内容的差异，Elaine Scarry, *Dreaming by the Book*, New York: Farrar Straus Giroux, 1999。

种变化使用同理心再创作的身体情绪产生歧义，与原始情绪既相同又不同。就像我跟你既能共同感受又不能共同感受你的痛苦一样，当我读到别人的悲剧时，我所感受到的痛苦既是又不是真正的痛苦。

类似的双重化机制在生活和艺术的模仿中也起作用。镜像神经元的发现重新引起了人们对婴儿模仿实验的兴趣，他们假设新生儿复制观察到的行为的能力必须建立在他们大脑中固有的镜像机制基础上。虽然不能把探针附着在新生儿的神经元上，但对其在出生后数小时甚至数分钟内模仿成年人的能力的观察提供了令人信服的证据，证明了大脑天生具有模仿能力。婴儿模仿的研究先驱者安德鲁·N.梅尔佐夫指出，"子宫里没有镜子"，而且"婴儿可以看到成人的脸但看不到自己的脸"，问题是他们是如何设法"连接能感觉到但是看不见的自己的动作和能看到但感觉不到的别人的运动。"① 婴儿几乎一出生就能完成这个转换行为。梅尔佐夫研究了出生 42 分钟到 72 小时以内的新生儿样本，发现"新生儿看到面部姿态的第一反应是激活相应的身体部位"——例如，"当他们看到舌头伸出时，舌头活跃起来"（492）。婴儿的模仿能力在出生的最初几天到几周内稳步增长："出生 12~21 天的婴儿可以模仿四种不同的成人姿态：嘴唇突出、张嘴、伸出舌头和手指活动"，"婴儿既不会混淆动作也不会混淆身体部位"（Meltzoff & Decety，492；图 5.5）。梅尔佐夫总结道："模仿是人类天生的，这使得他们能够与其他'像我一样'的施动者分享行为状态"（492）。

婴儿如何完成这些转换行为？梅尔佐夫发现"人类的行为尤其与婴儿相关，因为这些行为看起来像婴儿觉得自己的样子"（497）。这种相似感很可

---

① Andrew N.Meltzoff and Jean Decety, "What Imitation Tells Us About Social Cognition: A Rapprochement Between Developmental Psychology and Cognitive Neuroscience," *Philosophical Transactions of the Royal Society London B*, Vol.358, 2003, p.491. 本文所报告的基础工作包括：Meltzoff and M. K. Moore: "Imitation of Facial and Manual Gestures by Human Neonates," *Science*, Vol.198, 1977, pp.75−78; "Newborn Infants Imitate Adult Facial Gestures," *Child Development*, Vol. 54, 1983, pp.702−709; and "Imitation in Newborn Infants: Exploring the Range of Gestures Imitated and the Underlying Mechanisms," *Developmental Psychology*, Vol.25, 1989, pp.954−962.

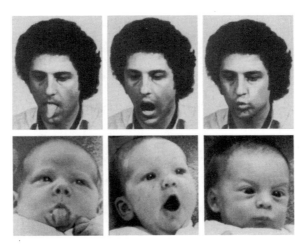

图 5.5 婴儿模仿的图像

出生 12~21 天的婴儿模仿成年人面部表情的照片。经允许后复制，Andrew N. Meltzoff and Jean Decety, "What Imitation Tells Us About Social Cognition: A Rapprochement Between Developmental Psychology and Cognitive Neuroscience," *Philosophical Transactions of the Royal Society London B*, Vol.358 ,2003, p.492 (fig. 1).

能是基于内部状态和接收的外部信号之间的神经元共鸣。加莱塞提出，婴儿镜像神经元对观察到的行为反应活跃，开启 "视觉信息跨模态映射（cross-modal mapping）……到复制它的运动指令中" 的加工。[①] 婴儿通过进行运动行为来理解其所看到的东西，由于反射神经元激活，婴儿内在感觉的这些运动行为等同于观察到的东西。

　　这是一种转换行为，而不是一对一复制的简单实例，因为这等同于一个既相同又不相同的设置（另一个解释性的神经元例子，即让 "等同" 的东西 "不等同" 的神经元示例）。这种映射（mapping）的能力是许多大脑功能的特征，跨越各种感官模态。视觉、听觉、嗅觉和触觉通过将不同来源的输入映射到不同的大脑区域来完成所有的工作。区域到区域的映射是大脑如何在信号之间建立关系并创建一致模式的一个基本加工过程，也让

---

① Gallese, "The Manifold Nature of Interpersonal Relations: The Quest for a Common Mechanism," *Philosophical Transactions of the Royal Society London B*, Vol. 358, 2003, p.518.

不同感官输入信号协调（如阅读中听觉和视觉路径的相互作用）。在婴儿模仿中，镜像神经元的共振可能会在动作的外部观察和内部感知的能力之间引起类似的跨模态映射。也就是说，婴儿将视觉信号与类似的运动感觉模式相关联，并转化为自己知道的身体运动的体验（甚至在子宫内），以理解类似但新奇的、前所未有的信息——例如，观察到的伸出舌头的动作，它与控制自己身体这部分运动的大脑皮层区域的运动神经元产生共鸣。当我们协调来自视觉和触觉的信号时，也会发生类似的关联。这也许是最早的阐释学循环的实例，借此通过扩展熟悉的概念，我们可以理解不熟悉的事物。解释的"作为"结构（as structure）——我们如何通过将不熟悉的事物与我们已经知道的事物相类比推理来理解它——从生命的开始，就在大脑建立这些模态之间联系的能力中起作用。加莱塞指出，这种转换对于社会认知的发展至关重要，因为"演示者和模仿者的视角不同，任何类型的人际映射都存在固有的困难"："我总是需要把演示者的外在视角转换成我个人的身体视角"（"人际关系的多重性质"，519）。婴儿模仿是一种初级主体间性的证据，这种主体间性先于能力接受别人的思想，但大脑在转换中发挥作用的映射能力，在模拟他人的状态和对他们的观点进行理论说明的过程中也是活跃的。我们主体间理解能力的发展是有连续性的，因为加莱塞解释说："我们的认知系统能够构想一种'抽象'的多模态方式，在语言（卓越的抽象概念认知工具）的发展和掌握，以及更复杂的社会互动形式之前，很早就映射出明显不相关的感官信息源"（518）。婴儿从出生起就具有这种跨模态映射能力，因为镜像神经元的共振实现了双重化。婴儿的模仿需要双重化，因为婴儿回应的对方的信号既等同于又不等同于他或她已经经历过的信号。建立等价物的多模态映射能力不是简单的重复，是生物体学习、发展和扩展对自身和世界掌握能力的基础。

　　模仿的转换能力在很大程度上取决于这种"仿佛（as if）"，使游戏和虚构作品创作成为可能，并有助于解释为什么人类可以从虚构作品中学习。① 只有当模仿不仅仅是一比一的复制时，模仿才能导致动作或技能的提高。为了使双重化更有作用、更富有成效，差异和相似性同样重要。梅尔佐夫报告说，"小婴儿纠正他们的模仿行为"，这是唯一可能的"主动的比较和缺乏自我与他人的混淆"（Meltzoff & Decety，494）。此外，18 个月大的婴儿可以区分做某事成功和失败的尝试，并"选择模仿我们想做的事情，而不是我们错误地做了什么"（496）。因此，婴儿模仿并不仅仅是试图与观察到的行为相匹配，而是需要一种具有差异性的主动游戏。婴儿所见和所感，原作与复制品之间的比较和对比，是婴儿与其他婴儿进行有效互动的关键，这种互动方式能够促进学习和进步。当成年人表现不好时，婴儿知道要"按照"对方的意图去做（而且不是她实际上的做法）。当婴儿的行为达不到它的目标时，它可以再试一次，尝试以不同的方式行事，并更"像"自己一直想要做的事。婴儿的行为"像"它看到的其他人的行为，"相似"和"不相似"之间的空间允许这些差异游戏。游戏中的虚拟设计了这些"作为"结构，而游戏在婴儿的学习中至关重要，因为它允许有差异的实验。

　　阅读延续了从婴儿模仿开始的"像"的游戏。完成行为"仿佛"确实发生的审美体验不仅是愉快的消遣，而且是学习的场合，因为"作为"关系对于模仿是基本的。"作为"的"仿佛"从柏拉图开始就一直是著名的批评对象，因为它从根本上是欺骗性的和误导性的［因此菲利普·西德尼爵士（Sir Philip Sidney）的经典辩护是"诗人，他什么也不肯定，因此从不说谎"］。② 但是"作为"是有成效的，正如婴儿模仿所表明的那样，因为它允许模拟行为，模拟我们不是的样子让我们去探索，也许会成为我们想要的样子。否定的游

---

① On play and the "as if," see Roger Caillois, *Man, Play, and Games*, Urbana: U of Illinois P, 2001, esp. pp.3–35; and Wolfgang Iser, *The Fictive and the Imaginary: Charting Literary Anthropology*, Baltimore: Johns Hopkins University Press, 1993, esp. pp.247–280。又见我的文章，Paul B.Armstrong, "The Politics of Play: The Social Implications of Iser's Aesthetic Theory," *New Literary History*, Vol.31, No.1, Winter 2000, pp.205–217。

② Sir Philip Sidney, "An Apology for Poetry", in Adams, *Critical Theory Since Plato*, 1583, p.168.

戏（在"作为"中的"不"）甚至在婴儿的模仿中也是有效的，因为差异使改变成为可能。在阅读中使"我"与"非我"的关系发生，延续了这种差异的游戏，并置对立的思维方式和感觉方式，并在我的个性中刻画出可以引起思考或引发我对世界的体验变化的分歧。小说既可以指导也可以取悦，恰恰是因为"仿佛"结构所引起的差异的游戏。

婴儿发育的观察有趣地表明，在艺术和生活中，模仿本质上是社会性的。婴儿模仿之所以具有游戏性质，不仅因为它具有"仿佛"的维度，还因为它来回的动态性。在主体间的互动中，游戏的来回对模仿和自我与他者的双重化都是至关重要的。梅尔佐夫报告说，"各种文化中的成年人都和他们的孩子玩相互模仿的游戏"（Meltzoff and Decety，494）。自我和他者交互的来回似乎是快乐和模仿体验学习的基础，即使是在婴儿时期，当时过境迁，被模仿的一方做模仿动作时，这一点尤其明显。根据梅尔佐夫的说法，"即使是很小的孩子也会注意到被人模仿"："他们看模仿他们的成年人的时间更长；看这个大人时微笑更多；最重要的是，定向测试那个成年人的行为……做出突然的、出乎意料的动作，以检查成年人是否在跟随他们的动作"（494）。

这种自我与他人的交互，形成了另一个自我的悖论，也就是他者的独立和与我的差异的矛盾，尽管他或她与我有着密切的联系和反应性。梅尔佐夫发现，"到了 14 个月，婴儿一定知道成年人并不是完全在他们的控制之下，这种交流的一部分乐趣在于，他们意识到，尽管婴儿实际上并不控制另一个人，但另一个人正选择做我所做的事情。这两个因素加在一起可能有助于解释为什么大一点的婴儿会快乐地进行 20 分钟或更长时间的相互模仿游戏——比在镜子里看自己要长得多，也比在镜子里看自己更快乐"（495）。这种对自我与他人双重化的有趣探索的反面是拉玛钱德兰所描述的孤独症的"精神孤独"，即"对他人缺乏情绪上的同理心"与无法进行来回的交流同时出现："孤独症儿童没有表现出玩耍的外在感觉，也不会像正常儿童那样，在醒着的时候尽情地想象。"①

　　毫不奇怪，语言的发展对阅读和审美体验的重要影响取决于婴儿模仿来回的游戏。亚科博尼报告说，"学步的孩子玩模仿游戏越多，一年或两年后同一个孩子说话就会越流利"（50）。造成这种联系的原因是多方面的，也是复杂的，其中最主要的是语言不仅是一种逻辑和语法结构，而且是一种以会话为例的具身社会实践。亚科博尼否认语言"在本质上可以简化为语法等形式结构"，他坚称："真正要问的问题是，人们如何交谈？"他认为"传统语言学家忽视的典型对话的一个显著特点是话轮转换（turn-taking）"。②他解释，"对话中的言语和行为都趋向一个有共同目标的协调的联合活动的某一部分，而这种对话舞蹈对我们来说是自然而简单的，因为这是"镜像神经元通过模仿促进的一种社会互动"（*Mirroring People: The Science of Empathy and How We Connect with Others*，98）③。根据里佐拉蒂的说法，对话中来回往返的"舞蹈"是"镜像神经元系统"帮助建立"一个共同的动作空间"的一种方式，一个我的身体和别人身体之间"交互作用"的空间。（Rizzolatti & Sinigaglia，154）。用解决这种互动所必需的认知映射，婴儿模仿的往返游戏提高了孩子的能力。

　　阅读，尤其是文学阅读，可以是一种游戏的往返，因为我们在思考和感受他人的思想和感情时，会经历类似的双重化。这种嵌入到书面语言中的衍

---

① V. S.Ramachandran, *The Tell-Tale Brain: A Neuroscientist's Quest for What Makes Us Human*, New York: W.W.Norton & Company, 2011, p.137. 除了 Simon Baron-Cohen 关于缺陷与心盲孤独症（TOM）相关的经典研究（见注释 5），见 Singer 和 Leiberg 关于分享他人情绪的研究现状的调查 "Sharing the Emotions of Others," p.979。又见 Uta Frith, "Mind Blindness and the Brain in Autism," *Neuron*, Vol.32, 2001, pp.969–979; and G. Silani et al., "Levels of Emotional Awareness and Autism: An fMRI Study," *Social Neuroscience*, Vol.3, 2008, pp.97–112。

② Marc Iacoboni, "Understanding Others: Imitation, Language, and Empathy," in *Perspectives on Imitation*, vol.1, Susan Hurley and Nick Chater ed. *From Neuroscience to Social Science-Mechanisms of Imitation and Imitation in Animals*, Cambridge, MA: MIT Press, 2005, pp.108, 109.

③ 关于将语言看作结构，并且将语言视为主体间性言语之间的对立，又见 Paul Ricoeur, "Structure, Word, Event," trans. Robert Sweeney, in Don Ihde Evanston ed. *The Conflict of Interpretations*, Evanston, IL: Northwestern University Press, 1974, p.58 above。

生意向性，邀请人们参与"对话的舞蹈"。伊瑟尔解释说，没有"从文本到读者单向倾斜"，而是一个"双向关系"，在这种关系中，作品的意义取决于双方交互的相互作用，这种相互作用出现的方式可以超越作者的初衷或读者的预期，因此惊喜的快感或挫败感是审美体验的一个典型方面。①

　　让－保罗·萨特将阅读这种矛盾的来回描述为一种"要求"的交换，这让人想起了成人和儿童模仿游戏，双方轮流被控制："双方都信任对方；每个人都依赖另一个人，对另一个人的要求就像他对自己的要求一样"，在"辩证的来去之间；当我阅读时，我提出要求；如果我的要求得到满足，那么我所读的东西会激发我对作者提出更多的要求，这意味着要求作者对我提出更多的要求。反之亦然，作者的要求是我将自己的要求发挥到极致"（49，50）。萨特将阅读描述为作者和读者之间的"慷慨契约"，因为这种潜在互惠互利的来回往返，最大程度地展示了双方所能做到的极致（而且超出了任何一方自己所能做到的）。"辩证的来来往往"的直观感觉，使读者与缺席的作者签订了一份"契约"，这种感觉似乎是神秘的，不可言喻的［萨特将艺术作品描述为"一种只存在于运动中奇特的（旋转的）陀螺"（34）］，但阅读中这种相互吸引的游戏和需求扩展了起源于婴儿模仿的镜像和话轮转换的基本加工过程。作者和读者之间的"舞蹈"是一种具身的、物质基础上的现象，它基于大脑的主体间、跨模态映射的能力。

　　作为自我和他人的双重化，阅读是一个基本的协作加工过程。正因为如此，迈克尔·托马塞洛（Michael Tomasello）和其他神经生物学方向的文化人类学家认为，这是"共同意向性（shared intentionality）"的一个主要例子，是人类产生文化的独特能力。托马塞洛所说的"我们'意向性'（'we'

---

① 伽达默尔因此认为，"不仅仅是偶尔，而是总是，文本的意义超越了作者"，因为"我们以不同的方式理解，如果我们完全理解的话"，Gadamer, *Truth and Method*, trans. Joel Weinsheimer and Donald G. Marshall, 2nd ed. New York: Continuum, 1993, pp. 296, 297. 关于围绕作者意图的争论，见我的 Paul B. Armstrong, *Conflicting Readings: Variety and Validity in Interpretation*, Chapel Hill: University of North Carolina Press, 1990, esp. pp.1–19.

intentioanlity）"是指能够"参与涉及共同目标和社会协调动作计划（共同意向）的协作活动"。① 共同意向性实现的基本的"文化认知技能"，开始于父母和婴儿的"原始对话（proto-conversation）"，涉及"话语轮换"和"情绪交流"（681），他们在所谓累积的文化演变的"齿轮效应（ratchet effect）"中达到高峰。幸好人类有参与协作活动的能力，文化可以比生物进化更迅速、更广泛地稳步推动物种范围变化。"集体活动和实践……通常由共享的象征性人工制品组建"，促进了知识和技能的"世代相传"（675）。大脑通过社会引起的神经循环来学习阅读，这是齿轮效应的一个主要例子，阅读是全人类跨代传递文化内容及其形式的一个重要载体。阅读和文学的人文学科处于文化传播的中心地位，是因为它们促进了"'我们'的意向性"，不仅通过写作和文学传播东西，而且通过阅读和写作的实践培养我们如何与他人合作的能力。在审美体验中进行交互的社会互动的往返游戏，通过增强共同的意向性，对文化进化作出了强有力的贡献。②

　　然而，这并不是说，阅读的游戏本质上是仁慈的，是富有社会性的，正如我们的镜像神经元使我们本质上是道德的存在一样。这是拉玛钱德兰将镜像神经元描述为"甘地神经元"的谬论，因为"它们模糊了自我与他人之间的界限"（124）。尽管帕特里夏·丘兰德（Patricia Churchland）也想确定"道德行为的神经平台"（她指的是"关心"的范围延伸到"亲友"之外的神经生物学机制），她警告说"平台只是平台"，它不是"人类道德价值观的全貌"（3）。同样，模仿也有两个道德面：一是可以加强协作性的社会互动，二是可以挑起和升级暴力。亚科博尼担心"我们大脑中的镜像神经元会产生我们通常不知道的无意识模仿影响，并通过强大的社会影响限制我们的自主性"；

---

① Michael Tomasello et al., "Understanding and Sharing Intentions: The Origins of Cultural Cognition," *Behavioral and Brain Sciences*, Vol.28, 2005, p.676.

② On the social implications of the experience of reciprocity in reading, 关于阅读中交互性体验的社会含义，见我的 Paul B. Armstrong, Play and the *Politics of Reading: The Social Uses of Modernist Form*, Ithaca, NY: Cornell University Press, 2005, esp. pp.2–21。

他举例说，"接触媒体暴力对模仿暴力有很强的影响。"（*Mirroring People*，209，206）。

然而，表现出的暴力行为的效果并不一定是道德败坏的，原因就在于它们作为模拟的"仿佛"状态给了接受者回旋的空间。我们神经元的镜像反应并不能预先决定我们将如何反应。理查德·格里格和菲利普·津巴多（Philip Zimbardo）调查了"观看暴力电视的儿童成年后有可能变得过于有攻击性"的证据，指出这取决于影响"观察性学习"的几个因素，例如行为是否得到回报和强化，以及这个模式被认为是"积极的，喜欢的，受尊重的"，模式是否被认为与观察者相似，行为是否在观察者的"能力范围内"。[1]攻击性的观察学习不是一种无意识反应，而是一种根据接受者如何接收、理解和加工行为而变化的"作为"关系。"我"和"非我"的双重化是观察者对表现的暴力行为反应特点。双重性是所有模仿行为的固有特征，双重的关系留下可变的反应可能性。虽然罗韦尔·胡泽曼（Rowell Huesmann）支持克雷格·安德森（Craig Anderson）的研究，认为"接触暴力电子游戏是导致攻击性行为增加的一个因果风险因素"，但安德森继而承认，"这会增加风险"……并不意味着"决定"风险：对于许多接触暴力的人来说，行为不会发生明显的变化。[2]然而，胡泽曼的主张背后的类比在生物学上是有问题的："对于大多数公共健康威胁，包括接触香烟烟雾和含铅油漆，也可以作出同样的声明。接触这些会增加肺癌或智力缺陷的概率，但不能保证"（179）。以镜像神经元共鸣为基础的模仿的神经生物学机制并不是对环境毒物的生化反应，如烟雾和铅

---

[1] Richard J.Gerrig and Philip G. Zimbardo, *Psychology and Life*, 17th ed., Boston: Pearson, 2005, pp. 200, 199. 他们引用了 1963 年经典的研究 "Imitation of Film-Mediated Aggressive Models," *Journal of Abnormal and Social Psychology*, Vol.66, No.1, 1963, pp.3–11。 另见 George Comstock and Erica Scharrer, *Television: What's On, Who's Watching, and What It Means*, San Diego: Academic, 1999。

[2] Craig A.Anderson et al., "Violent Video Game Effects on Aggression, Empathy, and Prosocial Behavior: A Meta-Analysis," *Psychological Bulletin*, Vol.136, No.2, 2010, p.151; L. Rowell Huesmann, "Nailing the Coffin Shut on Doubts that Violent Video Games Stimulate Aggression: Comment on Anderson et al. (2010)," *Psychological Bulletin*, Vol.136, No.2, 2010, p.179.

涂料。模仿攻击性反应的可变性不是接触毒物的生理学问题，而是与镜像的"作为"关系有关，这增加了它的偶然性和不可预测性。

这种可变性反映在对具象暴力共识的异议中。克里斯托弗·弗格森（Christopher Ferguson）和约翰·基尔伯恩（John Kilburn）质疑暴力电子游戏是否一定会促进攻击行为："随着暴力电子游戏在美国和其他地方越来越流行，美国、加拿大、英国、日本和大多数其他工业化国家的青少年和成年人中的暴力犯罪率已跌至自 20 世纪 60 年代以来从未出现过的低点。"[①] 他们警告，"有些科学家对暴力电子游戏的过分关注，会分散社会对更重要的攻击性原因的注意力，包括贫穷、同龄人的影响、抑郁、家庭暴力与基因和环境的相互作用（Gene X Environment interactions）"（177）。然而，需要注意的是，其中一些原因（例如，同龄人间和家庭中的攻击行为）也是模仿效应。同样，达芙妮·巴韦利埃（Daphne Bavelier）在最近对证据的综述中警告说，暴力电子游戏的效果"可能确实是短暂的，而不构成真正的习得攻击性效果"，因为她在实验证据中发现"攻击性认知"和"去敏感化（desensitization）"和"经常玩暴力电子游戏"并没有什么联系。[②] 这个问题很难解决，因为模仿反应是偶然的，而不是无意识的，并且能够抑制或重新定向。

镜像效应可能不是预先注定的，但有证据表明，它并非纯粹的仁慈或善意，它可以激发冲突和竞争，正如它可以支持协作和互利互惠一样。例如，人类学方向的文学理论家勒内·吉拉德（René Girard）强烈警告说，他所说的"模仿欲望（mimetic desire）"——反映他人的欲望，并根据我们对所感知到他人的成就的嫉妒来塑型我们的欲望和愿望——可能会催生由竞争、嫉妒和憎恨

[①] Christopher J.Ferguson and John Kilburn, "Much Ado About Nothing: The Misestimation and Overinterpretation of Violent Video Game Effects in Eastern and Western Nations: Comment on Anderson et al.," *Psychological Bulletin*, Vol.136, No.2, 2010, p.176.

[②] Daphne Bavelier et al., "Exercising Your Brain: Training-Related Brain Plasticity," in Gazzaniga, *Cognitive Neurosciences*, p.155.

所助长的暴力循环，只有替罪羊的牺牲才能结束。① 我们以生物学为基础的相互模仿和参与协作活动的能力可以带来恐怖和奇迹。

道德的秘密不会在我们的神经元中发现，阅读本身并不能使我们成为更好的人。另一个自我的悖论使得冲突和关怀成为人类存在的基本可能性。② 考虑到人类行为中既有马基雅维利式的邪恶，又有无私的仁慈的证据，如果大脑天生既有暴力又有同情心，那将是令人惊讶的。同样，如果说审美体验总是而且必然是道德上的提升和社会上的进步，那么有很多证据证明并非如此，即艺术家和人文主义者可能行为不端，文化素养可能与残酷的剥削并行不悖。我们需要从神经系统科学和文学相关的人文学科中得到的不是政治上正确的社会和道德改善计划，而是从不同的角度对人类历史上反复出现的喜忧参半的局面进行解释。至少这个故事的一部分可以在奇妙又可怕的完全不同的可能性中找到，自我和他人是如何相互联系的，这种可能性是另一个自我的悖论和社会大脑的双重化能力所固有的。

---

① See René Girard, Deceit, *Desire, and the Novel: Self and Other in Literary Structure*, trans. Yvonne Freccero, Baltimore: Johns Hopkins University Press, 1965; and Girard, *Violence and the Sacred*, trans. Patrick Gregory, Baltimore: Johns Hopkins University Press, 1977. 对镜像神经元和婴儿模仿的研究给吉拉德关于模仿和暴力的著作带来了重新振作的兴趣。见 Scott R. Garrels, ed., *Mimesis and Science: Empirical Research on Imitation and the Mimetic Theory of Culture and Religio*n, East Lansing: Michigan State University Press, 2011。

② Paul B. Armstrong, "Self and Other: Conflict versus Care in The Golden Bowl," in *The Phenomenology of Henry James*, Chapel Hill: University of North Carolina Press, 1983, esp. pp. 138–140. 分析萨特关于冲突是自我与他者之间关系的原始含义的主张，与海德格尔关于关怀（Sorge）作为 "与人同在（Mitsein）" 的基本结构的分析相反。

结 语

　　如果我不是做了十几年的院长，我可能不会写这本书。[①] 这听起来可能很奇怪，因为做行政工作通常（正确地）被认为是一种无聊的苦差事，而花在行政工作上的时间是不能用于研究和教学的。但在我做院长的岁月里，我学到的科学知识比我在高中或大学里学到的还要多。我在纽约州立大学石溪分校担任文理系主任的经历尤其如此，这所大学以其在物理、数学和生物科学方面的优势而闻名（向我汇报的两个系也有来自医学院的教职员工）。一位系主任，通常是世界级的科学家，会来我的办公室为一个教职或一些研究项目要钱，要向我说明这个案例的优点，就要给予我这个英语教授足够的该领域的教育，使我能够理解和评估这一要求。招聘和留住教职员工、建立学术项目，阅读晋升和终身职位的案例，这些领域离我自己的视野很远，让我进入那些如果我留在教授阶层，就永远不会知道的领域（除此之外，我还学会了如何批判性地阅读科学论文，即使技术细节超出了我的能力范围）。

　　每天与实践中的科学家接触，以一种我以前从未做过（之后也从未做过）的方式，让我了解了大多数人文主义者所不熟悉的思维方式和学科实践。人文科学和科学的部分不同之处在于我们知道不同的东西，而和科学家交谈的乐趣在于了解一些我们没有意识到的事情。但是，C.P. 斯诺（C.P.Snow）极力主张，科学和人文也是不同的文化，而花时间在我的学科世界之外，让我接触到了这个其他领域特有的一些假设、态度和习惯，这些对神经科学和美学

---

① 从 1994 年到 1996 年，我是俄勒冈大学文理学院的副院长；1996 年至 2000 年，我担任纽约州立大学石溪分校文理学院院长；2001 年至 2006 年，我担任布朗大学学院院长。

之间的关系有启示。

当熟悉的词起不了同样的作用时，你就知道你生活在另一种文化中。我还记得当我第一次听到一个科学家使用"简化论（reductionism）"作为赞美词时的惊讶。英语教授们习惯于认为，"简化论"是一种邪恶，必须不惜一切代价加以避免。无论持何种批评观点，大多数人文主义者都有一个默认的假设，即没有任何解释能够完全公正地解释诗歌或小说试图说明的复杂性（新批评家将这个假设提升为教条，称之为"释义的异端"）。一个人至少应该表现出足够的机智和优雅来承认这一点，并且，如果可能的话，确保自己分析所增加的见解弥补任何评论必要的过度简化。把另一个诠释者的阅读或方法称为"简化论的"是一项严重的指责。但据我所知，对科学家来说，"简化论"就是游戏的名称。毫无疑问，对于科学家来说，这能使我惊奇才是一件令人惊奇的事，因为在我们不同的文化中，围绕着这个词的使用的惯例是很自然的。毕竟，大多数科学的目标是把复杂现象简化为简单的成分，而且物理和数学具有优先地位的部分原因是他们的方法论的工具和解释概念似乎有希望将世界分解成最基本的元素和归律。

当我向同事解释神经生物学、生物化学、生态学和进化学时，生物系统的相互形成过程的特点对我来说好像是要提醒我阐释学循环的说明，根据整体不能简化为它各部分的总和，他们很快就会变得紧张，担心我引入一些神秘和非唯物主义的东西，并否认明显的相似之处（当然，他们很礼貌，因为作为院长，我仍然掌管着他们的钱包）。可能正是因为生物系统的特点是交互的，是相互确定的相互作用，不像线性的、台球式的因果关系，但科学家朋友关于我反简化主义的建议感到紧张，这提醒人们，我们的目标仍然是将复杂的东西变成简单的东西，而不引入任何无关的、不能用物质语言解释的术语。

当经常讨论的"困难问题"出现时，类似的基于学科的焦虑和对简化主义的分歧也经常显现出来。像审美体验或阅读过程这样的东西能被简化为意识的神经关联吗？你自觉给出的答案可能会告诉你属于哪种文化（当然，也有例外）。[①] 然而，我相信，采用约翰·赛尔所称的生物自然主义（biological naturalism）的立场，并断言"意识是一种由大脑加工过程引起，并且在大脑结构中实现的生物现象"，而不犯下人文主义者所认定的简化主义的罪孽是有可能的。[②] 赛尔认为，意识"是不可简化的，不是因为它难以描述或神秘，而是因为它有第一人称本体论，因此不能被简化为第三人称本体论的现象"（567）。塞尔跟随托马斯·内格尔著名的分析表明，我们不可能知道做蝙蝠是什么样的："如果体验的事实——关于体验有机体是什么样子的事实（他的蝙蝠，或者在我的问题，文学读者或有审美体验的任何人），只从一个角度就可以理解（也就是有这种体验的有机体的角度）。那么，在生物体的物理运作中如何揭示体验的真正特性就成了一个谜。"[③] 科学的意识形态致力于否认任何事物最终都是难以描述或神秘的，它的简化论信仰也随之而来。但可以理解的是，这让人文主义者担心，这段体验的独特之处将会消失。这样的解释会恰好错过它需要解释的东西："主观感受（qualia）"（人感知或者体验到的性质），用技术上的术语来说，就是体验在其完整的、直接的、第一人称主观性中是"相似（like）"的性质。

但如果两者都是对的呢？或者两者都错了？做一个简化论者肯定又好又坏，这取决于一个人试图做的解释工作。弗朗西斯·克里克（Francis Crick）曾称之为"惊人的假设"，即"为了了解我们自己，我们必须了解神经细胞如何起反应和相互作用"，不必介意如果这两种对立观点的完整性得到认识，并且进一步承认两者都不能做另一方的工作，向前重要的步骤是，在某些他

---

① 这也被称为"涌现问题（emergence）"——物理、电化学过程如何产生意识和体验。关于最近解决这个问题的启发性尝试，见 Terrence W. Deacon, *Incomplete Nature: How Mind Emerged from Matter*, New York: Norton, 2012。

② John R.Searle, "Consciousness," *Annual Review of Neuroscience*, Vol.23, 2000, p.567.

③ Thomas Nagel, "What Is It Like to Be a Bat?", *Philosophical Review*, Vol.83, 1974, p.442, 原文强调。

们的关注点重叠的情况下，这两种观点都需要对方来正确地完成工作。① 没有人可以为你阅读，除了你，没有人可以拥有你的审美体验。"我自身（my-own-ness）"［用海德格尔的术语来说，就是"向来我属性（Jemeinigkeit）"］是人文主义者想要尊重的非简化解释。② 但是，没有大脑的加工过程，阅读和审美体验就不可能发生（例如，在阅读的情况下，改变视觉不变的物体识别细胞的目标来破译图形标志的神经元再循环）。

事实上，这些体验和各种潜在的神经元过程是相互关联的，这一点可以用神经科学的技术和实验方法来记录和研究。但这些方法与人们想要用来理解和强化体验的探究方式不尽相同。例如，教某人如何读一首诗或一本小说，更多地了解其中被调动或违反的文学惯例，或者提高一个人识别和理解音乐中的旋律或和声模式的能力，或者解释和响应绘画中空间组织的模式的能力。

展示两个领域是如何相互关联，并不等同于证明一个领域如何导致另一个领域。也不一定要把一个领域作为优先于另一个领域的唯一或最好的解释。在某种意义上，大脑活动解释了审美体验中发生了什么，但在另一个同样有效的意义上来说，对诗歌、交响乐或绘画的生活体验的美学描述解释了大脑活动的含义。并没有哪一种解释本质上是首要的，而是取决于你想做的工作。

这就是我所说的神经科学和美学角度对阅读文学文本等现象的解释性空缺（explanatory gap）的原因。在这个"空缺"上来回穿梭，给了神经学家和人文学家从不同角度谈论的有用的东西。而且他们需要互相交谈（比他们现

---

① Francis Crick, *The Astonishing Hypothesis: The Scientific Search for the Soul*, New York: Simon & Schuster, 1994, p.xii.

② 见 Martin Heidegger, *Being and Time*, trans. John Macquarrie and Edward Robinson, New York: Harper & Row, 1962, pp.67–68. 关于阅读 *Jemeinigkeit* 的伦理和美学含义，见 J. Hillis Miller's interesting essay "Should We Read 'Heart of Darkness'?"in Attie de Lange and Gail Fincham with Wiesław Krajka ed. *Conrad in Africa: New Essays on "Heart of Darkness,"* New York: Columbia University Press, 2002, pp.21–39. "没有人能帮你阅读，"米勒说，"每个人都必须在他或她的轮班中都会再读一遍，并在他或她的轮班中见证了这种阅读"（21）。那么，审美体验是"最重要的"，它的伦理含义也是如此，即读者如何回应这种体验的召唤来承担某些责任（我们如何"见证"我们的体验）。这就是为什么文学作品的道德价值可以是歧义的原因之一，即使在文学具有伦理含义的明确情况下。

在通常做得更多），以便在他们的关注点交叉时适宜工作。例如，如果神经科学家想避免严重的方法论和理论错误（如假设艺术是一种意义明确的现象，总是在大脑中调用相同的潜在奖励机制），那么他们就应该关注追溯到柏拉图和亚里士多德关于审美经验的漫长历史。而如果神经科学家想要关于寻找东西有希望的建议（和谐与不和谐的各种审美体验如何引起特定种类的局部和全局神经元过程），那么与人文主义者的交流也很有价值。

　　当人文主义者用理论说明某个特定的状态是普遍的，还是历史和文化上有相对性时，像我们想要做的一样，我们应该查阅相关的神经科学发现。例如，这将显示出有趣的证据，语言符号确实是任意的，取决于其在不同的字母和语音习惯上的意义，但这些差异受到某些明显普遍的限制，这些限制与视觉和听觉系统的恒定属性有关。[①] 同样，经常听到的关于阅读过程在最近几个世纪里发生了怎样的根本性变化的说法，需要根据神经科学文献中关于长期存在的、进化稳定的视觉加工在阅读和诠释中的作用的文献来重新阐述。[②] 神经科学的各种实验发现与文学理论相关的其他实例，以及与之相反的，文学理论与神经科学相关的其他实例，已经在前面的章节中指出。由于解释的空缺，神经科学家和人文主义者有许多东西可以相互学习，即使两者都无法取代对方的工作。这不是——或者至少不应该是——目标。

　　如果多学科"融通"的梦想能够实现，所有的知识都能由一些简单的基本规律统一起来，世界也不会变得更加丰富。当然，这是生物学家爱德华·O.威尔逊（Edward O. Wilson）提出的一个著名的理想，他认为简化论的目的是"将每一个组织层次的法则和原则折叠成更综合、因而更基本的层次"："它的强大形式是完全的融通，它认为自然界是由简单的普遍物理定律组成的，所有其他的定律和原理最终都可以简化至此。"[③] 威尔逊断言这是一个可检验的假

[①] 见长吉研究跨字母图形模式和 kiki-bouba 实验中第二章中的讨论。

[②] 请参阅第二章关于神经元循环和阅读的讨论，第三章关于阐释学循环的神经科学基础的讨论，以及第四章关于阅读挑战的进化时间尺度如何主张阅读实践的历史相对性的讨论。

[③] Edward O. Wilson, *Consilience: The Unity of Knowledge*, New York: Vintage, 1998, p.60.

设，可以用科学的方法加以反驳，这是一个非常值得怀疑的问题，因为根本不清楚是什么东西会使它证伪。这就是为什么简化论的拥护者和怀疑者似乎常常在一个无法弥合的鸿沟上互相凝视，而没有希望某一特定的证据或推翻的论据能够结束他们的僵局。

然而，更大的问题是威尔逊提出的警告和限定性条件，这最终破坏了他们打算支持的项目。例如，威尔逊承认"在组织的每一个层次，特别是在活细胞和更高层次上，存在着需要新的法律和原则的现象，而这些法律和原则仍然无法从更综合的层次上预测"（60）。因此，我一直在争论，对于组织的不同层次和知识的不同研究方法，确实存在着一种解释的完整性，拒绝简化为更基本的规律和原则。就是为什么威尔逊进一步承认"于是各学科之间的验证标准的差异是巨大的"（63）——也就是根据特定的解释研究的目的、假设和方法，在什么被认为是有意义的真理以及如何验证这一点上的差异。这些都是为了融通的目标而做出的重要让步，但它们证明了在解释空缺的两边所做的认识论工作的完整性和不可简化性。①

类似的暗示来自赛尔提供的一个例子来说明他所说的生物自然主义是什么意思。他声称"意识状态是由大脑中的神经生物学过程引起的"，"相当于说消化加工处理是由胃和消化道其他部分的化学加工过程引起的"（568）。这也许是真的，但没有人会认为，用生物学解释消化可以取代烹饪课、美食家厨师的技能或葡萄酒管家的知识。或者调用我以前用过的另一个类比，职业棒球运动员把一个快速球打过栅栏的能力可以通过视觉神经科学和运动协调生物学来分析（这表明，考虑到神经元整合的时间尺度，这几乎是一个奇

---

① 可惜威尔逊自己关于艺术的过于简单的陈述提供了令人信服的证据，证明科学需要人文学科的解释力量，例如："艺术是具有相似认知的人们为了传递感觉而接触他人的手段"（Consilience, p.128）。当然，艺术所涉及的不仅仅是情感的传递，还指具有相似认知的人也会回避评论家和群体解释同一文本的不同方式所提出的有趣而重要的问题。上过我的课程"从柏拉图到后现代主义的批评史"（The History of Criticism from Plato to Postmodernism）的大学生中，没有人会冒险做出如此笼统而可疑的概括。科学家需要保持跨学科的谨慎和谦逊，借鉴人文学者的专业知识，就像他们侵入另一个科学领域时所表现的那样。

迹般的成就），但是没有人会建议红袜队（Red Sox）指定的击球手大卫·"大帕皮"·奥尔蒂斯（David "Big Papi" Ortiz）在他陷入低迷时咨询哈佛大学或麻省理工学院的神经科学家。击球、投球和防守都可以追溯到大脑中的神经生物学过程，但是需要不同种类的知识和实际的专业技能比科学实验室的发现更能提高场上的表现。在波士顿和纽约的许多神经科学研究团体可能在很多领域竞争激烈，但是他们做的那些事情都不会对红袜队和洋基队之间的竞争产生任何影响。

　　与这些例子一样，阅读和审美体验也是如此：不同的知识和实践领域需要独特的、特定领域的理解方法，以公正评价其特定的挑战、限制和可能性。这表明了一种跨学科模式，而不是人文学科中常见的模式，这也是我作为院长的发现之一。当人文主义者从事跨学科的工作时，我们通常会尽可能多地获取有关其他学科的见解和实践的知识，然后将这些知识应用到我们所从事的任何解释性项目中。我自己的学位都是在这个模式上跨学科的（本科时是历史和文学，研究生是现代思想和文学）。因为解读文本是一种孤独的个体体验，检验和修正关于部分和整体之间关系的假设，这种模式是有道理的，文学人文主义者所借鉴的其他学科——哲学、人类学、语言学、政治学——常常为有成效的阐释学活动提供启发性灵感。

　　然而，科学中的跨学科探究通常涉及遵循另一个不同模式的跨学科合作。尽管科学家有时发现从另一个学科学习方法和技术是有益的，但他们通常担心业余性和智力懈弛可能会很快危及一个人学科专业技能领域的偏离。因此，他们更有可能解决一个超出自己专业领域的问题，即建立由不同学科的研究人员组成的团队，他们具有互补的知识优势，共同解决任何人都无法单独解决的问题。在这种模式下，也许是自相矛盾的，促进跨学科研究的最好方法是专门掌握某一学科的知识和程序。

　　尽管这本书是按照跨学科的人文学科模式编写的（这位人文主义者试图学习足够的神经科学才有能力来谈论共同感兴趣的领域），但它对科学家和人文主义者的神经美学工作的影响与科学模式是一致的。我说过，神经学家在作为业余美学家时，经常出错。他们需要人文主义者对美学和文学理论的指导，人文主义者对这些问题有着更广泛和更深入的认识。人文主义者最能提供给神经科学的是，我们长期致力于研究与艺术作品的创作和解释有关的核心问题，即不同历史时期和文化传统中出现的各种各样的艺术形式，它们所能产生的审美体验的范围（从统一的、平衡的结构所促进的和谐，到不和谐、违反规则的形式所引起的中断），以及为解释这种多样性而发展的广泛不同的、常常相互冲突的理论。

几十年来，人文科学的研究在采用历史方法来理解这种多样性和强调其背后的形式价值和结构之间反复进行。如果形式主义的危险在于它错误地使具有历史偶然性和变化性的美学现象普遍化，历史主义的风险在于，它在寻求背景来解释其许多变体和变化的社会根源和政治后果时，会忘记审美形式。[①]长期以来，文化和历史方法主导文学研究之后，许多方面都听到了回归形式的呼声。然而，在这场争论中，神经美学不必偏袒任何一方。神经科学既需要对艺术的异质性和偶然性的历史评价，也需要关于阅读文学作品所带来的审美体验的正式理论。

历史与形式在阅读体验中相遇。当文学与大脑互动时，小说、诗歌或特定历史读者的剧本中遇到的语言形式会激活特定文本和其接受者独特的大脑皮层连接的神经加工过程，但也具有跨历史、跨文化和进化学上的长期特性，这些特性与神经解剖学和基本神经生物学过程的基本特征有关。历史主义和形式主义之间不断涌现的争论中，神经美学不再与一方或另一方结盟，相反，神经美学可以证明真实它们之间的冲突如何证明了大脑作为我们物种中普遍存在的器官的二元性，它可以适应、变异和互动。然而，要做到这一点，就需要给予阅读应得的东西。如何阅读及不同阅读方式所涉及的内容一直是人

① Paul B. Armstrong, "Form and History: Reading as an Aesthetic Experience and Historical Act," *Modern Language Quarterly*, Vol.69, June 2008, pp.195-219.

文学科的核心问题，这是一个既有形式层面又有历史层面的问题。探究大脑如何阅读，以及文学如何加工这些过程，需要人文主义者为科学提供我们核心知识和专业知识的好处。我们也可以从这次交流中得到很多东西，尤其是重新认识我们所知道的，却与我们的文学作品不同的东西。